图 C-01 建筑设计 —— 日本东京芝浦住宅楼
（筒体结构，超高层装配式建筑）

图 C-02 建筑设计 —— 澳大利亚悉尼歌剧院
（薄壳结构，世界著名的地区标志性建筑）

图 C-03 建筑设计 —— 美国凤凰城图书馆
（框架结构，兼顾节能与美学的设计典范）

图 C-04 建筑设计 —— 上海住总浦江保障房
（剪力墙结构，国内应用范围最广的普通住宅设计）

图 C-05 内装设计 —— 整体式收纳柜

图 C-06 内装设计 —— 集成式卫生间

图 C07 内装设计 —— 集成式厨房

图 C-08 设备与管线设计 —— 集成式吊顶及管线布置

图 C-09 PC构件图示一览表

类别	PC构件名称与图示
1 楼板	LB1 实心板；LB2 空心板；LB3 叠合板；LB4 预应力空心板；LB5 预应力叠合肋板（出筋和不出筋）；LB6 预应力双T板；LB7 预应力倒槽形板；LB8 空间薄壁板；LB9 非线性屋面板；LB10 后张法预应力组合板
2 剪力墙板	J1 剪力墙外墙板；J2 T形剪力墙板；J3 L形剪力墙板；J4 U形剪力墙板；J5 L形外叶板；J6 双面叠合剪力墙板；J7 预制圆孔墙板；J8 剪力墙内墙板；J9 窗下轻体墙板；J10 各剪力墙板夹芯保温板或夹芯保温装饰一体化板
3 外挂墙板	W1 整间外挂墙板（无窗、有窗、多窗）；W2 横向外挂墙板；W3 竖向外挂墙板（单层、跨层）；W4 非线性墙板；W5 镂空墙板；本类所示构件均可以做成保温一体化和保温装饰一体化构件，见剪力墙板栏最右栏。
4 框架墙板	K1 暗柱暗梁墙板；K2 暗梁墙板；本类所示构件均可以做成保温一体化和保温装饰一体化构件，见剪力墙板栏最右栏

图 C-09 PC构件图示一览表（续）
类别
PC构件名称与图示
5
梁
L1 梁
L2 T形梁
L3 凸形梁
L4 带挑耳梁
L5 叠合梁
L6 带翼缘梁
L7 连梁
L8 U形梁
L9 叠合莲藕梁
L10 工字形屋面梁
L11 连筋式叠合梁
本类所示构件均可以做成保温一体化和保温装饰一体化构件，见剪力墙板栏最右栏。
6
柱
Z1 方柱
Z2 L形扁柱
Z3 T形扁柱
Z4 带翼缘柱
本类所示构件均可以做成保温一体化和保温装饰一体化构件，见剪力墙板栏最右栏。
Z5 带柱帽柱
Z6 带柱头柱
Z7 跨层圆柱
Z8 跨层方柱
Z9 圆柱
7
复合构件
F1 莲藕梁
F2 双莲藕梁
F3 十字形莲藕梁
F4 十字形梁+柱
F5 T形柱梁
F6 草字头形梁柱一体构件
8
其他构件
Q1 楼梯板（单跑、双跑）
Q2 叠合阳台板
Q3 无梁板柱帽
Q4 杯形柱基础
Q5 全预制阳台板
Q6 空调板
Q7 带围栏阳台板
Q8 整体飘窗
Q9 遮阳板
Q10 室内曲面护栏板
Q11 轻质内隔墙板
Q12 挑檐板
Q13 女儿墙板

装配式混凝土结构建筑实践与管理丛书

装配式混凝土建筑——建筑设计与集成设计200问

Precast Concrete Buildings——200 Q&As for Building Design and Integrated Design

丛书主编　郭学明
本书主编　张晓娜
参　　编　陆　辉　孙　昊　于彦凯

机械工业出版社
CHINA MACHINE PRESS

本书作者是从事装配式建筑技术引进、研发和设计的富有经验的专家、行家，结合国内外实际工程案例和目前行业现状，以200个常见问题及解答的形式给出了装配式混凝土建筑的建筑与集成设计、设备与管线设计、内装系统设计的基本知识和设计方法，细化了装配式混凝土建筑国家标准和行业标准的有关规定，详细介绍了装配式建筑与建筑艺术的关系，书中400多幅照片和图例大多出自装配式建筑技术先进国家和国内优秀案例。本书是从事装配式建筑设计的建筑师、水电暖通与装修设计师、集成部品厂家研发设计人员案头必备的工具书，也是建筑管理部门、开发商、监理企业管理和技术人员的重要参考书，对于相应专业的高校师生也有很好的借鉴、参考和学习价值。

图书在版编目（CIP）数据

装配式混凝土建筑．建筑设计与集成设计200问/张晓娜主编．—北京：机械工业出版社，2018.1（2019.6重印）

（装配式混凝土结构建筑实践与管理丛书）

ISBN 978-7-111-58511-4

Ⅰ.①装… Ⅱ.①张… Ⅲ.①装配式混凝土结构－建筑设计－问题解答 Ⅳ.①TU37-44

中国版本图书馆CIP数据核字（2017）第283687号

机械工业出版社（北京市百万庄大街22号 邮政编码100037）
策划编辑：薛俊高 责任编辑：薛俊高
封面设计：马精明 责任校对：刘时光
责任印制：常天培
唐山三艺印务有限公司印刷
2019年6月第1版第2次印刷
184mm×260mm·16.75印张·2插页·375千字
标准书号：ISBN 978-7-111-58511-4
定价：55.00元

凡购本书，如有缺页、倒页、脱页，由本社发行部调换

电话服务
服务咨询热线：010-88361066
读者购书热线：010-68326294
010-88379203

网络服务
机 工 官 网：www.cmpbook.com
机 工 官 博：weibo.com/cmp1952
金 书 网：www.golden-book.com
教育服务网：www.cmpedu.com

序

我国将用10年左右时间使装配式建筑占新建建筑的比例达到30%，这将是世界装配式建筑发展史上前所未有的大事，它将呈现出前所未有的速度、前所未有的规模、前所未有的跨度和前所未有的难度。我国建筑行业面临着巨大的转型升级压力。由此，建筑行业管理、设计、制作、施工、监理各环节的管理与技术人员，亟须掌握装配式建筑的基本知识。同时，也需要持续培养大量的相关人才助力装配式建筑行业的发展。

“装配式混凝土结构建筑实践与管理丛书”共分5册，广泛、具体、深入、细致地阐述了装配式混凝土建筑从设计、制作、施工、监理到政府和甲方管理内容，利用大量的照片、图例和鲜活的工程案例，结合实际经验与教训（包括日本、美国、欧洲和大洋洲的经验），逐条解读了装配式混凝土建筑国家标准和行业标准。本丛书可作为装配式建筑管理、设计、制作、施工和监理人员的入门读物和工具用书。

我在从事装配式建筑技术引进和运作过程中，强烈意识到装配式建筑管理与技术同样重要，甚至更加重要。所以，本丛书专有一册谈政府、甲方和监理如何管理装配式建筑。因此，在这里我要特别向政府管理者、房地产商管理与技术人员和监理人员推荐此书。

本丛书每册均以解答200个具体问题的方式编写，方便读者直奔自己最感兴趣的问题，同时也便于适应互联网时代下读者碎片化阅读的特点。但我们在设置章和问题时，特别注意知识的系统性和逻辑关系，因此，在看似碎片化的信息下，每本书均有清晰完整的知识架构体系。

我认为，装配式建筑并没有多少高深的理论，它的实践性、经验性非常重要。基于我对经验的特别看重，在组织本丛书的作者团队时，把有没有实际经验作为第一要素。感谢机械工业出版社对我的理解与支持，让我组织起了一个未必是大牌、未必有名气、未必会写书但确实有经验的作者队伍。

《政府、甲方、监理管理200问》一书的主编赵树屹和副主编张岩是我国第一个被评为装配式建筑示范城市沈阳市政府现代建筑产业主管部门的一线管理人员；副主编胡旭是我国第一个推动装配式建筑发展的房地产企业一线经理，该册参编作者还有万科分公司技术高管、监理企业总监和构件制作企业高管。

《结构设计与拆分设计200问》一书的主编李青山是结构设计出身，从事装配式结构技术引进、研发、设计有7年之久，目前是三一重工装配式建筑高级研究员；副主编黄营从事结构设计15年之久，专门从事装配式结构设计5年，拆分设计过的装配式项目达上百万平方米。另外两位作者也是经验非常丰富的装配式结构研发、设计人员。

《构件工艺设计与制作200问》一书的主编李营在水泥预制构件企业从业15年，担任过质量主管和厂长，并专门去日本接受过装配式建筑培训，学习归来后担任装配式制作企业预制构件厂厂长、公司副总等。副主编叶汉河是上海城业管桩构件有限公司董事长，其公司多年向日本出口预制构件，也向上海万科等企业提供预制构件。本书其他参编者分别是预制构件企业的总经理、厂长和技术人员。

《施工安装200问》一书的主编杜常岭担任装配式建筑企业高管多年，曾去日本、欧洲、东南亚考察学习装配式技术，现为装配式混凝土专业施工企业辽宁精润公司的董事长。副主编王书奎现在是承担沈阳万科装配式建筑施工的赤峰宏基公司的总经理，另一位副主编李营是《构件工艺设计与制作200问》一书的主编，具体指挥过装配式建筑的施工。该书其他作者也有去日本专门接受施工培训、回国后担任装配式项目施工企业的高管，及装配式工程的项目经理。

《建筑设计与集成设计200问》一书的主编，我一直想请一位有经验的建筑师担纲。遗憾的是，建筑设计界大都把装配式建筑看成结构设计的分支，仅仅是拆分而已，介入很少，我没有找到合适的建筑师主编。于是，我把主编的重任压给了张晓娜女士。张女士是结构设计出身，近年来从事装配式建筑的研发与设计，做了很多工作，涉足领域较广，包括建筑设计。好在该书较多地介绍了国外特别是日本装配式建筑设计的做法，这方面我们收集的资料比较多，是长项。该书的其他作者也都是有实践经验的设计人员，包括BIM设计人员。

沈阳兆寰现代建筑构件有限公司董事长张玉波在本丛书的编著过程中作为丛书主编助理负责写作事务的后勤工作和各册书的校订发稿，付出了大量的心血和精力。

在编写这套丛书的过程中，各册书共20多位作者建立了一个微信群，有疑难问题在群里讨论，各册书的作者也互相请教。所以，虽然每册书署名的作者只有几位，但做出贡献的作者要多得多，可以说，每册书都是整个丛书创作团队集体智慧的结晶。

我们非常希望献给读者知识性强、信息量大、具体详细、可操作性强并有思想性的作品，作为丛书主编，这是我最大的关注点与控制点。近十年来我在考察很多国外装配式建筑中所获得的资料、拍摄的照片和一些思索也融入了这套书中，以与读者分享。但限于我们的经验和水平有限，离我们的目标还有差距，也会存在差错和不足，在此恳请并感谢读者给予批评指正。

丛书主编　郭学明

前言 FOREWORD

2016年2月，《中共中央国务院关于进一步加强城市规划建设管理工作的若干意见》中提出："力争用10年左右时间，使装配式建筑占新建建筑的比例达到30%"。由此，我国每年将建造几亿平方米的装配式建筑，这将是人类建筑史上，特别是装配式建筑史上没有前例的大事件，它将呈现出前所未有的速度、前所未有的规模、前所未有的跨度和前所未有的难度，我国建筑行业面临着巨大的转型升级压力。

装配式建筑发达国家是通过大量的理论研究、技术研发、工程实践和管理经验的逐步积累才发展起来的，大多都是经历了几十年的时间，才达到30%以上比例。我们要用10年时间走完其他国家半个多世纪的路，需要学习的知识和需要做的工作非常多，专业技术人员、技术工人和管理者的需求将非常巨大。

本书以《装配式混凝土结构建筑的设计、制作与施工》（郭学明主编）为基础，以国家标准《装配式混凝土建筑技术标准》（GB/T 51231—2016）（简称《装标》）和行业标准《装配式混凝土结构技术规程》（JGJ 1—2014）（简称《装规》）为依据，结合国内外实际工程案例和目前行业现状，扩展丰富了书中内容，以200个常见问题及解答的形式给出了装配式混凝土建筑的建筑与集成设计、水电暖通设计、内装设计的基本知识和设计方法，细化了装配式混凝土建筑国家标准和行业标准的有关规定，详细介绍了装配式与建筑艺术的关系。

在国外装配式建筑发展史上，建筑师是主导者，世界级的建筑大师提倡建筑师自己亲自去设计装配式建筑。但是中国的装配式建筑发展到现在，装配式建筑设计大都在这领域之外，大都认为这是结构设计的分支，仅仅是拆分而已，介入很少。由于没有找到有经验的合适的建筑师，丛书主编郭学明将此重任交给了我，我有幸担任了本书的主编。本人是结构设计出身，近年来从事装配式建筑的研发与设计，涉足领域较广，包括建筑设计。另外在《装配式混凝土结构建筑的设计、制作与施工》中关于世界各国装配式建筑设计有些积累和思考，在此抛砖引玉，把这些思考呈现出来，使更多的建筑师从不关注到了解，最终成为主导者。

参编陆辉是龙信建设集团机电安装公司副总工程师，从事机电工程施工管理多年，有丰富的施工管理经验；参编孙昊是沈阳兆寰现代建筑构件有限公司设计师，主要从事PC建筑拆分设计和研发；参编于彦凯是中国建筑东北设计研究院有限公司的BIM专家，有多年的建筑设计经验，近年来专门从事BIM及装配式建筑的研发和设计。

本书共10章。

第1章主要介绍了装配式建筑的基本概念、装配式建筑的主要连接形式、装配式建筑的适用高度、装配式建筑的优势与不足和我国实现装配式的难点。

第 2 章主要介绍了 PC 建筑设计应遵循的基本原则、PC 建筑设计的主要内容和 PC 建筑实行标准化、模数化的必要性。

第 3 章和第 4 章介绍了方案设计阶段和施工图阶段装配式建筑设计的主要内容；PC 建筑平、立、剖面的设计；PC 建筑防火、防水设计；模数协调与标准化设计。

第 5 章至第 8 章介绍了集成设计的概念、设计原则和设计内容；外围护系统建筑设计、建筑表皮设计、外墙保温设计、接缝构造设计和建筑构造设计；供暖等专业的设备与管线系统设计；内装系统设计内容、集成部品设计选型和接口与连接的设计。

第 9 章主要介绍了什么是 BIM 和装配式设计如何应用 BIM。

第 10 章主要介绍了 PC 建筑设计质量与解决办法。

丛书主编郭学明先生不仅指导作者团队搭建本书框架，还对全书进行了两轮详细审核。他提出了诸多修改意见，是本册书主要思想的重要来源之一。本人是第 1 章、第 4 章、第 5 章、第 6 章的主要编写者，并参与了本书的统稿工作；陆辉是第 7 章、第 8 章的主要编写者；孙昊是第 2 章、第 3 章、第 10 章的主要编写者，为本书绘制了部分样图，并参与了本书部分问题的校核；于彦凯是第 9 章主要编写者，并参与了本书部分样图和问题的校核。

首先要感谢沈阳兆寰公司的郭学明、许德民、张玉波先生给予我的帮助、指导和支持，使我成长进步；感谢本系列丛书的作者团队为本书提供的帮助，特别是沈阳兆寰现代建筑构件有限公司董事长张玉波先生、沈阳市现代建筑产业化管理办公室赵树屹、三一重工的李青山对本书的指导与帮助；感谢石家庄山泰装饰工程有限公司设计师梁晓燕女士为本书绘制了部分样图及图表；感谢中国建筑东北设计研究院有限公司的李振宇、岳恒先生为本书绘制结构体系三维图；感谢科曼建筑科技（江苏）有限公司副总经理李营先生和上海城业管桩构件有限公司总经理叶贤博先生提供的部分图片；感谢钟化贸易（上海）有限公司提供的 MS 建筑密封胶资料；感谢山东天意机械股份有限公司提供的轻质隔墙板的图片资料；感谢山东地球村集成房有限公司提供的 ALC 板的技术资料；感谢沈阳卫德住宅工业化科技有限公司、上海鼎中新材料有限公司、上海兴邦建筑技术有限公司、苏州科逸住宅设备公司和浙江开元新型墙体材料有限公司提供的建议和技术资料。

由于装配式建筑在我国发展较晚，有很多课题正在研究探索中，加之作者理论水平和实践经验有限，书中难免存在差错和不足之处，恳请读者批评指正。

本书主编 张晓娜

目录 CONTENTS

第 1 章　装配式混凝土建筑基本概念

1. 什么是装配式混凝土建筑？

（1）什么是装配式建筑

在介绍什么是装配式混凝土建筑之前，我们先了解一下什么是装配式建筑。

按常规理解，装配式建筑是指由预制部件通过可靠连接方式建造的建筑。按照这个理解，装配式建筑有两个主要特征：第一个特征是构成建筑的主要构件，特别是结构构件是预制的；第二个特征是预制构件的连接方式必须可靠。

按照国家标准《装配式混凝土建筑技术标准》（GB/T 51231—2016）（以下简称《装标》）的定义，装配式建筑是“结构系统、外围护系统、内装系统、设备与管线系统的主要部分采用预制部品部件集成的建筑。”这个定义强调装配式建筑是 4 个系统（而不仅仅是结构系统）的主要部分采用预制部品部件集成。

国家标准该条文的说明中指出：装配式建筑是一个系统工程，是将预制构件和部品部件通过模数协调、模块组合、接口连接、节点构造和施工工法等用装配式的集成方法，在工地高效、可靠装配并做到建筑围护、主体结构、机电装修一体化的建筑。它有几个方面的特点：

1）以完整的建筑产品为对象，以系统集成为方法，体现加工和装配需要的标准化设计。

2）以工厂精益化生产为主的预制构件及部品部件。

3）以装配和干作业为主的工地现场。

4）以提升建筑工程质量安全水平，提高劳动生产效率，节约资源能源，减少施工污染和建筑的可持续使用为目标。

5）基于 BIM 技术的全链条信息化管理，实现设计、生产、施工、装修、运维的一体化。

国家标准关于装配式建筑的定义，对建筑设计影响非常大。

第一，装配式建筑必须进行集成设计，即 4 个系统的一体化设计。

第二，装配式建筑必须进行各系统预制部品部件的设计和连接设计。

第三，内装设计是建筑设计的子系统，而不是像常规建筑那样，工程建成后再进行内装设计。

（2）什么是装配式混凝土建筑

装配式建筑按结构材料分类，有装配式钢结构建筑、装配式混凝土建筑、装配式木结构建筑、装配式轻钢结构建筑和装配式复合材料建筑（钢结构、轻钢结构与混凝土结合的装配式建筑）等。以上几种装配式建筑都是现代建筑。古典装配式建筑按结构材料分类有装配式石材结构建筑和装配式木结构建筑。

按照国家标准《装标》的定义，装配式混凝土建筑是指“建筑的结构系统由混凝土部件（预制构件）构成的装配式建筑。”

本书介绍装配式混凝土结构的建筑设计与集成设计、内装系统设计和设备与管线系统设计。

国际装配式建筑领域习惯把装配式混凝土建筑简称为PC建筑。PC是英语Precast Concrete的缩写，是预制混凝土的意思。为了表述方便，本书也使用“PC”这个简称。

2. PC建筑结构有几种连接方式？

装配式混凝土建筑结构，根据连接方式不同，分为“装配整体式混凝土结构”和“全装配式混凝土结构”。

（1）装配整体式混凝土结构

装配整体式混凝土结构的定义是：“由预制混凝土构件通过可靠的方式进行连接，并与现场后浇混凝土、水泥及灌浆料形成整体的装配式混凝土结构。”

简言之，装配整体式混凝土结构的连接以“湿连接”为主要方式。

装配整体式混凝土结构具有较好的整体性和抗震性。目前，大多数多层和全部高层PC建筑都是装配整体式混凝土结构，有抗震要求的低层装配式建筑也多是装配整体式混凝土结构。

（2）全装配式混凝土结构

全装配式混凝土结构的PC构件靠干法连接（如螺栓连接、焊接等）形成整体。预制钢筋混凝土柱单层厂房就属于全装配式混凝土结构。国外很多低层建筑和多层建筑采用全装配式混凝土结构。在抗震设防要求不高的地区也有小高层（十几层）建筑采用全装配式混凝土结构的。

（3）等同原理

等同原理：通过采用可靠的连接技术和必要的结构与构造措施，使装配整体式混凝土结构与现浇混凝土结构的效能基本等同。

等同原理不是一个严谨的科学原理，而是一个技术目标。柱梁结构体系大体上实现了这个目标，剪力墙结构体系还有距离。比如，建筑最大适用高度降低、边缘构件现浇等规定，在技术效果上尚未达到等同。

（4）连接方式

对装配式结构而言，“可靠的连接方式”是第一重要的，是结构安全的最基本保障。装配式混凝土结构的连接方式详见图1-1。

1）套筒灌浆连接。套筒灌浆连接是装配整体式结构最主要、最成熟的连接方式，美国人1970年发明套筒灌浆技术，至今已经有40多年的历史。套筒灌浆连接技术发明初期就在美国夏威夷一座38层建筑中应用，而后在欧美、亚洲得到广泛应用，目前在日本应用最多，用于很多超高层建筑，最高建筑200多米高。日本的套筒灌浆连接的PC建筑经历过地震的考验。

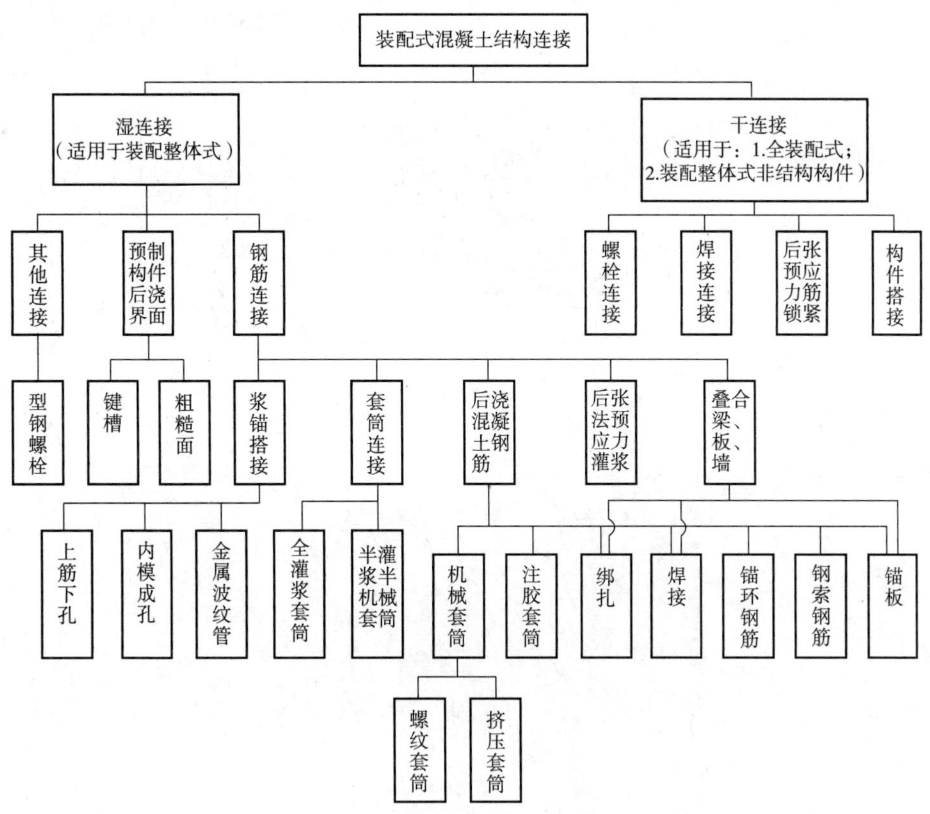

图 1-1　装配式混凝土结构连接一览表

套筒灌浆连接的工作原理是：将需要连接的带肋钢筋插入金属套筒内“对接”，在套筒内注入高强早强且有微膨胀特性的灌浆料，灌浆料在套筒筒壁与钢筋之间形成较大的正向应力，在钢筋带肋的粗糙表面产生较大的摩擦力，由此得以传递钢筋的轴向力，见图 1-2、图 1-3 和图 1-4。

我们以现场柱子连接为例介绍套筒灌浆的工作原理。

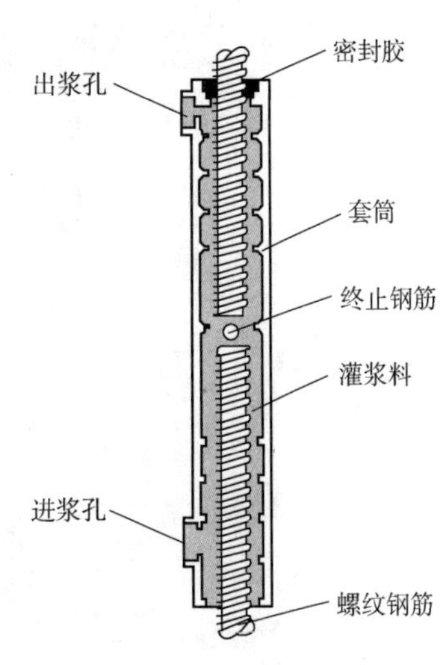

图 1-2　套筒灌浆料原理图

下面柱子（现浇和预制都可以）伸出钢筋（见图 1-5），上面预制柱与下面柱伸出的钢筋对应的位置埋置了套筒，预制柱子的钢筋插入到套筒上部一半位置，套筒下部一半空间预留给下面柱子的钢筋插入。预制柱子套筒对准下面柱子伸出的钢筋安装，使下面柱子的钢筋插入套筒，与预制柱子的钢筋形成对接（见图 1-6）。然后通过套筒灌浆口注入灌浆料，使套筒内注满灌浆料。

套筒连接是对现行混凝土结构规范的“越线”，全部钢筋都在同一截面连接，这违背了规范关于钢筋接头同一截面不大于 50% 的规定。但由于这种连接方式经过了试验和工程实践的验证，特别是超高层建筑经历过地震的考验，是可靠的连接方式。

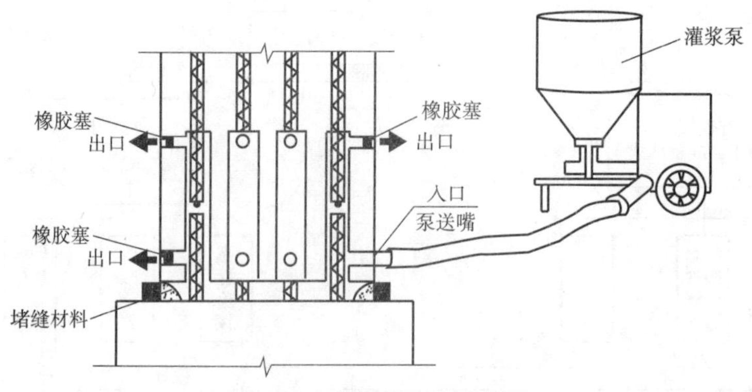

图 1-3　套筒灌浆作业原理图

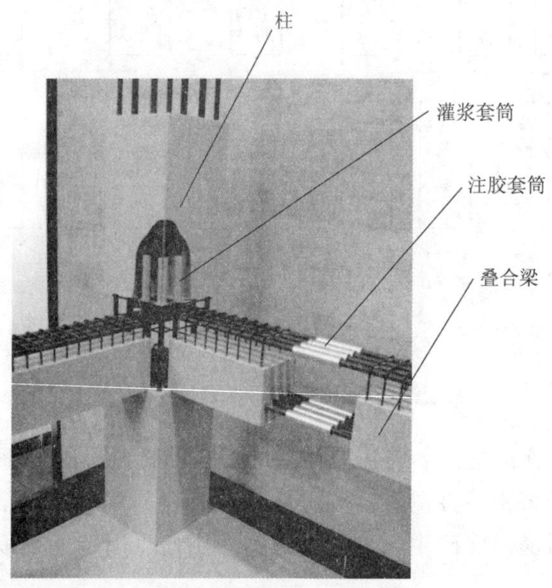

图 1-4　套筒灌浆实物样品

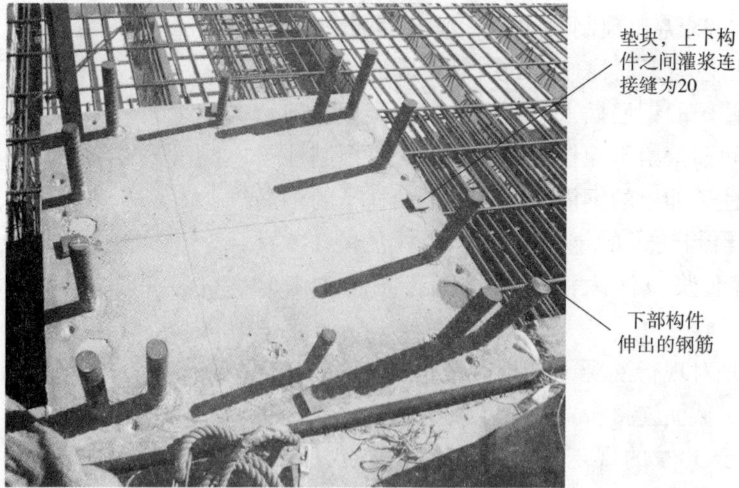

图 1-5　下面柱子伸出的钢筋

图 1-6　上面柱子对应下面柱子钢筋位置是套筒

2）浆锚搭接连接。浆锚搭接的工作原理是：将需要连接的带肋钢筋插入预制构件的预留孔道里，预留孔道内壁是螺旋形的。钢筋插入孔道后，在孔道内注入高强早强且有微膨胀特性的灌浆料，锚固住插入钢筋。在孔道旁边，是预埋在构件中的受力钢筋，插入孔道的钢筋与之“搭接”。这种情况属于有距离搭接。

浆锚搭接有两种方式：一是浆锚孔用金属波纹管，见图 1-7；二是两根搭接的钢筋外圈有螺旋钢筋，它们共同被螺旋筋所约束，见图 1-8。

浆锚搭接方式，预留孔道的内壁是螺旋形的，其成型方式有两种：一是预埋金属波纹管做内模，不用抽出，此方法简便易行，欧洲标准也有相关规定。二是埋置螺旋的金属内模，构件达到强度后旋出内模。金属内模方式，在旋出内模时容易造成孔壁损坏，也比较费工，不如金属波纹管方式简单可靠。国家标准《装标》规定，采用金属波纹管以外的方式需试验验证。浆锚搭接还有一种方式，孔在下方，钢筋在上部，不是安装后灌浆，而是孔内灌浆后插入钢筋，此方法欧洲标准中也有，但我国规范中没有，详见图 1-9。

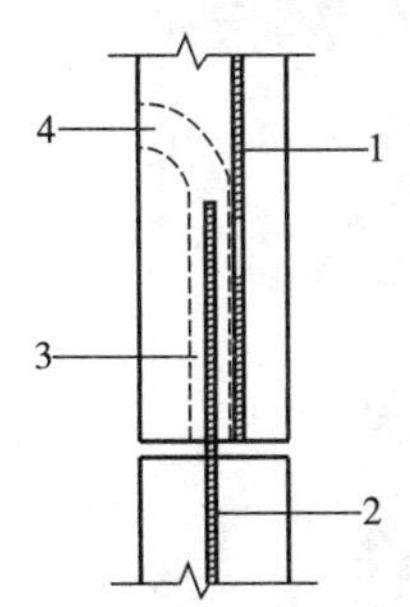

图 1-7　波纹管浆锚搭接示意图

1—连接钢筋　2—插筋

3—波纹管　4—管孔

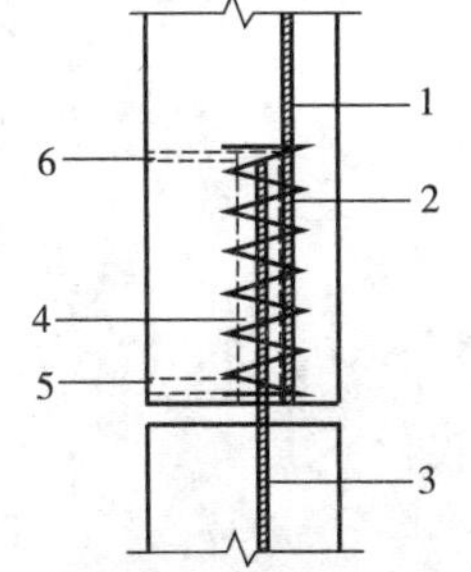

图 1-8　环形箍筋浆锚搭接示意图

1—连接钢筋　2—箍筋　3—插筋

4—空腔　5—注浆孔　6—出浆孔

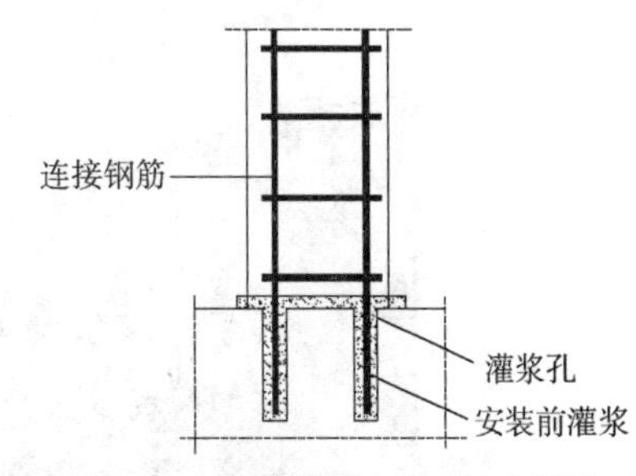

图 1-9　孔内灌浆后安装示意图

3）叠合连接。叠合连接是预制板（梁）与现浇混凝土叠合的连接方式，将构件分成预制和现浇两部分，通过现浇部分与其他构件结合成整体。包括：叠合楼板、叠合梁、双面叠合剪力墙板等，见图1-10～图1-13。

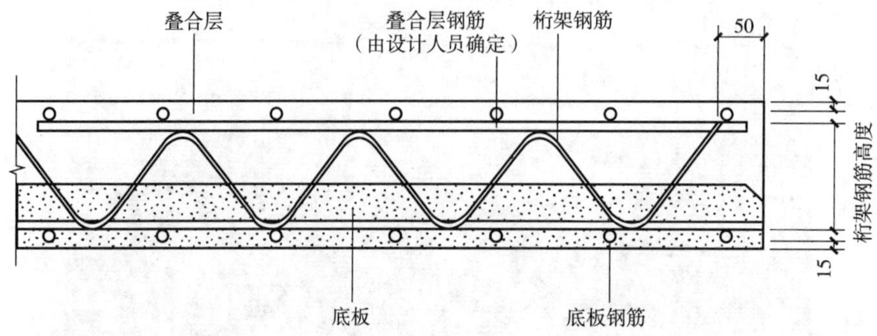

图1-10　叠合楼板简图

图1-11　叠合楼板

图1-12　叠合梁施工安装图

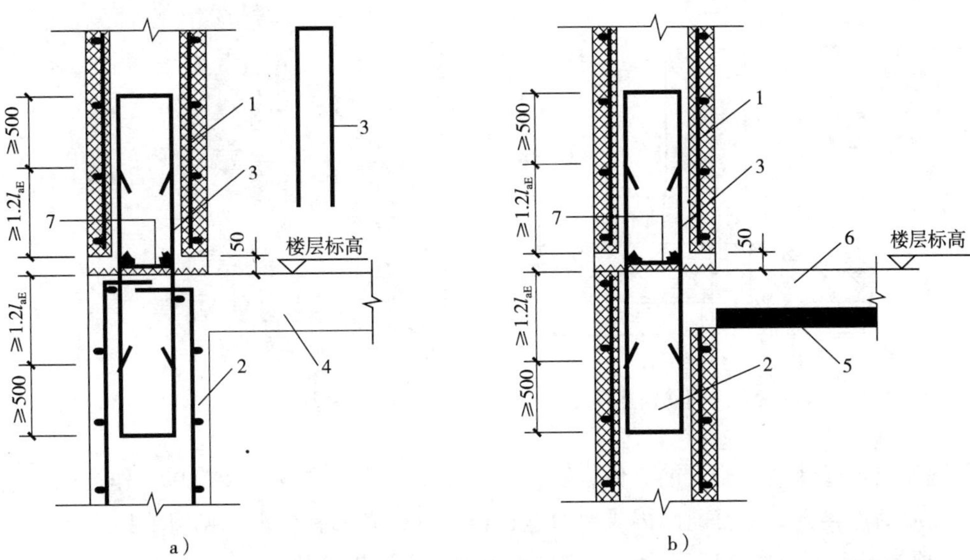

图 1-13　双面叠合剪力墙板施工安装示意图

a）楼层位置连接（与现浇墙连接）　b）楼层位置连接（与叠合墙连接）

1—预制墙板　2—现浇剪力墙　3—竖向连接筋　4—现浇楼板　5—预制底板

6—后浇混凝土叠合层　7—连接内钢筋

4）后浇混凝土连接。后浇混凝土的钢筋连接方式有：搭接、焊接、套筒注胶连接、套筒机械连接、锚环连接、软索与钢筋销连接等，见图 1-14、图 1-15。

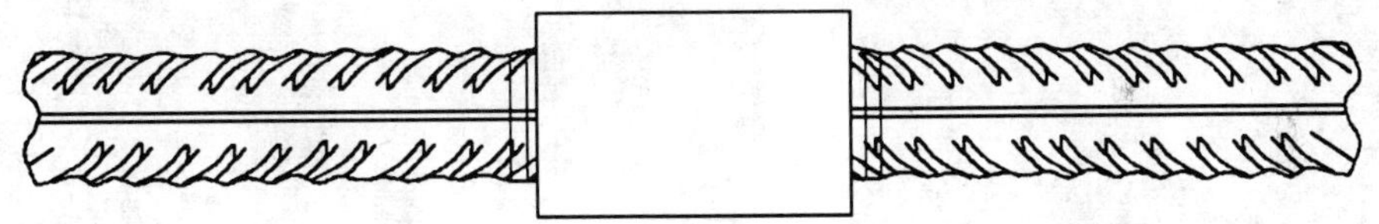

图 1-14　套筒机械连接

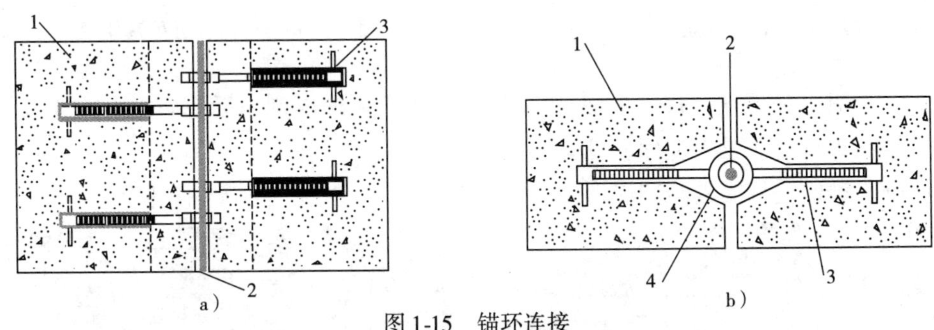

图 1-15　锚环连接

a）墙板连接立面图　b）墙板连接断面图

1—预制墙板　2—钢筋　3—带螺纹的预埋件　4—连接锚环

钢丝绳加钢筋销连接是欧洲常见的连接方法，用于墙板与墙板之间后浇区竖缝构造连接。相邻墙板在连接处伸出钢丝绳索套交汇，中间插入竖向钢筋，然后浇筑混凝土，见图 1-16、图 1-17。

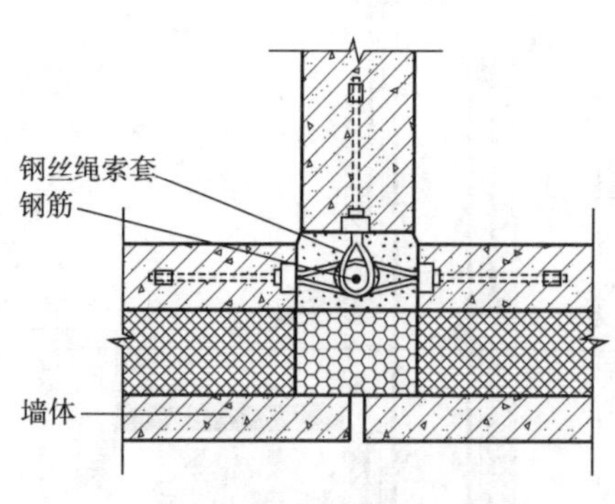

图 1-16　钢丝绳索套加钢筋销连接原理

图 1-17　钢丝绳索套加钢筋销连接实例

预埋伸出钢丝绳索套比出筋方便，适于自动化生产线，现场安装简单，作为构造连接，是非常简便的连接方式，目前国内规范对这种连接方式尚未有规定，见图 1-18。

5）预制混凝土构件与后浇混凝土连接面的粗糙面和键槽构造。

①粗糙面。对于压光面（如叠合板、叠合梁表面）在混凝土初凝前“拉毛”形成粗糙面，见图 1-19。

图 1-18　钢丝绳索套

图 1-19　预应力叠合板压光面处理粗糙面

对于模具面（如梁端、柱端表面），可在模具上涂刷缓凝剂，拆模后用水冲洗未凝固的水泥浆，露出集料，形成粗糙面，见图 1-20。

②键槽。键槽是靠模具凸凹成形的。图 1-21 是日本 PC 柱子底部的键槽。

图 1-20　缓凝剂处理的叠合梁粗糙面

图 1-21　日本 PC 柱底键槽

在欧洲，预应力空心楼板侧面，为了增加板的抗剪性能，既有粗糙面，又有键槽，详见图 1-22。

6）螺栓连接。螺栓连接是用螺栓和预埋件将预制构件与预制构件或预制构件与主体结构进行连接。前面介绍的套筒灌浆连接、浆锚搭接连接、后浇筑连接和钢丝绳索套加钢筋销连接都属于湿连接。螺栓连接属于干连接。

螺栓连接是全装配式混凝土结构的主要连接方式，可以连接结构柱梁。非抗震设计或低抗震设防烈度设计的低层或多层建筑，当采用全装配混凝土结构时，可用螺栓连接主体结构。

图 1-23 是欧洲一座全装配式混凝土框架结构建筑，柱梁体系都是用螺栓连接。图 1-24 是螺栓连接柱子示意图。图 1-25 是螺栓连接墙板示意图。图 1-26 是美国凤凰城图书馆螺栓连接柱子的细部图，螺栓连接构造示意图见图 1-27。

图 1-22　楼板侧面粗糙面 + 键槽

图 1-23　螺栓连接的框架结构全装配式建筑

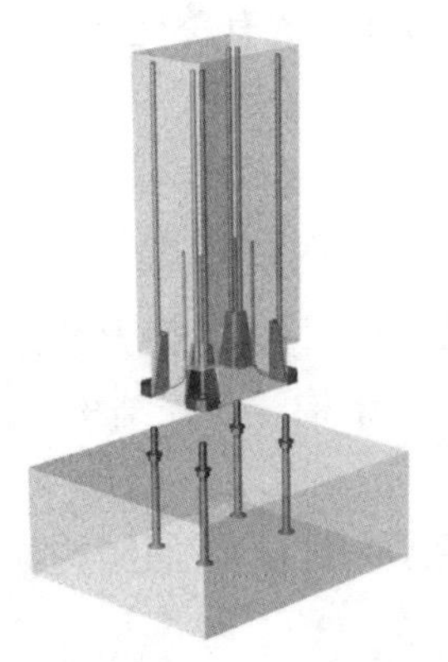

图 1-24　螺栓连接柱子示意图

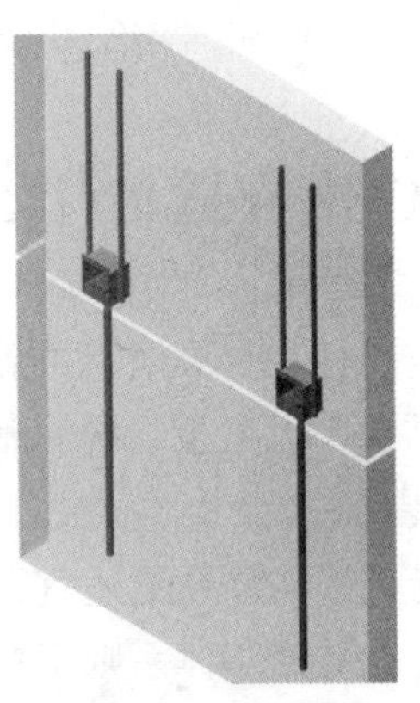

图 1-25　螺栓连接墙板示意图

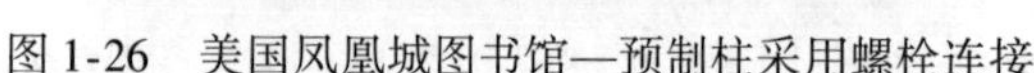

图 1-26　美国凤凰城图书馆—预制柱采用螺栓连接

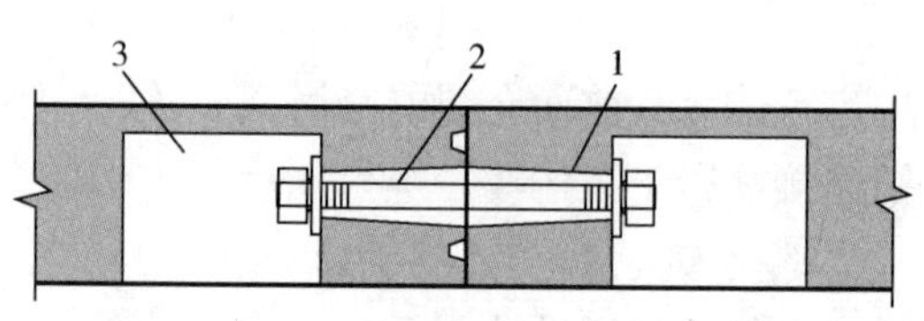

图 1-27　螺栓连接构造示意图

1—螺栓孔　2—螺栓　3—安装孔

7）焊接连接。焊接连接方式是在预制混凝土构件中预埋钢板，构件之间如钢结构一样用焊接方式连接。与螺栓连接一样，焊接方式在装配整体式混凝土结构中，仅用于非结构构件的连接。在全装配结构中，可用于结构构件的连接。

欧洲装配式混凝土建筑楼板之间、楼板与梁之间会用到焊接连接形式，欧洲标准也有相应规定，见图 1-28。

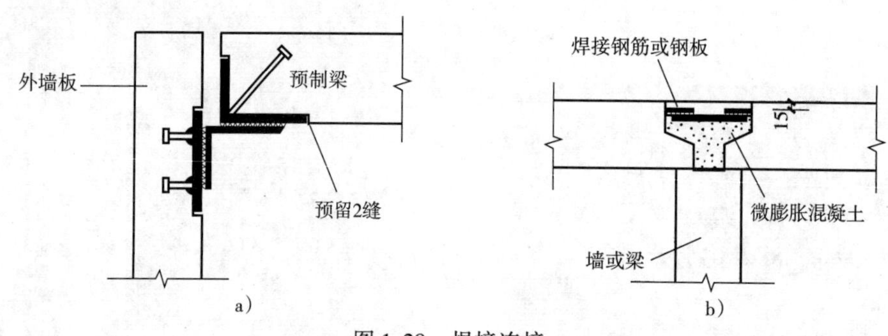

图 1-28　焊接连接

a）外墙板与梁的连接　b）楼板与梁的连接

焊接连接节点设计需要进行预埋件锚固设计和焊缝设计，须符合现行国家标准《混凝土结构设计规范》（GB 50010—2010）中关于预埋件及连接件的规定、《钢结构设计规范》（GB 50017—2003）和《钢结构焊接规范》（GB 50661—2011）的有关规定。

3. PC 建筑适用什么结构体系？

一般而言，任何结构体系的钢筋混凝土建筑，框架结构、框架-剪力墙结构、筒体结构、剪力墙结构、无梁板结构、预制钢筋混凝土柱单层厂房结构、薄壳结构、悬索结构等，都可以采用装配式。

但是，有的结构体系更适宜一些，有的结构体系则勉强一些；有的结构体系技术与经验已经成熟，有的结构体系则正在摸索之中。

（1）框架结构

框架结构是由柱、梁为主要构件组成的承受竖向和水平作用的结构。框架结构是空间刚性连接的杆系结构，见图 1-29。

目前框架结构的柱网尺寸可做到 12m，可形成较大的无柱空间，平面布置灵活，适合办公、商业、公寓和住宅。

在我国，框架结构较多地用于办公楼和商业建筑，住宅用得比较少。一个重要原因是说柱梁凸入房屋空间，影响布置，不如没有梁柱凸入的剪力墙结构更受欢迎。

日本多层和高层住宅大都是框架结构（日本高 60m 以上建筑算超高层）。日本住宅很少用剪力墙结构主要基于以下考虑：

1）他们比较信任柔性抗震，混凝土框架结构建筑经历了地震的考验。

2）框架结构布置灵活，户内布置可以改变。日本建筑寿命为 65 年、100 年和 100 年以上，房屋的土地是永久产权。高层和超高层建筑的寿命大都是 100 年和 100 年以上。框架结构可以使不同年代不同年龄段的居住者根据自己的需要和偏好方便地改变户内布置。

3）关于柱子与梁凸入房屋空间对布置不利问题，从日本的实践看，一方面，目前框架结构很少有 6m 以下的小柱网，大都是大跨度柱网，柱子间距可达 12m。大柱网布置基本削弱了这个不利影响。一方面，合理的户型设计也会削弱不利影响。还有，日本住宅都是精装修，上有吊顶、下有架空，室内布置比较多的收纳柜，自然而然地遮掩了柱梁凸出问题。

4）框架结构管线布置比较方便。

国外多层和小高层 PC 建筑大都是框架结构，框架结构的 PC 技术比较成熟。

（2）框架-剪力墙结构

框架-剪力墙结构是由柱、梁和剪力墙共同承受竖向和水平作用的结构。由于在结构框架中增加了剪力墙，弥补了框架结构侧向位移大的缺点；又由于只在部分位置设置剪力墙，不失框架结构空间布置灵活的优点，见图 1-30。

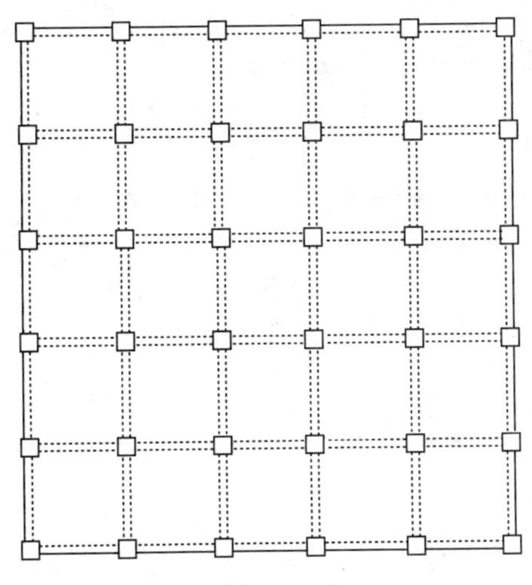

图 1-29　框架结构平面示意图

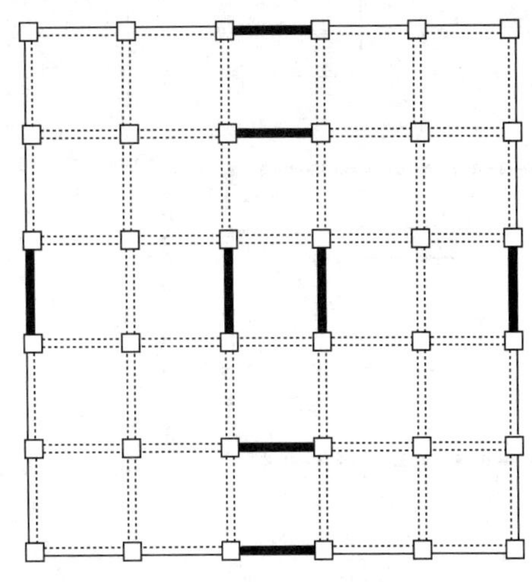

图 1-30　框架-剪力墙结构平面示意图

框架-剪力墙结构的建筑适用高度比框架结构大大提高了。框架-剪力墙结构多用于高层和超高层建筑。

装配整体式框架-剪力墙结构按照现行装配式建筑行业标准《装配式混凝土结构技术规程》（JGJ 1—2014）（以下简称《装规》）要求剪力墙部分现浇。日本的框架-剪力墙结构，剪力墙部分也是现浇。

(3) 筒体结构

筒体结构是由竖向筒体为主组成的承受竖向和水平作用的建筑结构。筒体结构的筒体分剪力墙围成的薄壁筒和由密柱框架或壁式框架围成的框筒等。

筒体结构还包括框架核心筒结构和筒中筒结构等。框架核心筒结构是由核心筒与外围稀疏框架组成的筒体结构。筒中筒结构是由核心筒与外围框筒组成的筒体结构。筒体结构平面示意图见图1-31。

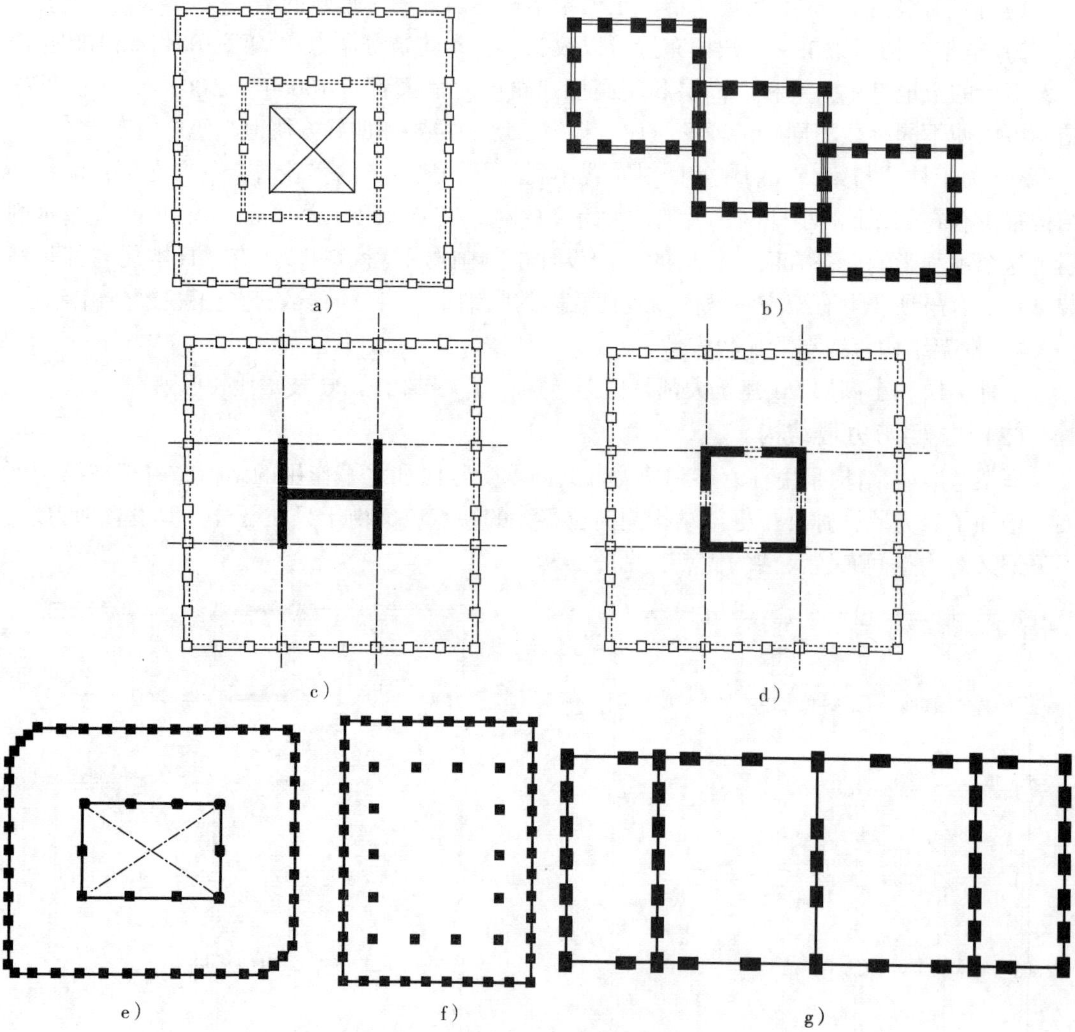

a） b） c） d） e） f） g）

图1-31 筒体结构平面示意图

a）筒中筒 b）连续筒体 c）H形剪力墙核心筒 d）L形剪力墙核心筒

e）密柱单筒体 f）筒体-稀柱框架结构 g）束筒结构

筒体结构相当于固定于基础的封闭箱形悬臂构件，具有良好的抗弯抗扭性，比框架结构、框架-剪力墙结构和剪力墙结构具有更高的强度和刚度，可以建更高的建筑。

装配整体式筒体结构在日本应用较多，超高层建筑都是筒体结构，最高达208m。技术成熟，也经历了地震的考验。表 1-1 给出了几栋日本超高层装配整体式筒体结构建筑的示意图及简介。

表　1-1

序号	工程名称	功能	层数	高度/m	建筑面积/m^2	户数	外形	结构平面	结构体系类型	说明
1	大阪北浜大厦	综合住宅	地下1、地上54	208	79605	465		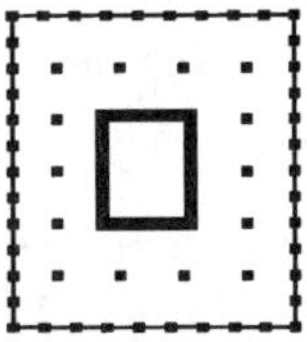	筒体-稀柱框架	
2	东京芝浦空中大厦	综合住宅	地下1、地上48	169	85512	871	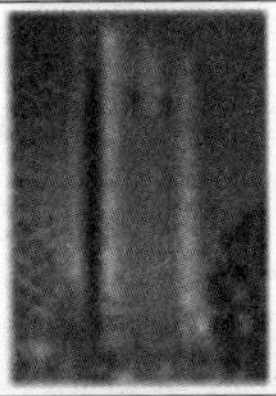	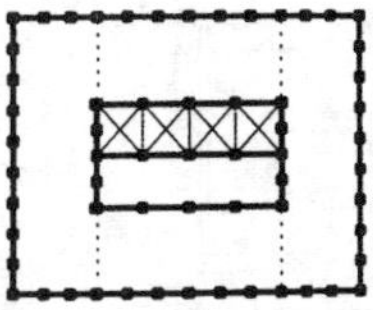	筒中筒结构	内外都是密柱框筒
3	东京练马区第一大厦	综合住宅	地下1、地上43	108	31745	286		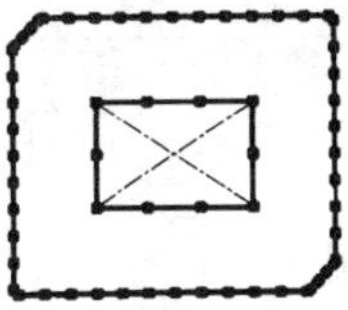	单筒结构	
4	东京中央区胜哄广场大厦	综合住宅	地下2、地上41	155	56765	512			双 H 形剪力墙筒体-稀柱结构	特殊的稀柱-剪力墙筒体结构。一个方向不对称的矩形平面，非常适合住宅的平面形状
5	东京港区虎之门大厦	综合住宅	地下1、地上37	147	38800	266			束筒结构	一个方向不对称的束筒结构
6	东京港区海角大厦	综合住宅	地下1、地上48	155	139812	1095		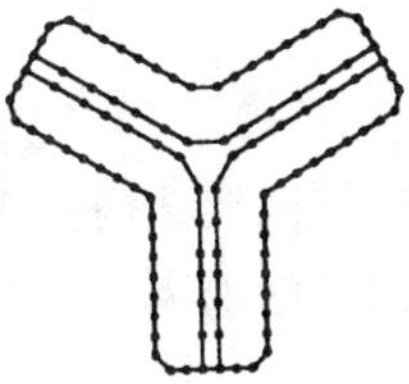	Y 字形密柱筒体结构	

注：此表根据日本鹿岛建设提供的资料整理，表中建筑都是由鹿岛建设施工。

尽管行业规范没有给出筒体的规定，但是国家标准已经给出了适用高度，筒体结构应当是装配式建筑的方向，特别是公共建筑和超高层住宅建筑。

第一，从节约用地的角度看，超高层建筑具有巨大的优势。日本最高的装配式建筑高208m，筒体结构，容积率高达12.58%。

第二，从装配式效率看，超高层建筑层数多，模具摊销次数多，成本低。

第三，从使用功能看，筒体结构可以获得更大的无障碍空间。

筒体结构的主要问题是，其平面形状多是方形或接近方形，即“点式”建筑，用于住宅有朝向问题和自然通风问题。这两个问题日本的解决方案是：朝向问题，在背阴面布置小户型公寓；通风问题，设置微型强制通风系统等。国内高层点式建筑应用得也越来越多，许多开发商的点式建筑住宅通过灵活平面布置，基本解决了朝向和自然通风问题，如图1-32所示。

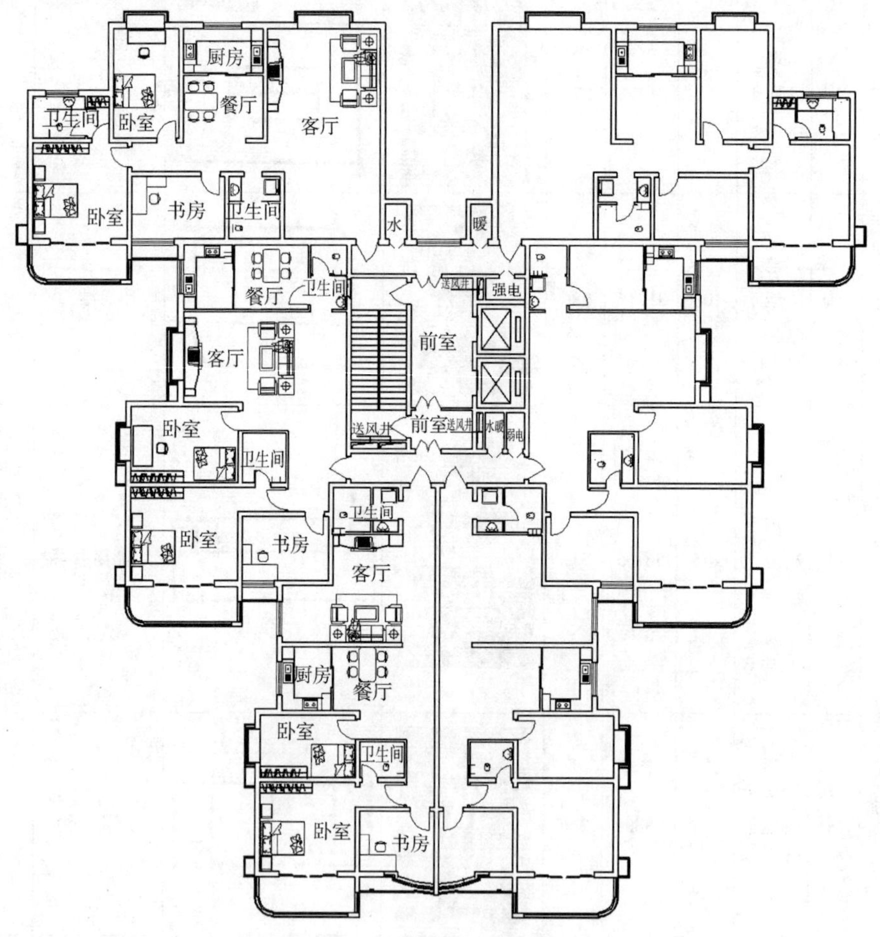

图1-32 点式住宅平面布置

（沈阳恒大绿洲户型图）

装配整体式筒体结构与框架结构一样，构件类型、连接方式和外围护做法等没有区别，如果有剪力墙核心筒，则采用现浇方式。

(4) 剪力墙结构

剪力墙结构是由剪力墙组成的承受竖向和水平作用的结构。剪力墙与楼盖一起组成空间体系。剪力墙结构虽然没有凸入室内的问题，但管线埋设在墙体内，这是落后的和影响使用寿命的做法。如果实行管线分离，剪力墙结构较多实体墙就需要架空，如此会侵占空间。

剪力墙结构没有梁柱凸入室内空间的问题，但墙体的分布使空间受到限制，无法做成大空间，适宜住宅和旅馆等隔墙较多的建筑，如图 1-33 所示。框支剪力墙结构示意图见图 1-34。

图 1-33　剪力墙结构示意图

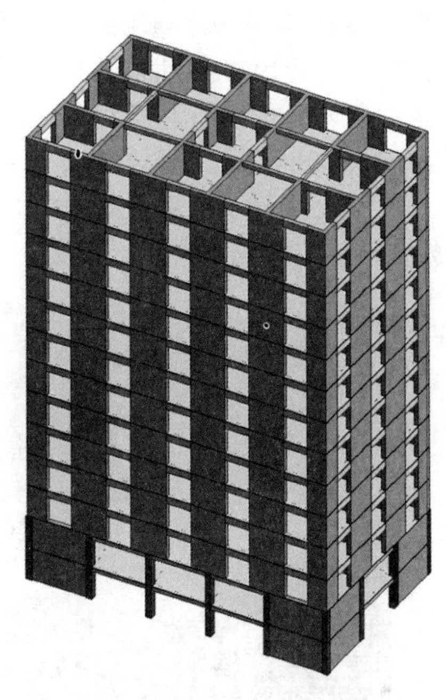

图 1-34　框支剪力墙结构示意图

剪力墙结构装配式建筑在国外非常少，高层建筑几乎没有，没有可供借鉴的装配式理论与经验。

国内多层和高层剪力墙结构住宅很多。目前装配式结构建筑大都是剪力墙结构。就装配式而言，剪力墙结构的优势是：

1）平板式构件较多，如果解决了出筋问题有利于实现自动化生产，但目前尚无法做到。

2）模具成本相对较低。

装配式剪力墙结构目前存在的问题是：

1）装配式剪力墙的试验和经验相对较少。较多的后浇筑区对装配式效率和成本有较大的影响。

2）构件出筋无法实现自动化，很难降低用工量。

3）结构连接的面积较大，连接点多，连接成本高。

4）装饰装修、机电管线等受结构墙体约束较大。

（5）墙板结构

国家标准中的墙板结构其实是在剪力墙结构的基础上简化的，而欧洲各国的很多墙板结构是框架结构变成暗柱和墙板一体化生产的结构，这两种墙板结构都是为了更适用于多层建筑、小建筑和农村建筑，见图 1-35。

贝聿铭设计的普林斯顿大学学生宿舍是 4 层建筑，一共 8 栋。这组建筑没有柱、梁，只有楼板和墙板，板厚都是 20. 32cm。8 栋建筑全部构件均为预制，墙板最长 12m，重 1. 78t。墙板与墙板、墙板与楼板之间用螺栓连接。学生宿舍于 1973 年建成，是美国最早的全装配式钢筋混凝土建筑，因采用装配式混凝土，成本降低约 30%，还大大缩短了工期，建筑风格也颇有特色，详见图 1-36。

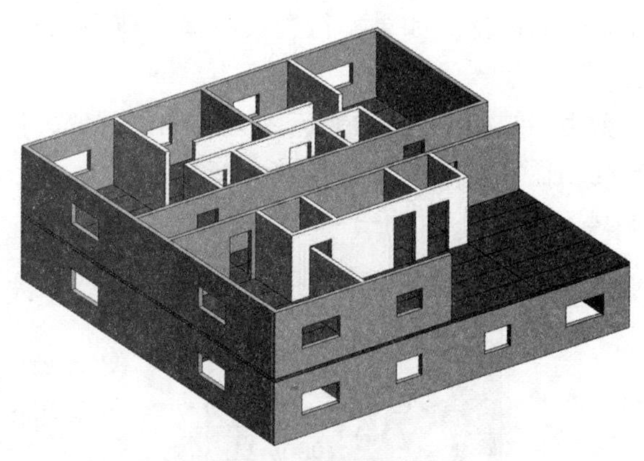

图 1-35　装配式墙板结构示意图

图 1-36　普林斯顿大学学生宿舍

（6）无梁板结构

无梁板结构是由柱、柱帽和楼板组成的承受竖向与水平作用力的结构。

无梁板结构由于没有梁，空间通畅，适用于多层公共建筑和厂房、仓库等，我国 20 世纪 80 年代前就有装配整体式无梁板结构建筑的成功实践。

装配整体式无梁板结构示意图见图 1-37。

（7）单层钢筋混凝土柱厂房

单层钢筋混凝土柱厂房是由钢筋混凝土柱、轨道梁、钢屋架或预应力混凝土屋架或钢结构屋架组成的承受竖向和水平作用的结构。

单层钢筋混凝土柱厂房在我国工厂中应用较多，大多为全装配结构，干法连接。如图 1-38 ~ 图 1-40 所示的预制混凝土厂房，其屋面梁与柱采用的连接方式是螺栓连接。

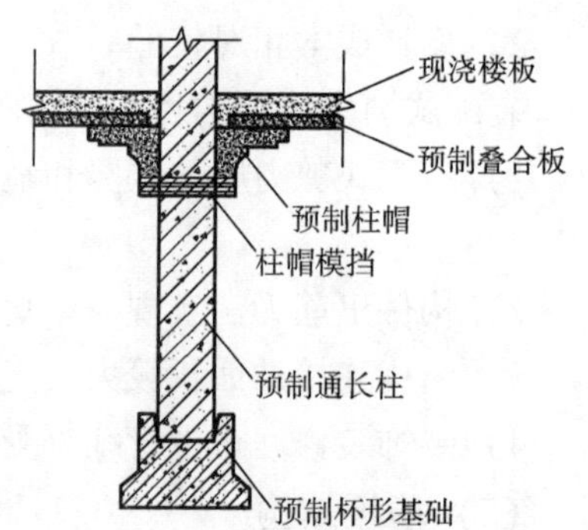

图 1-37　装配整体式无梁板结构示意图

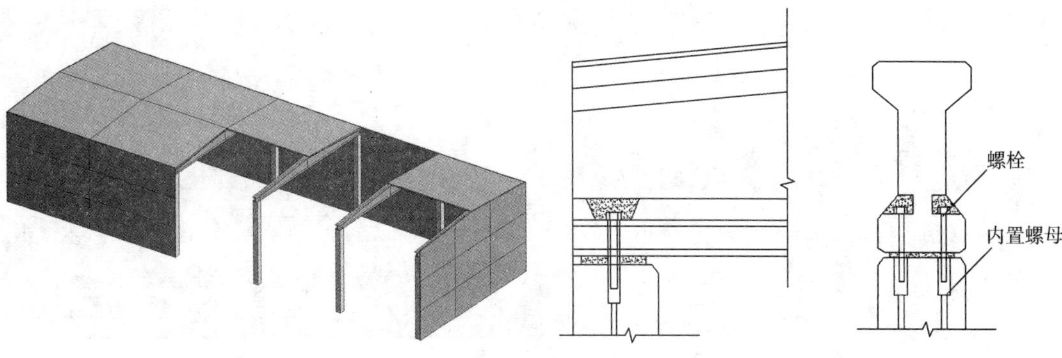

图 1-38　预制混凝土屋架厂房结构示意图　　图 1-39　预制混凝土屋面梁螺栓连接示意图

图 1-40　欧洲超预制混凝土屋面梁

(8) 薄壳结构

壳，是一种曲面构件，主要承受各种作用产生的中面内的力。薄壳结构就是曲面的薄壁结构，按曲面生成的形式分为筒壳、圆顶薄壳、双曲扁壳和双曲抛物面壳等，材料大都采用钢筋混凝土。壳体能充分利用材料强度，同时又能将承重与围护两种功能融合为一。

实际工程中还可利用对空间曲面的切削与组合，形成造型奇特、新颖且能适应各种平面的建筑，但较为费工和费模板。薄壳结构的优点是可以把受到的压力均匀地分散到物体的各个部分，减少受到的压力。许多建筑物屋顶都运用了薄壳结构的原理。

约翰·伍重设计的悉尼歌剧院和奈尔维设计的罗马小体育宫均是钢筋混凝土薄壳建筑，并采用了装配式技术。

图 1-41 悉尼歌剧院是钢筋混凝土薄壳建筑，造型像风帆，也像贝壳；表面质感光洁，建筑整体具有雕塑感；既有着简洁的斯堪的纳维亚传统的灵魂，又蕴含着丰富的表达内容，远近高低各不同。悉尼歌剧院造型优美的帆形屋顶由预制的预应力带肋薄壳板装配而成，预制构件的连接点采用后浇筑混凝土叠合技术，帆形屋顶下的墙体为清水混凝土。

图 1-42 罗马小体育宫是一座圆形建筑，直径 60m，奈尔维用 36 根倾斜的 Y 字形钢筋混凝土柱和抛物线薄壳构成了轻盈优美的主体结构，巧妙地运用了拱券原理和薄壳原理，运用了带肋的钢丝网水泥薄壳和预制与现浇叠合的技术。

图 1-41　悉尼歌剧院

图 1-42　意大利罗马小体育宫

（9）悬索结构

悬索结构能充分利用高强材料的抗拉性能，可以做到跨度大、自重小、材料省、易施工。我国是世界上最早应用悬索结构的国家之一，在古代就曾用竹、藤等材料做吊桥跨越深谷。近代的悬索结构，除用于大跨度桥梁工程外，还在体育馆、飞机库、展览馆、仓库等大跨度屋盖结构中应用。

悬索按受力状态分成平面悬索结构和空间悬索结构。

1）平面悬索结构：主要在一个平面内受力的平面结构，多用于悬索桥和架空管道。按结构形式分为：单层悬索结构、加劲式单层悬索结构、双层悬索结构。

2）空间悬索结构：一种处于空间受力状态的结构，多用于大跨度屋盖结构中。按结构形式分为：圆形单层悬索结构、圆形双层悬索结构、双向正交索网结构。

华盛顿杜勒斯机场航站楼用 16 对倾斜的钢筋混凝土柱撑起了悬索结构的屋顶，斜线和抛物线的美妙结合，形成了美妙通畅的空间与造型，既简洁，又丰富，表面为集料外露质感，见图 1-43。

图 1-43　华盛顿杜勒斯机场航站楼

 4. 装配式建筑有什么限制条件？

尽管从理论上讲，现浇混凝土结构都可以搞装配式，实际上还是有约束限制条件的。环境条件不允许、技术条件不具备或增加成本太多，都可能使装配式不可行。所以，一个建筑是不是搞装配式，哪些部分搞装配式，必须先进行必要性和可行性研究，对限制条件进行定量分析。

(1) 环境条件

1）抗震设防烈度。抗震设防烈度 9 度地区，搞 PC 建筑目前没有规范支持。

2）构件工厂与工地的距离。如果工程所在地附近没有 PC 工厂，工地现场又没有条件建立临时工厂，或建立临时工厂代价太大，该工程就不具备装配式条件。根据沈阳、上海、江苏地区的统计，当运距在 100km 以内时，PC 构件的运费约为 PC 构件价格的 4% ~7%；当运距达到 200km 时，PC 构件的运费约为 PC 构件价格的 7% ~12%。

3）道路。如果预制工厂到工地的道路无法通过大型构件运输车辆，或道路过窄、大型车辆无法转弯掉头，或途中有限重桥、限高天桥、限高隧洞等，会对能否搞装配式或装配式构件的质量与尺度形成限制。

4）PC 工厂生产条件。PC 工厂的生产条件，包括生产工艺和生产产能，如起重能力、固定或移动模台所能生产的最大构件尺寸等，是 PC 构件拆分的限制条件。

(2) 技术条件

1）高度限制。现行行业标准规定，有些 PC 建筑的最大适用高度比现浇混凝土结构要低一些，如剪力墙 PC 结构就比现浇剪力墙结构低 10 ~20m。

2）形体限制。装配式建筑不适宜形体复杂的建筑。不规则的建筑会有各种非标准构件，且在地震作用下内力分布比较复杂，不适宜采用装配式。

3）立面造型限制。建筑立面造型复杂，或里出外进，或造型不规则，可能会导致以下情况：

①模具成本很高。

②复杂造型不易脱模。

③连接和安装节点比较复杂。

所以，立面造型复杂的建筑搞装配式要审慎。

4）外探大的悬挑构件。建筑立面有较多的外探大的悬挑构件，与主体结构的连接比较麻烦，不宜搞装配式。

(3) 成本约束

模具是 PC 建筑成本大项，模具周转次数少会大幅度增加成本。一栋多层建筑，一套模具周转次数只有几次，不宜搞装配式建筑。如果多栋一样的多层建筑，模具周转次数提高了，成本就会降下来。高层和超高层建筑就模具成本而言比较适合装配式建筑。

5. PC 建筑适用什么风格的建筑？

(1) PC 建筑适用的建筑类型

1）就建筑功能而言，PC 建筑适用的建筑范围很广，包括住宅、学校、酒店、写字楼、商业建筑、医院和大型公共建筑等，还包括车库、多层仓库、标准厂房，有特殊要求和工艺的厂房，如果规模较大，也适宜做装配式。

2）就结构而言，框架结构、框-剪结构、筒体结构和剪力墙结构都适宜做PC建筑。

3）就建筑高度而言，高层建筑和超高层建筑比较适宜做PC建筑。日本最高PC住宅高达208m。低层建筑和多层建筑模具周转次数少，做PC建筑成本较高，只有相同楼型数量较多的情况下，做PC建筑才合算。

4）就建筑造型而言，复杂多变没有规律而又层数不多的普通建筑不适于做PC建筑。之所以强调“普通”这两个字，是因为对于某些特殊建筑，如悉尼歌剧院之类的建筑，装配式反而有无可替代的优势。

（2）PC建筑的实例

1）最适宜装配式的简洁风格。总体上讲，装配式适合造型简单、立面简洁、没有繁杂装饰的建筑。建筑大师密斯“少就是多”的现代主义建筑理念最适合装配式。装配式建筑往往靠别具匠心的运用、恰到好处的比例、横竖线条排列组合变化、虚实对比变化以及表皮质感等构成艺术张力。

图1-44是日本大阪一栋200.3m高的PC建筑，日本第3高住宅，筒中筒结构。这座超高层建筑用外挑楼板形成通长阳台，显得比较轻盈。

图1-45是日本东京芝浦一座159m高的超高层PC建筑住宅，凹入式阳台，砖红色表皮显得厚重。

图1-44　日本大阪200.3m高PC建筑住宅

图1-45　日本东京芝浦超高层PC建筑住宅

图1-46是日本鹿岛公司一座办公楼，PC框架结构，结构梁柱做成清水混凝土，与大玻璃窗构成简洁明快的建筑表皮。

如图1-47所示PC建筑窗户比较小，“实体”墙面积比较大，是沉稳厚重的风格。建筑底部和顶部窗户尺寸有变化，是沙利文高层建筑三段式原则的体现；建筑立面的感觉又有路易斯·康的影子，是一栋精致的装配式建筑。同样是PC建筑，这座建筑的风格与图1-46清爽明快的鹿岛办公楼形成了鲜明的对照。

图 1-46　日本鹿岛 PC 框架结构清水混凝土表皮办公楼

图 1-47　沉稳厚重的 PC 建筑

图 1-48 是一栋后现代风格 PC 建筑，窗户用了古罗马拱券符号，简洁而有力量感。

图 1-49 是 PC 幕墙与玻璃幕墙形成虚实对比的装配式建筑。PC 幕墙表面质感是装饰面砖，用“反打”工艺与混凝土墙板结合成一体。

图 1-48　拱券窗洞后现代风格 PC 建筑

图 1-49　PC 幕墙与玻璃幕墙建筑

2）装配式实现复杂风格的优势。原则上讲，造型变化大、立面凸凹多、质感复杂的建筑风格，实现装配式有一定难度。但许多情况下，装配式与现浇比较，实现复杂风格却更有优势。

①非线性墙板。世界著名建筑大师伯纳德·屈米设计的辛辛那提大学体育馆中心如图1-50所示，建筑表皮是预制钢筋混凝土镂空曲面板。这样的镂空曲面板如果现浇是非常困难的，很难脱模，造价也会非常高，但采用预制装配式就容易了许多，成本比现浇大大降低，又可缩短工期。一般讲，规则化的曲面板，预制比现浇更有优势。

图1-50　辛辛那提大学体育馆中心

马利纳城高179m，65层，是一座浪漫的曲线建筑，一对圆形的姊妹楼像两个玉米棒，花瓣形阳台形成玉米的效果如图1-51所示，这座建筑因此被称作“玉米大厦”，外探阳台的造型丰富立面正是其高妙之笔。玉米大厦的弧形构件是预制的。

图1-51　芝加哥玉米大厦

罗宾逊楼是普林斯顿大学校园里最有特色的现代建筑，楼四周是柱廊，既简洁又有风韵的现代风格预制柱子是变截面的，柱子与柱头连体，用白色装饰混凝土制作而成，柱上檐口是一圈小柱廊，也是用装饰混凝土制作的，如图 1-52 所示。

图 1-52　普林斯顿大学罗宾逊楼

我们再看看不规则曲面板。图 1-53 是著名建筑师马岩松设计的哈尔滨大剧院，建筑表皮是非线性铝板，局部采用清水混凝土外挂墙板（见图 1-54）。这些外挂墙板有些是曲面的，有些是双曲面的，而且曲率不一样。这些墙板在工厂预制可以准确地实现形状和质感要求。实际制作过程是将参数化设计图输入数控机床，由数控机床在聚苯乙烯板上刻出精确的曲面板模具，再在模具表面抹浆料、刮平磨光，而后放置钢筋，浇筑制作出曲面板。

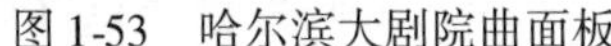

图 1-53　哈尔滨大剧院曲面板

图 1-54　曲面清水混凝土墙板

②薄壳结构。约翰 · 伍重设计的悉尼歌剧院造型优美的帆形屋顶由预制的预应力带肋薄壳板装配而成，预制构件的连接节点采用后浇筑混凝土叠合技术，如图 1-55 所示。

悉尼歌剧院当时在施工过程中非常困难，很多位置若是靠现浇是很难实现的，那时候没有非线性的三维软件，数控技术也没有进入建筑领域，如何实现不规则大跨度曲面，只能边摸索边试验，许多新技术、新工艺是现场试验出来的。比如，先制作小样，然后再把小样分解成装配式，安装后采用预制构件装配式和预制-现浇叠合技术。悉尼歌剧院的建造工期用了 18 年，最后造价是预算的 15 倍，达 1 亿澳元。当然，悉尼歌剧院的巨大成功所带来的长久经济效益和城市收益，早已远远超过了 1 亿澳元。

③复杂质感墙板。美国著名建筑组合墨菲西斯设计的达拉斯佩罗自然科学博物馆如图1-56所示，建筑表皮是渐变的地质纹理，由PC墙板组合而成。这种复杂质感如果在现场浇筑，会比工厂预制困难得多。

图1-55　悉尼歌剧院预制薄壳构件连接节点

图1-56　达拉斯佩罗自然科学博物馆

制作渐变的地质纹理，模具周转次数很少，甚至可能一块一模。但现浇也同样是模具周转次数少或一块一模。采用预制方式，模具是平躺着的，可以用聚苯乙烯、石膏等便宜的一次性材料制作模具；而现场浇筑模具是立着的，必须用强度高诸如玻璃钢一类的材料制作模具，还要通过模型环节翻制模具，成本很高。如此看来，复杂质感装配式反倒有优势，装配式尽管也贵，但要比现浇造价低很多。

6. 装配式建筑有什么优点?

PC建筑较之现浇混凝土建筑有如下优势：可以提升建筑质量；提高效率；节约材料；节能减排环保；节省劳动力并改善劳动条件；缩短工期；方便冬期施工等。

（1）提升建筑质量

PC化并不是单纯的工艺改变——将现浇变为预制，而是建筑体系与运作方式的变革，对建筑质量提升有推动作用。

1）PC化要求设计必须精细化、协同化。如果设计不精细，PC构件制作好了才发现问题，就会造成很大的损失。PC化促使设计深入、细化、协同，由此会提高设计质量和建筑品质。

2）PC化可以提高建筑精度。现浇混凝土结构的施工误差往往以厘米计，而PC构件的误差以毫米计，误差大了就无法装配。PC构件在工厂模台上和精致的模具中生产，实现和控制品质比现场容易。预制构件的高精度会带动现场后浇混凝土部分精度的提高。

在日本看到表皮是PC墙板反打瓷砖的建筑，100多m高的外墙面，瓷砖砖缝笔直整齐，误差不到2mm。现场贴砖作业是很难达到如此精度的。

3）PC化可以提高混凝土浇筑、振捣和养护环节的质量。浇筑、振捣和养护是保证混凝土密实和水化反应充分，进而保证混凝土强度和耐久性的非常重要的环节。现场浇筑混凝土，模具组装不易做到严丝合缝，容易漏浆；墙、柱等立式构件不易做到很好的振捣；

现场也很难做到符合要求的养护。工厂制作 PC 构件时，模具组装可以严丝合缝，混凝土不会漏浆；墙、柱等立式构件大都“躺着”浇筑，振捣方便，板式构件在振捣台上振捣，效果更好；PC 工厂一般采用蒸汽养护方式，养护的升温速度、恒温保持和降温速度用计算机控制，养护湿度也能够得到充分保证，养护质量大大提高。

4）PC 建筑外墙保温可采用夹心保温方式，即“三明治板”，保温层外有超过 50mm 厚的钢筋混凝土外叶板，比常规的粘贴外保温板铺网刮薄浆料的工艺安全性、可靠性大大提高，防火性能得到保证。最近几年，相继有高层建筑外保温层大面积脱落和火灾事故发生，主要原因是外保温层黏接不牢、刮浆保护层太薄等。三明治板解决了这两个问题。当然，安全可靠的夹心保温板依赖于精心的设计与制作，特别是拉结件的选用、布置与锚固方法必须做到安全可靠。

5）PC 建筑实行建筑、结构、围护、装饰和设备管线系统的集成化，而且工厂化生产部品也会大量减少质量隐患。

6）PC 化是实现建筑自动化和智能化的前提。自动化和智能化减少了对人、对责任心等不确定因素的依赖。由此可以避免人为错误，提高产品质量。

7）工厂作业环境比工地现场更适合全面、细致地进行质量检查和控制。

8）从生产组织体系上，PC 化将建筑业传统的层层竖向转包变为扁平化分包。层层转包最终将建筑质量的责任系于流动性非常强的农民工身上；而扁平化分包，建筑质量的责任由专业化制造工厂分担。工厂有厂房、有设备，质量责任容易追溯。

上海保利公司的平凉路住宅工程，只有 25% PC 预制率，但在结构测评中，PC 建筑与同一工地的现浇混凝土建筑的评分分别是 80 分和 60 分，PC 建筑高出 30% 多。上海最近几年的 PC 建筑，墙体渗漏、裂缝现象比现浇建筑大大减少。

就抗震而言，日本鹿岛科研所的试验结论是 PC 建筑的可靠性高于现浇结构。日本 1995 年阪神大地震的震后调查，PC 建筑的损坏比例也比其他建筑低。

（2）提高效率

PC 化能够提高效率。半个多世纪前北欧开始大规模建 PC 建筑的初衷就是为了提高效率。

1）PC 化是一种集约生产方式，PC 构件制作可以实现机械化、自动化和智能化，大幅度提高生产效率。欧洲生产叠合楼板的专业工厂，年产 120 万 m^2 楼板，生产线上只有 6 个工人。而手工作业方式生产这么多的楼板大约需要近 200 个工人。

2）PC 化使一些高处和高空作业转移到车间进行，即使没有搞自动化，生产效率也会提高。工厂作业环境比现场优越，工厂化生产不受气象条件制约，刮风下雨不影响构件制作。

3）集成式厨房、集成式卫生间、整体收纳柜和其他内装集成部品会大大提高效率。

4）工厂比工地调配、平衡劳动力资源也更为方便。

（3）节约材料

1）PC 建筑节约材料分析。

①PC 建筑减少模具材料消耗，特别是减少木材消耗。墙体在工地现场浇筑是两个板面支模，而在工厂制作只有一个板面模具（模台）加上边模，模台和规格化的边模可以长期

周转使用。PC 叠合板本身就是后浇叠合层的模具；一些 PC 构件是后浇区模具的一部分。有施工企业统计，PC 建筑节约模具材料达 50% 以上。

②PC 构件表面光洁平整，可以取消找平层和抹灰层。室外可以直接做清水混凝土或涂漆；室内可以直接刮“大白”，或者也可以做成清水混凝土，例如，亚特兰大波特曼酒店的室内清水混凝土护栏板，见图 1-57。

图 1-57　亚特兰大波特曼酒店装配式护栏

③现浇混凝土使用商品混凝土，用混凝土罐车运输。每次运输混凝土都会有浆料挂在罐壁上，混凝土搅拌站出仓混凝土量比实际浇筑混凝土量大约多 2%，这些多余量都挂在了混凝土罐车上，还要用水冲洗掉。PC 建筑则大大减少了这部分损耗。

④PC 建筑工地不用满搭脚手架，会减少脚手架材料的消耗，达 70% 以上。

⑤PC 化带来的精细化和集成化会降低各个环节（如围护、保温、装饰等环节）的材料与能源消耗。

⑥PC 化建筑不能随意砸墙凿洞，会“逼迫”毛坯房升级为装修房，集约化装饰会大量节约材料。

⑦PC 建筑会节约建筑与结构环节的原材料，不同的结构体系、不同的预制率、不同的连接方式、不同的装修方式，节约原材料的比率不同，最多可达到 20%。

⑧装配式建筑各个系统的集成，特别是内装系统的集成，节约的原材料比例更高。

2）PC 建筑增加材料分析。PC 建筑也有增加材料的地方，我们具体讨论一下：

①夹心保温墙增加了外叶板和拉结件夹心保温墙板，比现在常用的粘贴保温层表面挂网刮薄浆的方式增加了 50～60mm 厚的钢筋混凝土外叶板和拉结件。夹心保温板是解决现外墙保温工艺存在的重大问题，提高安全性、可靠性和耐久性的必要措施，所以，不能把材料消耗和成本增加的“责任”算到 PC 化的头上。

②PC 叠合楼板比现浇混凝土楼板厚 20mm。一般情况下，住宅现浇楼板 120mm 厚。PC 叠合楼板 60mm 厚，如果后浇叠合层 60mm 厚，不够埋设管线，需 80mm 厚才行。如此，PC 叠合楼板总厚度 140mm，比现浇楼板厚了 20mm。但是，如果楼板中不埋设管线，PC 叠合板厚度与现浇楼板厚度一样。

在楼板混凝土中埋设管线是很落后、很不合理的做法。发达国家已经没有这样做的了。管线的寿命是 10 年、20 年，结构混凝土的寿命是 50 年，甚至更长，两者不同步。当埋设在混凝土中的管线使用寿命到期时，由于埋设在混凝土中，很难维修和更换。所以，问题的解决应当是告别落后的不合理的传统做法，而不是迎合它，以它作为判断合理性的标准。

③蒸汽养护增加了耗能。PC 构件蒸汽养护比现场浇水养护多消耗能源。但蒸汽养护提高了混凝土质量，特别是提高了耐久性。从建筑结构寿命得以延长的角度看，总的耗能是大大降低了。

④增加了连接套筒和灌浆料。PC 建筑结构连接增加了套筒和灌浆料，也会增加后浇区钢筋搭接和锚固长度。这确实是因 PC 而增加的材料，也是 PC 成本中的大项。

⑤增加了连接区加密箍筋。

⑥加大了保护层用套筒连接的构件，混凝土保护层应当从套筒箍筋算起。由于套筒比所连接的受力钢筋直径大 30mm 左右，由此，相当于受力钢筋的位置内移了，保护层大了，或加大断面尺寸增加混凝土量，或保持断面尺寸不变增加钢筋面积。

浆锚搭接的构件，混凝土保护层应当从约束螺旋筋算起，也存在同样问题。

叠合楼板、PC 幕墙板和楼梯、挑檐板等不用套筒或浆锚连接的构件，不存在保护层加大的问题。

日本规范规定，预制混凝土构件比现浇混凝土的保护层可以小 5mm。因为预制环节质量更容易控制。如果按照日本的规定，一部分构件（有套筒的构件）保护层增加，一部分构件保护层减少了，总的材料净增量会比较少。

我国目前没有预制构件比现浇构件保护层小的规定，再加上我国大多数建筑是剪力墙结构，混凝土用量大，保护层增加导致的材料消耗增加的问题可能更明显一些。

（4）节能减排环保

1）PC 化可节约原材料，最高达 20%，自然会降低能源消耗，减少碳排放量。

2）运输 PC 构件比运输混凝土减少了罐的质量和为防止混凝土初凝转动罐的能源消耗　。

3）PC 化会大幅度减少工地建筑垃圾，最多可减少 80%。

4）PC 化大幅度减少混凝土现浇量，从而减少工地养护用水和冲洗混凝土罐车的污水排放量。预制工厂养护用水可以循环使用。PC 建筑节约用水 20% ~50%。

5）PC 化会减少工地浇筑混凝土振捣作业，减少模板、砌块和钢筋切割作业，减少现场支拆模板，由此会减轻施工噪声污染。

6）PC 建筑的工地会减少扬尘。PC 化内外墙无需抹灰，会减少灰尘及落地灰等。

（5）节省劳动力并改善劳动条件

1）节省劳动力。PC 化把一部分工地劳动力转移到工厂，工地人工大大减少，综合看，PC 建筑会不会节省劳动力呢？

总体而言，PC 建筑会节省劳动力。节省多少主要取决于预制率大小、生产工艺自动化程度和连接节点设计。

①预制率高，模板作业人工大幅度减少。工厂模具可以反复使用，工厂组模、拆模作业的用工量也比现场少。预制率高也会大幅度减少脚手架作业的人工。

②生产线的自动化程度高的工厂，钢筋加工可以实现自动化或半自动化，大量节省人工。构件制作生产线自动化程度高，会大幅度节省人工。但目前钢筋加工自动化仅限于网片和桁架筋，PC 构件制作自动化也只能生产不出筋的板式构件，适用范围较窄。但如果生产线只是移动的模台，就节省不了多少人工。欧洲生产叠合板、双皮板、无保温墙板和梁柱板一体化墙板的生产线，自动化程度非常高，节省劳动力的比例很大。构件制作环节最多可以节省人工 95% 以上。

日本生产 PC 柱、梁和幕墙板的工艺自动化程度不高，工厂节省劳动力的比例不大。

③结构连接节点简单，后浇区少，可以节省人工；连接节点复杂，后浇区多，节省人工就少，甚至增加人工。

欧洲PC建筑的连接节点也比较简单，或由于建筑高度不高，或由于抗震设防要求不高，或由于科研充分经验丰富艺高胆大。

PC建筑节省劳动力可达到50%以上。但如果PC建筑预制率不高，生产工艺自动化程度不高，结构连接又比较麻烦或有比较多的后浇区，节省劳动力就比较难。

总的趋势看，随着PC建筑和预制率的提高，PC构件的模数化和标准化，生产工艺自动化程度会越来越高，节省人工的比率也会越来越大。

2）改变建筑从业者的构成。PC化可以大量减少工地劳动力，使建筑业农民工向产业工人转化，提高素质。PC化会减少建筑业蓝领工人的比例。由于设计精细化和拆分设计、产品设计、模具设计的需要，还由于精细化生产与施工管理的需要，白领人员比例会有所增加。由此，建筑业从业人员的构成发生变化，知识化程度得以提高。

3）改善工作环境。PC化把很多现场作业转移到工厂进行，高处或高空作业转移到平地进行；风吹日晒雨淋的室外作业转移到车间里进行；工作环境大大改善。PC工厂的工人可以在工厂宿舍或工厂附近住宅区居住，不用住工地临时工棚。PC化使很大比例的建筑工人不再流动，定居下来，解决了夫妻分居、孩子留守问题。

4）降低劳动强度。PC化可以较多地使用设备和工具，工人劳动强度大大降低。

（6）缩短工期

PC建筑缩短工期与预制率有关，预制率高，缩短工期就多些；预制率低，现浇量大，缩短工期就少些。北方地区利用冬季生产构件，可以大幅度缩短总工期。

就结构施工而言，PC化达到熟练程度后比现浇建筑会快点，但一层楼也只能快1天多点，缩短工期不是很多。但就整体工期而言，PC建筑可以大大缩短工期。PC建筑减少了现场湿作业，外墙围护结构与主体结构一体化完成，其他环节的施工也不必等主体结构完工后才进行，可以尾随主体结构的进度，相隔2~3层楼即可。如此，当主体结构结束时，其他环节的施工也接近结束。对于装修房，PC建筑缩短工期更显著。在日本考察时看到一座45层的超高层建筑工地，主体结构刚刚封顶，装修已经干完42层了，连地毯都铺好了，水、暖、电和煤气也都进入调试与试运行阶段。

（7）有利于安全

PC化有利于安全：

1）工地作业人员大幅度减少，高处、高空和脚手架上的作业大幅度减少。

2）工厂作业环境和安全管理的便利性好于工地。

3）PC生产线的自动化和智能化进一步提高生产过程的安全性。

4）工厂工人比工地工人相对稳定，安全培训的有效性更强。

（8）有利于冬期施工

PC化构件的制作在冬季不会受到大的影响。工地冬期施工，可对构件连接处做局部围护保温，叠合楼板现浇可用暖被覆盖，也可以搭设折叠式临时暖棚。PC建筑冬期施工的成本比现浇建筑低很多。

7. 装配式建筑有什么缺点?

装配式建筑是建筑工业化、现代化的重要构成，是实现绿色建筑的主要手段，但它既不是万能的，也不是完美无缺的，存在一些不足，有其特定的适宜范围。不能把装配式建筑理解为建筑业发展的必然的高级阶段，更不能认为装配式建筑会成为取代其他方式的唯一方式。

装配式建筑存在一些缺点：

(1) 实现个性化的难度大

尽管用装配式工艺可以建造个性化艺术性非常强的建筑艺术作品，如悉尼歌剧院，如混凝土诗人奈尔维的作品，如山崎实的典雅主义作品。装配式工艺甚至可以解决现浇混凝土方式不易解决的难题。但是，总体上讲，在建造普通建筑方面，特别是既要讲建筑艺术，又必须尽可能控制成本的普通住宅方面，装配式实现个性化受到的限制会更多一些。

装配式建筑的主要优势建立在部品、部件、配件和连接节点的规格化、模数化和标准化上。如此，个性化突出且重复元素少的建筑就不大适应。建筑是讲究艺术的，没有个性就没有艺术。装配式建筑在实现个性化方面对建筑师的约束会多一些，或者说难度更大一些，或者说对建筑师的要求更高一些。

发达国家大规模发展装配式建筑大都是从政府投资的保障房起步的，保障房没有太多的艺术讲究。但是，由房地产商开发的商品房，就不能对艺术性漠视，太简单的建筑会影响消费者的选择。

本书介绍了山崎实非常成功的装配式建筑作品，如山崎实设计的现代主义风格的罗宾逊楼（见本章图 1-52）和典雅主义作品詹姆斯馆（见第 4 章图 4-61）。山崎实在装配式建筑方面也有败走麦城的记录。20 世纪 50 年代初期，山崎实为美国圣路易斯市设计了一个贫困人口居住的社区，33 栋 18 层住宅。这些装配式建筑设计得非常简单，符合了工业化要求，建造成本大大降低。但由于太简单太单调了，没有人喜欢住在那里，穷人也不愿去。最后，这个社区成为贩毒吸毒鸡鸣狗盗之流的栖身之地，成为治安最不好的社区。1978 年，这个社区被炸掉重建。这个事件是当代建筑史上的标志性事件，被称为国际主义建筑风格死亡的判决书。

这件事对我们的启发是，装配式建筑或者说建筑工业化，非常容易导致建筑艺术个性化的缺失，是建筑师需要格外警惕的。

再举一个例子，格罗皮乌斯是 20 世纪现代建筑界的领军人物，最著名的世界级建筑大师。但他设计的装配式建筑纽约泛美大厦却招致了诸多恶评，被认为是他一生中最失败的作品（见图 1-58）。

图 1-58　格罗皮乌斯设计的纽约泛美大厦

笔者并不认为装配式建筑等于去艺术化，在这里只是提醒建筑师：装配式建筑需要花费更大的功夫和更多的智慧去实现艺术化。

（2）装配式与复杂化的冲突

装配式建筑比较适合简单、简洁的建筑立面，对于里出外进较多、表皮复杂的建筑，实现起来有些困难，或者说不划算。

（3）装配式建筑要求建设规模和建筑体量

装配式建筑必须有一定的建设规模才能发展起来，生存下去。一座城市或一个地区建设规模过小，PC 工厂或其他部品工厂吃不饱，厂房设备摊销成本过高，很难维持运营。

装配式建筑需要建筑体量。高层建筑、超高层建筑和多栋设计相同的多层建筑适用 PC 化。数量少的小体量建筑不适合做 PC 建筑。

（4）装配式建筑有关键的脆弱点

规范规定：钢筋混凝土结构受力钢筋在同一截面连接点不能超过 50%，但 PC 建筑受力钢筋不仅单个构件 100% 在同一截面连接，同一楼层所有竖向构件的结构连接点都在同一个高度。由此，PC 建筑结构连接节点是“脆弱”点。这个“脆弱”不是指技术上的不可靠，而是指对现场作业人员的技术水平与责任心要求比较高，一旦连接点作业出现问题，就会形成结构安全的隐患。所以，装配式建筑结构连接节点的施工作业必须要求全程旁站监理。

（5）装配式建筑对设计问题宽容度低

现浇混凝土建筑如果设计出了问题，在现场发现后可以补救。但装配式建筑等到构件安装时才发现问题，就很难补救了，会造成质量、工期或成本方面的重大损失。笔者在某个工地发现，由于构件制作图没有考虑预埋电气管线，构件到现场后才发现，在现场把构件凿开，箍筋都凿断了非常不安全，也非常费事。还有的 PC 构件没有预留后浇混凝土模板用的预埋螺栓，现场工人用冲击钻打眼锚固螺栓，结果把受力钢筋打断，造成安全隐患。

8. 在我国推行装配式建筑有什么难点？

由于政府的强力推广，我国 PC 化正处于爆发期。但是，必须承认，我国 PC 化发展还存在一些问题，还有一些难点，PC 化的进程还需要克服一些障碍。对此，应当有清醒的认识和解决的决心。

（1）粗放的建筑传统的障碍

在发达国家，现浇混凝土建筑也比较精细，所以，PC 建筑所要求的精细并不是额外要求，不会额外增加成本，工厂化制作反而会降低成本。

但国内建筑传统比较粗放：

1）设计不细，发现问题就出联系单更改。但 PC 构件一旦有问题往往到安装时才能被发现，那时已经无法更改了，会造成很大的损失，也会影响工期。

2）各专业设计“撞车”“打架”，以往可在施工现场协调。但 PC 建筑几乎没有现场协调的机会，所有“撞车”必须在设计阶段解决，这就要求设计必须细致、深入、协同。

3）电源线、电信线等管线、开关、箱槽埋设在混凝土中。发达国家没有这样做的，PC 构件更不能埋设管线箱槽，只能埋设避雷引线。如果不在混凝土中埋设管线，就需要像国外建筑那样，顶棚吊顶，地面架空，增加层高。如此，会增加成本。

4）习惯用螺栓后锚固办法。而 PC 构件不主张采用后锚固法，避免在构件上打眼，所有预埋件都在构件制作时埋入。如此，需要建筑、结构、装饰、水暖电气各个专业协同设计，设计好所有细节，将预埋件等埋设物落在 PC 构件制作图上。

5）以往建筑误差较大，实际误差以厘米计。而 PC 建筑的误差以毫米计，连接套筒、伸出钢筋的位置误差必须控制在 2mm 以内。

6）许多住宅交付毛坯房，有的房主自行装修时会偷偷砸墙凿洞。这在 PC 建筑是绝对不允许的，一旦砸到结构连接部位，就可能酿成重大事故。

PC 建筑从设计到构件制作到施工安装到交付后装修，都不能粗放和随意，必须精细，必须事先做好。但精细化会导致成本的提高。虽然这是借 PC 化之机实现了质量升级，但造成了 PC 化成本高的印象，加大了 PC 化的阻力。

（2）剪力墙 PC 技术有待成熟

国外剪力墙 PC 建筑较少，高层建筑可供借鉴的经验更少。PC 技术最为发达的日本没有剪力墙 PC 建筑，框-剪结构中的剪力墙和筒体结构中的剪力墙核心筒都是现浇。北美偶尔有剪力墙 PC 建筑，也是低层和多层建筑。欧洲的剪力墙 PC 建筑是双面叠合剪力墙，两面预制薄板之间的混凝土现浇，也主要用于多层建筑。

高层剪力墙 PC 建筑是近几年在我国蓬勃发展起来的，技术还有待于成熟。

我国现行行业标准《装规》对于剪力墙装配式结构，出于十分必要的谨慎，要求接缝在边缘构件部位时边缘构件现浇。由于较多的现浇与预制并举，构件三面出筋，一面有套筒或浆锚孔，工序没有减少，反而增加了，成本也提高了，工期也没有优势。

行业标准《装规》规定剪力墙 PC 建筑最大适用高度也比现浇混凝土剪力墙建筑低 10～20m，这影响了剪力墙 PC 建筑的适用范围。

技术上的审慎是必要的，但审慎带来的对 PC 化优势的消减必须得到重视，必须尽快解决。虽然靠行政命令可以强制推广 PC 化，但勉强的事不会持久，对社会也没有益处。

提高或确认剪力墙结构连接节点的可靠性和便利性，使剪力墙 PC 建筑与现浇结构真正达到或接近等同，是亟须解决的重点技术问题。

（3）外墙外保温问题

前面第 6 问第（1）条，谈到了夹心保温对提升外墙保温安全性的作用。但夹心保温方式增加了外墙墙体质量与成本，也增加了建筑面积的无效比例（建筑面积以表皮为边界计算）。如此，一些 PC 建筑依旧用粘贴保温层刮浆的传统做法。

（4）吊顶架空问题

国外住宅大都是顶棚吊顶，地面架空，轻体隔墙，同层排水。不需要在楼板和墙体混凝土中埋设管线，维修和更换老化的管线不会影响到结构。我国住宅把电源线通信线和开关箱体埋置在混凝土中的做法是不合理的落后做法，改变这些做法需要吊顶、架空，这不是设计者所能决定的。

在没有吊顶的情况下，顶棚叠合板表面直接刮腻子、刷涂料。如果叠合板接缝处有细微裂缝，虽然不是结构质量问题，但用户很难接受。避免叠合楼板接缝处出现可视裂缝是需要解决的问题。

（5）PC 化设计责任问题

PC 建筑设计工作量增加很多。PC 建筑的设计不仅需要 PC 专业知识，更需要对整个项目设计的充分了解和各个专业的密切协同，PC 建筑的设计必须以该建筑设计单位为主导，必须贯彻整个设计过程，绝不能按照现浇混凝土结构设计后交给拆分设计单位或 PC 厂家拆分就行了，那样做有可能酿成重大事故。

目前，许多工程的 PC 设计任务实际上是由拆分设计单位或 PC 工厂承担的，项目设计单位只对拆分图签字确认，这是不负责任的做法，也是有危险的做法。

（6）PC 化成本问题

PC 化最大的问题是成本问题。目前，我国 PC 建筑的成本高于现浇混凝土结构。许多建设单位不愿接受 PC 化，最主要的原因在于成本高。

本来，欧洲人是为了降低成本才搞 PC 化的。国外半个多世纪 PC 化的进程也不存在 PC 建筑成本高的问题，成本高了也不可能成为安居工程的主角。笔者与日本 PC 技术人员交流，他们对中国 PC 建筑成本高觉得不可思议。可我国的现实是，PC 建筑成本确实高一些。对此，初步分析如下：

1）因提高建筑安全性和质量而增加的成本被算在了 PC 化的账上。以“三明治板”夹心保温板为例。传统的粘贴保温层刮灰浆的做法是不安全、不可靠的，出了多起脱落事故和火灾事故，“三明治板”取代这种不安全的做法，可以避免事故隐患，其增加的成本实际上是为了建筑的安全性，而不是为了 PC 化。

2）剪力墙结构体系 PC 化成本高。中国住宅建筑，特别是高层住宅较多采用剪力墙结构体系，这种结构体系混凝土量大，钢筋细、多，结构连接点多，与国外 PC 建筑常用的柱、梁结构体系比较，PC 化成本会高一些。这时笔者给建筑师和结构工程师提个问题：中国住宅建筑大量采用剪力墙结构究竟是处于综合利弊分析后的选择还是惯性思维。

3）技术上的审慎削弱了 PC 化的成本优势。我国目前处于 PC 化高速发展期，而我国住宅建筑主要的结构体系剪力墙结构，国外没有现成的 PC 化经验，国内研究与实践也不多，所以，技术上的审慎非常必要。但这种审慎会削弱 PC 化的成本优势。

4）PC 化初期的高成本阶段。PC 化初期工厂未形成规模化、均衡化生产；专用材料和配件因稀缺而价格高；设计、制作和安装环节人才匮乏导致错误、浪费和低效，这些因素都会增加成本。

5）没有形成专业化分工。PC 企业或大而全或小而全，没有形成专业分工和专业优势。在 PC 发达国家，PC 产品有专业分工。以日本为例，有的 PC 工厂专门生产幕墙板；有的 PC 工厂专门生产叠合板；有的 PC 工厂擅长柱、梁；各自有各自的优势和市场定位。专业化会大幅度降低成本。

6）PC 企业大而不当的投资。我国 PC 企业普遍存在“高大上”心态，PC 工厂建设追求大而不当的规模、能力和不实用的“生产线”，由此导致固定成本高。

7）劳动力成本因素。发达国家劳动力成本非常高，PC 建筑节省劳动力，由此会大幅度降低成本，结构连接节点增加的成本会被劳动力节省的成本抵消。所以，PC 建筑至少不会比现浇建筑贵。正因为如此，PC 建筑才被市场接受。

我国目前劳动力成本相对不高，PC 化减少的用工成本不多，无法抵消结构连接等环节增加的成本。

(7)“脆弱”的关键点

前面提到，PC 建筑存在“脆弱”的关键点——结构连接节点。这里，“脆弱”两个字之所以打引号，不是因为其技术不可靠，而是强调对这个关键点在制作、施工和使用过程中必须小心翼翼地对待，必须严格按照设计要求和规范的规定做正确做好，必须禁止在关键点砸墙凿洞。因为，结构连接节点一旦出现问题，可能会发生灾难性事故。

这里举几个国内 PC 工程的例子：有的工地钢筋与套筒不对位，工人用气焊烤钢筋，强行将钢筋撼弯。有的 PC 构件连接节点灌浆不饱满。有的 PC 构件灌浆料孔道堵塞，工人凿开灌浆部位塞填浆料。以上做法都是非常危险的。

有的预制构件中是需要埋设管线的，而设计按照现浇考虑，忘记埋设，等构件到了现场后才现凿沟，凿沟位置刚好又接近连接节点，对结构的隐患非常大。

有的预制构件需要埋设现场施工用的预埋件，设计和制作阶段未考虑，构件到了现场现打眼埋设埋件，致使受力钢筋被打断，保护层被破坏后也未处理，这存在很大安全隐患。

内外叶板主要靠拉结件连接，有的拉结件直接用钢筋作业，未做防锈处理，耐久性得不到保障；有的拉结件施工工艺和工艺顺序存在问题，拉结件在混凝土中未能锚固，容易使外叶板脱落。

(8) 人才匮乏问题

我国大规模 PC 化的进程，最缺的就是有经验的技术、管理人员和技术工人。

PC 化不是高难度、高科技，而是对经验要求较多的实用性技术。我国 PC 化的设计、制作和安装人才本来就稀缺，而大规模的快速发展又加剧了这种稀缺。

9. 什么是预制率？

(1) 预制率（precast ratio）概念

一般是指建筑室外地坪以上的主体结构和围护结构中，预制构件部分的混凝土用量占对应部分混凝土总用量的体积比（通常适用于钢筋混凝土装配式建筑）。其中，预制构件一般包括墙体（剪力墙、外挂墙板）、柱、梁、楼板、楼梯、空调板、阳台板等。

国标《工业化建筑评价标准》（GB/T 51129—2015）给出定义是：预制率——工业化建筑室外地坪以上主体结构和围护结构中预制部分的混凝土用量占对应构件混凝土总用量的体积比。

(2) 预制率计算方法

具体公式如下：

钢筋混凝土装配式建筑单体预制率 =（预制部分混凝土体积）÷（全部混凝土体积）×100%

预制部分混凝土体积 = 主体和外围护结构预制混凝土构件总体积

全部混凝土总体积 = 主体和外围护结构预制混凝土构件总体积 + 现浇混凝土总体积

上海、沈阳等城市基本都是采用这种计算方式。

（3）预制率参考表

钢筋混凝土装配式建筑不同的结构形式预制率都不相同，根据经验，可以参考表 1-2。

表 1-2 装配式混凝土建筑预制率参考表

结构体系	建筑高度	预制率	预制部位								说明
			外墙	内墙	楼板	梁	柱	楼梯板	阳台板	空调板、其他构件	
框架结构	多层	30%～60%	◎		◎	◎	◎	◎	◎	◎	多层建筑为 6 层及 6 层以下建筑，由于规范规定首层柱、顶层楼板需要现浇，多层建筑预制率较低
		20%～40%	◎			◎	◎	◎			
		10%～25%				◎	◎	◎			
	高层	50%～80%	◎		◎	◎	◎	◎	◎	◎	按照《高规》[⊖]的规定，框架结构在 6 度抗震设防地区最高建 60m，7 度设防地区为 50m，8 度抗震设防地区为 40m 和 30m
		40%～70%	◎			◎	◎	◎			
		30%～60%				◎	◎	◎			
剪力墙结构	多层	40%以上	◎	◎	◎			◎	◎	◎	多层建筑为 6 层及 6 层以下建筑，由于规范规定低层剪力墙、顶层楼板需要现浇，多层建筑预制率较低
		20%～40%	◎	◎				◎	◎	◎	
		10%～25%	◎					◎	◎	◎	
		5%～10%			◎			◎	◎	◎	
		小于5%						◎	◎	◎	
	高层	50%以上	◎	◎	◎			◎	◎	◎	按照《高规》的规定，剪力墙结构在 6 度抗震设防地区最高建 130m，7 度设防地区为 110m，8 度抗震设防地区为 90m 和 70m
		30%～50%	◎	◎				◎	◎	◎	
		20%～30%	◎					◎	◎	◎	
		5%～15%			◎			◎	◎	◎	
		小于5%						◎	◎	◎	

10. 什么是装配率？

（1）装配率（assembled ratio）概念

一般是指建筑中预制构件、建筑部品的数量（或面积）占同类构件或部品总数量（或面积）的比率。

国标《工业化建筑评价标准》（GB/T 51129—2015）给出定义是：装配率——工业化建筑中预制构件、建筑部品的数量（或面积）占同类构件或部品总数量（或面积）的比率。(实际评价规则中，不含已经算预制率的构件)

⊖ 《高规》全称为《高层建筑混凝土结构技术规程》（JGJ 3—2010）。

（2）装配率计算方法

装配率的计算方法我们通过概念可以进行计算，并根据预制构件和建筑部品的类别，或采用面积比，或采用数量比，还有采用长度比等方式计算。

比如，上海市住建委在 2016 年出台的《装配式建筑单体预制率和装配率计算细则（试行)》中，有较为系统的计算方法，下面我们将分为单体建筑的构件、部品装配率和建筑单体装配率来了解上海市的计算方法。

1）单体建筑的构件、部品装配率。试举几例：

①预制楼板比例 = 建筑单体预制楼板总面积/建筑单体全部楼板总面积。

②预制空调板比例 = 建筑单体预制空调板构件总数量/建筑单体全部空调板总数量。

③集成式卫生间比例 = 建筑单体采用集成式卫生间的总数量/建筑单体全部卫生间的总数量。

2）建筑单体装配率。具体计算公式如下：

建筑单体装配率 = 建筑单体预制率 + 部品装配率 + 其他

①建筑单体预制率是按照第 9 问中的计算方法进行计算，主要指预制剪力墙、预制外挂墙板、预制叠合楼板、预制楼梯等主体结构和围护结构的预制率。

②部品装配率是按照单一部品或内容的数量比或面积比等计算方法进行计算，比如，预制内隔墙、全装修、整体厨房等非结构体系部品或内容的占比率。

③其他是指奖励，包括以下六项工业化技术：结构与保温一体化、墙体与窗框一体化、集成式墙体、集成式楼板、组合成形钢筋制品、定型模板，上述每项技术应用比例各自超过 70%，每项即可直接加分。

（3）预制率、装配率综述

预制率、装配率是评价装配式建筑的重要指标之一，也是政府制定装配式建筑扶持政策的重要依据指标。然而，现阶段国家层面还没有清晰统一的计算方法，各地方政府文件中，预制率、装配率、预制装配率、预制化率、标准层混凝土的预制率、结构构件的预制率多种名称并用。比如，深圳市按照标准层计算预制率，有预制率和装配率两个名称；上海也分为预制率和装配率两个指标，概念接近于国标《工业化建筑评价标准》（GB/T 51129—2015）；湖南和沈阳等一些省市使用预制装配率概念，将国标中的预制率和装配率组合成一个指标，但计算方法也有差异。

笔者认为，各地方政府在起草推进装配式建筑发展的政策时，制定预制率和装配率的方向易遵循如下原则：

1）预制率、装配率尽量按国标概念确定。

2）计算方法宜简单明了，工作要求和扶持政策可以因地制宜。

3）预制率和装配率指标设定易先低后高，循序渐进，不易操之过急。

4）各地方政府可根据工作实际，比如，将非承重内隔墙板、全装修、铝模板等属于建筑工业化范围的产品或技术作为加分项，鼓励推进。

第 2 章　PC 建筑设计原则

11. PC 建筑设计应符合哪些要求？

装配式混凝土建筑的设计，根据《装标》及《装规》中的要求，应按照适用、经济、安全、绿色、美观的要求，全面提高装配式混凝土建筑建设的环境效益、社会效益和经济效益；还应符合建筑全寿命期的可持续性原则，并应标准化设计、工厂化生产、装配化施工、一体化装修、信息化管理和智能化应用。同时做到安全适用、技术先进、经济合理、确保质量等要求。

北京、上海、辽宁、深圳、江苏、四川、安徽、湖南、重庆、山东、湖北等地都制定了关于装配式混凝土建筑的地方标准。

中国建筑标准设计研究院，北京、上海、辽宁等地区还编制了装配式混凝土结构标准图集。

装配式混凝土建筑有关国家、行业或地方标准、图集的目录详见本书附录。

12. PC 建筑设计应遵循哪些基本原则？

PC 建筑设计应遵循统筹、集成、模数化、试验、一张图等原则，并尽可能遵循少规格多组合原则、全链条信息化原则。下面分别介绍：

（1）统筹原则

由于 PC 建筑受到部品部件制作条件、运输条件和施工安装条件的制约，PC 设计也必须将制作与安装环节的荷载、构造、预埋件要求考虑进去，所以，PC 建筑设计不同于普通现浇混凝土建筑设计，必须与制作、运输和安装各个环节互动，进行统筹考虑，实现协同设计。

（2）集成原则

装配式建筑设计的集成原则包括两个含义：

一是结构系统、外围护系统、设备管线系统和内装系统尽可能地实现集成化，采用工厂化生产的部品部件，以实现装配式的目标。如 PC 构件、夹心保温墙板、整体浴室、整体厨房、整体收纳柜、单元式组合机电箱柜等。

二是各个系统要尽可能地集成，实现一体化；或者系统间衔接便利化。如结构、门窗、保温一体化的剪力墙外墙板、布置了内装系统需要的各种预埋件的 PC 构件、埋设了机电管线或防雷引下线的 PC 构件等。

由于各个专业关于预埋件或埋设物的要求都要汇集到 PC 构件上，不能像现浇混凝土建筑那样在现场敷设安置，PC 建筑设计的集成是非常重要的，一旦遗漏就会出大问题。

（3）模数化原则

模数化原则是通用化、标准化的前提，是构件制作实现机械化、自动化，构件安装实现便利化的前提，是发挥装配式建筑工业化优势、降低成本的基本条件，在设计中必须贯彻。

（4）试验原则

PC 建筑在我国刚刚兴起，经验不多。国外 PC 建筑的经验主要是框架、框-剪和筒体结构，高层剪力墙结构的经验很少；装配式建筑的一些配件和配套材料目前国内也处于刚刚开发阶段。由此，试验尤为重要。设计在采用新技术、选用新材料时，涉及结构连接等关键环节，应基于试验获得可靠数据。

例如，保温夹心板内外叶墙板的拉结件，既有强度、刚度要求，又要减少热桥，还要防火和耐久，这些都需要试验验证。有的国产拉结件采用与塑料钢筋一样的玻璃纤维增强树脂制成，但塑料钢筋用的不是耐碱玻璃纤维，埋置在水泥基材料中耐久性得不到保障，目前，国外只用于临时工程，将其用于混凝土夹心板中是不安全的。

（5）一张图原则

PC 建筑多了构件制作图环节，与目前工程图的表达习惯有很大的不同。

PC 构件制作图应当表达所有专业所有环节对构件的要求，包括外形、尺寸、配筋、结构连接、各专业预埋件、预埋物和孔洞、制作施工环节的预埋件等，都清清楚楚地表达在一张或一组图上，不用制作和施工技术人员自己去查找各专业图样，也不能让工厂人员自己去标准图集上找大样图。

一张（组）图原则不仅会给工厂技术人员带来便利，最主要的是会避免或减少出错、遗漏和各专业的“撞车”。

（6）少规格、多组合原则

装配式建筑的行业标准和国家标准都提出了“装配式建筑设计应遵循少规格、多组合的原则”。这个原则对一部分部品部件适用，但无法覆盖装配式建筑全部部品部件，包括主要部品部件。

以 PC 外挂墙板或剪力墙外墙板为例，一般为整间板，不同的建筑、不同的开间、不同的门窗布置有不同的规格，无法像 ALC 板那样实现少规格、多组合。主要的 PC 构件梁、柱、墙板等也都是如此。所以，对此原则的贯彻笔者认为应当灵活一些。

（7）全链条信息化原则

装配式建筑国家标准要求装配式建筑宜运用 BIM 技术进行全链条信息化管理，并把运用 BIM 作为装配式建筑五个特点之一。装配式建筑全链条信息模型的建立应当从设计开始，但这不是设计部门所能决策的，运用 BIM 需要花钱，只有建设方才能决策。所以，从设计角度，一方面尽可能说服甲方运用 BIM，一方面要会用和用好 BIM，在设计中更好地实现统筹和集成，减少错、漏、碰、缺，提高设计质量，并为制作、运输、施工精细化、可视化、数据化管理奠定基础。

13. 关于 PC 建筑设计有什么错误认识？

有人把 PC 建筑的设计工作看得很简单，以为就是设计单位按现浇混凝土结构照常设计，之后再由拆分设计单位或制作厂家进行拆分设计、构件设计和细部构造设计。他们把 PC 建筑设计看作是后续的附加环节，属于深化设计性质。许多设计单位认为装配式建筑设计与己无关，最多对拆分设计图审核签字。

尽管 PC 建筑的设计是以现浇混凝土结构为基础的，比较多的工作也确实是在常规设计完成后展开，但 PC 建筑设计既不是附加环节深化性质，也不是常规设计完成后才开始的工作，更不能由拆分设计机构或制作厂家承担设计责任或自行其是。

我们以 PC 建筑柱子保护层设计为例，看看把装配式设计当作常规设计完成后的后期深化设计存在什么问题。

《混凝土结构设计规范》（GB 50010—2010）规定，一类环境结构柱最外层钢筋的混凝土保护层厚度是 20mm。

现浇混凝土结构的钢筋保护层厚度应当从受力钢筋的箍筋算起，PC 结构连接部位的钢筋保护层厚度应当从套筒的箍筋算起。套筒直径比受力钢筋直径大 30mm 左右，如此，套筒区域与钢筋区域的保护层相差约 15mm，见图 2-1。

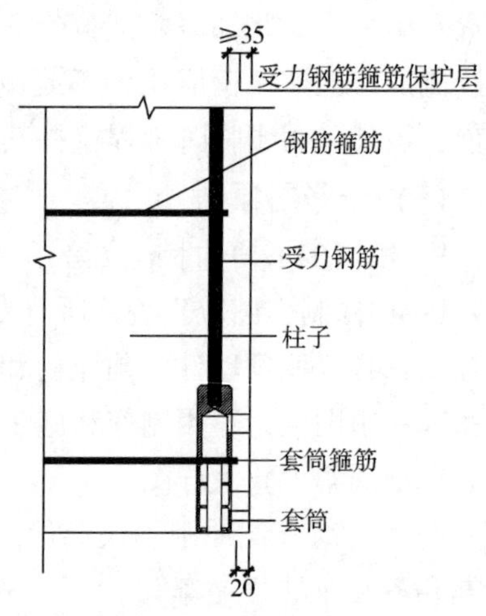

图 2-1　受力钢筋与套筒保护层厚度不同

如果 PC 建筑开始按现浇结构设计，然后交给拆分设计机构或厂家拆分，拆分设计人员对柱的保护层可能有三种做法，见图 2-2。

1）柱子断面尺寸和受力钢筋位置不变。如此，套管箍筋保护层厚度就无法满足规范要求的最小厚度，对套管在混凝土中的锚固和耐久性不利。

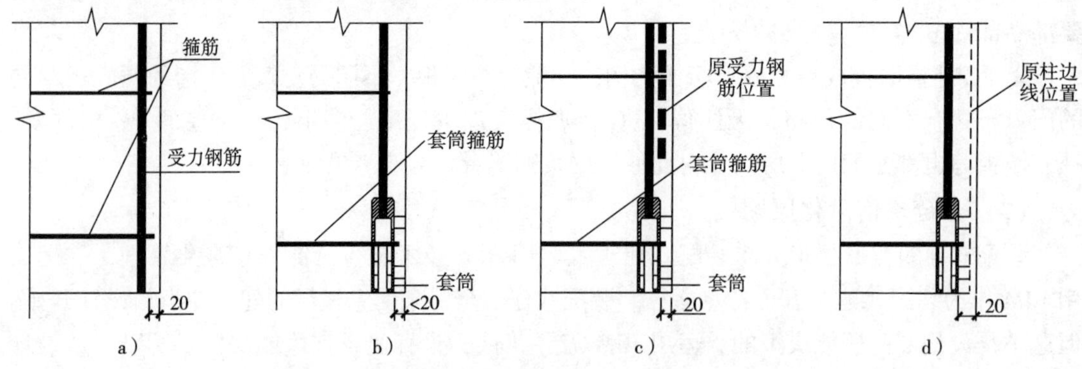

图 2-2　拆分阶段保护层解决办法及其存在的问题

a）原现浇设计　b）做法 1）套筒保护层不够　c）做法 2）受力钢筋内移　d）做法 3）柱边线外移

2）拆分人员为保证套管箍筋的保护层厚度，将受力钢筋“内移”，柱的断面尺寸不变。如此，原结构计算条件发生了变化，h_0 变小，柱子的承载力降低。

3）拆分人员为保证套管箍筋的保护层厚度，将柱子边线“外移”，受力钢筋位置不变，但柱子断面尺寸加大了。如此，原结构计算条件发生变化，柱子刚度变大，结构尺寸和建筑尺寸都发生变化。

从这个例子可以看出，把装配式设计当作常规设计的后续工作，交给其他机构去做，存在安全隐患。一个工程项目如果搞装配式，应当从方案阶段就植入装配式设计，而不是先按现浇设计，再改成装配式设计。

14. 为什么需要强调 PC 建筑的设计责任？

PC 建筑的设计是一个协同设计的过程，设计的优劣对 PC 建筑结果起到很大的作用，因此需要强调 PC 建筑的设计应当由设计单位承担责任。即使将拆分设计和拆分后的构件设计交由有经验的专业设计公司分包，也应当在工程设计单位的指导下进行，并由工程设计单位审核出图。因为，拆分设计必须在原设计基础上进行，拆分和构件设计者未必清楚地了解原设计的意图和结构计算结果，也无法组织各专业的协调。

将拆分和构件设计工作交由拆分设计公司或制作厂家进行，原设计单位不管，也不审核，是重大的责任漏洞。

PC 建筑的设计过程应当是建筑师、结构设计师、装饰设计师、水电暖通设计师、拆分和构件设计师、制造厂家工程师与施工安装企业工程师互动的过程。有经验的拆分设计人员和制作、施工企业技术人员是建筑师和结构设计师了解和正确设计 PC 建筑的桥梁，但不能越俎代庖。PC 构件厂家只能独立进行制作工艺设计、模具设计和产品保护设计；施工企业只能独立进行施工工艺设计。

当然，在 PC 建筑设计中会增加较多工作量，设计费会有较大幅度的增加，建设单位对此应当了解并认可。有的建设单位为了节省 PC 建筑的设计费，直接让 PC 工厂免费进行拆分设计和构件设计，PC 工厂为了能拿到工程，不得不答应建设单位。这种做法是对技术的蔑视，也是对自己的糊弄。笔者认为，即使拆分设计分包出去，也应当由设计单位分包，建设单位应当把 PC 建筑的全部设计费和全部责任都交付给设计单位，或者实行 EPC 工程总承包形式，节省投资。

15. PC 建筑设计有哪些主要内容？

PC 建筑设计分三个阶段，各个阶段设计的主要内容各不相同，但相互有着关联，下面分别叙述。

（1）设计前期

工程设计尚未开始时，关于装配式的分析就应当先行。设计者首先需要对项目是否适合做装配式进行定量的技术经济分析，对约束条件进行调查，判断是否有条件搞装配式建筑，做出结论。

（2）方案设计阶段

方案设计阶段所需要做的工作，具体内容详见第 3 章第 27 问。

（3）施工图设计阶段

在施工图设计阶段，建筑设计关于装配式的内容包括：

1）与结构工程师确定预制范围，哪一层、哪个部分预制。

2）设定建筑模数，确定模数协调原则。

3）在进行平面布置时考虑装配式的特点与要求。

4）在进行立面设计时考虑装配式的特点，确定立面拆分原则。

5）依照装配式特点与优势设计表皮造型和质感。

6）进行外围护结构建筑设计，尽可能实现建筑、结构、保温、装饰一体化。

7）设计外墙预制构件接缝、防水、防火构造。

8）根据门窗、装饰、厨卫、设备、电源、通信、避雷、管线、防火等专业或环节的要求，进行建筑构造设计和节点设计，与构件设计对接。

9）将各专业对建筑构造的要求汇总等。

16. PC 建筑设计需要具备哪些意识？

装配式建筑设计是面向未来的具有创新性的设计过程，设计人员及团队应当具有装配式建筑的设计意识。包括：

（1）协同设计意识

装配式建筑设计过程，需要各专业协同配合，需要许多部件部品、设备专业厂家共同完成，涉及整个产业链，因而，装配式建筑设计者和团队要有协同意识。

（2）特殊性设计意识

装配式建筑具有与普通建筑不一样的特殊性，设计人员应遵循其特有规律，发挥其优势，使设计更好地满足建筑使用功能和安全性、可靠性、耐久性要求，更具合理性。

（3）节能环保设计意识

装配式建筑具有节约资源和环保的优势，设计师应通过设计使这一优势得以实现和扩展，而不是仅仅为了完成装配率指标，为装配式而装配式。精心和富有创意的设计可以使装配式建筑节约材料、节省劳动力、降低能源消耗并降低成本。

（4）模数化、标准化设计意识

装配式建筑设计应实现模数化和标准化，实现模数协调，如此才能充分实现装配式的优势，降低成本。装配式建筑设计师应当像“乐高”设计师那样，用简单的单元组合丰富的平面、立面、造型和建筑群。

（5）集成化设计意识

装配式建筑设计应致力于一体化和集成化，如建筑、结构、装饰一体化，建筑、结构、保温、装饰一体化，集约式厨房，整体卫浴，建筑与太阳能一体化设计和施工，各专业管路的集成化等。进而更大比例地实现建筑产业的工厂化，提升工程质量、提高生产和施工效率、降低成本。

（6）精细化设计意识

装配式建筑设计团队，必须精细，制作、施工过程不再有设计变更。设计精细是构件制作、安装正确和保证质量的前提，是避免失误和损失的前提。

（7）面向未来的设计意识

装配式建筑是建筑走向未来的基础，是建筑实现工业化、自动化和智能化的基础，装配式建筑可以更方便地实现太阳能与建筑一体化，建筑、结构、装饰一体化。设计师应当有强烈的面向未来的意识和使命感，推动创新和技术进步。

17. PC 建筑设计为什么需要强调设计协同？

PC 建筑强调协同设计。协同设计就是一体化设计，是指建筑、结构、水电、设备、装修各个专业互相配合；设计、制作、安装各个环节互动；运用信息化技术手段进行一体化设计，以满足制作、施工和建筑物长期使用的要求。

之所以强调协同设计，是因为：

1）装配式建筑的装配特点要求部品部件有精准的衔接性，不精准就装配不了。

2）现浇建筑虽然各个专业也需要配合，但不像装配式建筑要求的这么紧密，装配式建筑有各个专业集成的部品部件，必须各个专业设计人员协同设计。

3）现浇工程许多事情可以在现场解决，但装配式建筑一旦有遗漏，就很难补救。装配式建筑对遗漏和错误宽容度很低。

图 2-3 是一个安装好的预制墙板，因为设计时沟通不细，构件设计图中没有埋设电气管线的内容，构件安装后才发现无法敷设电线，不得不在构件上凿沟埋线。这样做不仅麻烦，而且破坏结构构件，会造成结构安全隐患。

图 2-3　预制构件后期开槽

所以，装配式建筑必须设计精细，没有遗漏，没有错误。这就要求各专业各环节密切配合。

PC 建筑设计是一个有机的过程，“装配式”的概念应伴随着设计全过程，需要建筑师、结构设计师和其他专业设计师密切合作与互动，需要设计人员与制作厂家和安装施工单位的技术人员密切合作与互动。

18. PC 建筑设计为什么需要设计、制作和施工方合作？

PC 建筑设计人员应当与 PC 工厂和施工安装单位的技术人员进行沟通、互动，了解制作和施工环节对设计的要求和约束条件。

例如，PC 构件有一些制作和施工需要的预埋件，包括脱模、翻转、安装、临时支撑、调节安装高度、后浇筑模板固定、安全护栏固定等预埋件，这些预埋件设置在什么位置合适，如何锚固，会不会与钢筋、套筒、箍筋太近影响混凝土浇筑，会不会因位置不当导致构件裂缝，如何防止预埋件应力集中产生裂缝等，设计师只有与制作厂家和施工单位技术人员互动才能给出安全可靠的设计。图 2-4 所示预埋点就是为了到工地固定后浇混凝土模板的预埋螺母，图 2-5 是工地塔式起重机的横向支撑需要架在主体结构上，这样在 PC 构件中就需要留预埋件。只有在构件设计中预留了，在制作中才能够实际预留，如果设计中根本就没有考虑的话，在后期就会很麻烦。

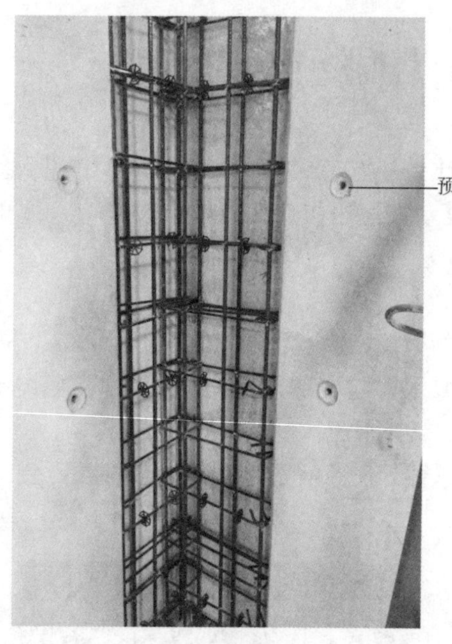

图 2-4　构件预埋支后浇混凝土模板预埋螺母

图 2-5　工地塔式起重机的横向支撑架在主体结构上

PC 建筑设计需要各个专业密切配合与衔接。比如，拆分设计，建筑师要考虑建筑立面的艺术效果，结构设计师要考虑结构的合理性和可行性，为此需要建筑师与结构工程师互动。再比如，PC 建筑围护结构应尽可能实现建筑、结构、保温、装饰一体化，内部装饰也应当集成化，为此，需要建筑师、结构设计师和装饰设计师密切合作。再比如，避雷带需要埋设在预制构件中，需要建筑、结构和防雷设计师衔接。总之，水、暖、电、通、设备、装饰各个专业对预制构件的要求都要通过建筑师和结构设计师汇总集成。

 19. PC 建筑为什么应实行模数化设计？

模数化对装配式建筑尤为重要，是建筑部品制造实现工业化、机械化、自动化和智能化的前提，是正确和精确装配的技术保障，也是降低成本的重要手段。

以剪力墙板制作为例。目前，影响剪力墙板制作实现自动化的最大困难是变化多端的伸出钢筋，一个工程一种墙板一个样。如果通过模数化设计使剪力墙规格、厚度、伸出钢筋间距和保护层厚度简化为有规律的几种情况，剪力墙出筋边模可以做成几种定型规格，就可以便利地实现边模组装自动化，如此可以大大提高流水线效率，降低模具成本和制作成本。

模具在 PC 构件制作中占成本比重较大。模具或边模大多是钢结构或其他金属材料，可周转几百次上千次甚至更多，可实际工程一种构件可能只做几十个，模具实际周转次数太少，加大了无效成本。模数化设计可以使不同工程不同规格的构件共用或方便地改用模具。

以窗户尺寸为例。如果采用模数化设计，窗洞尺寸有规律可循，制作墙板时的窗洞模具可以归纳为几种常用规格。由此，不同项目不同尺寸的墙板，窗洞模具可以通用，就会减少模具量和制作模具的工期，降低成本。

以梁、柱为例。如果梁柱拆分设计中构件尺寸符合模数化原则，模具就可能共用。如果同一种断面的柱子有几种不同长度，可按最长的柱子制作模具，根据模数变化规律预留不同柱长的端部挡板螺栓孔，就可以在制作时方便地改用。

装配式建筑“装配”是关键，保证精确装配的前提是确定合适的公差，也就是允许误差，包括制作公差、安装公差和位形公差。位形公差是指在力学、物理、化学作用下，建筑部件或分部件所产生的位移和变形的允许偏差，墙板的温度变形就属于位形公差。设计中还需要考虑“连接空间”，即安装时为保证与相邻部件或分部件之间的连接所需要的最小空间，也称空隙，如 PC 外挂墙板之间的空隙。给出合理的公差和空隙是模数化设计的重要内容。

装配式建筑的模数化就是在建筑设计、结构设计、拆分设计、构件设计、构件装配设计、一体化设计和集成化设计中，采用模数化尺寸，给出合理公差，实现建筑、建筑的一部分和部件尺寸与安装位置的模数协调。

20. PC 建筑为什么应实行标准化设计？

国家标准《装规》要求，装配式结构的建筑设计，应在满足建筑功能的前提下，实现基本单元的标准化定型，以提高定型的标准化建筑构配件的重复使用率，这将非常有利于降低造价。

住宅区内的住宅楼、教学楼、宿舍、办公、酒店、公寓等建筑物大多具有相同或相似的体量、功能，采用标准化设计对于提高产品质量、降低建造成本、简化施工难度和提高建造效率起到很大的促进的作用。

部品的标准化是在构件标准化上的集成，功能模块的标准化是在部品标准化上的进一步集成，建筑的标准化是建筑工业化的集成体现，也是标准化的最高体现。装配式建筑的标准化设计以部件、部品、功能模块和建筑的标准化为基础。只有实行标准化设计，才有可能实现建筑的制造、安装的组合装配，像生产汽车一样建造房子，才会使建造、维护管理更方便。

装配式建筑的标准化是与区域有关的。有的是部品部件可以实现大范围的标准化，有的部品部件只适宜小范围的标准化。

配件和接口构造就可以实现大范围的标准化。例如，套筒、拉结件这样受运输成本影响较小的产品，标准化可以给使用者带来便利性，集约式生产成本也低。而PC构件，集成式厨房和卫生间、整体收纳柜，就适宜小范围的标准化。一方面，PC构件和大型部品部件工厂，其供货半径受到运输成本的制约，市场范围最多在200km以内。一方面，住宅建筑受地域气候、居住习惯的影响较大，各地保温要求不一样，对建筑风格的偏好不一样，对装修风格的偏好也不一样，多样化的需求无法统一起来。因此，PC构件和大型部品不一定非得搞全国性的标准化，区域性标准化就可以。

当然，与装饰性、艺术性关联较少的构件，比较容易实现标准化。在日本、欧洲，双T板、空心板等构件，都是大范围标准化的。例如，工业厂房，对跨度、高度有一定要求，在艺术性方面要求不多，所以适用大范围的标准化。欧洲装配式建筑手册关于工业厂房的标准化详见表2-1、图2-6。

表2-1 欧洲装配式关于工业厂房的标准化尺寸

	最低值/m	最佳值/m	最大值/m
主顶梁（B）	12	15~30	50
桁架（C_1）	4	6~9	12
主顶梁跨度（C_2）	12	12~18	24
柱高度（H）	4	12	20

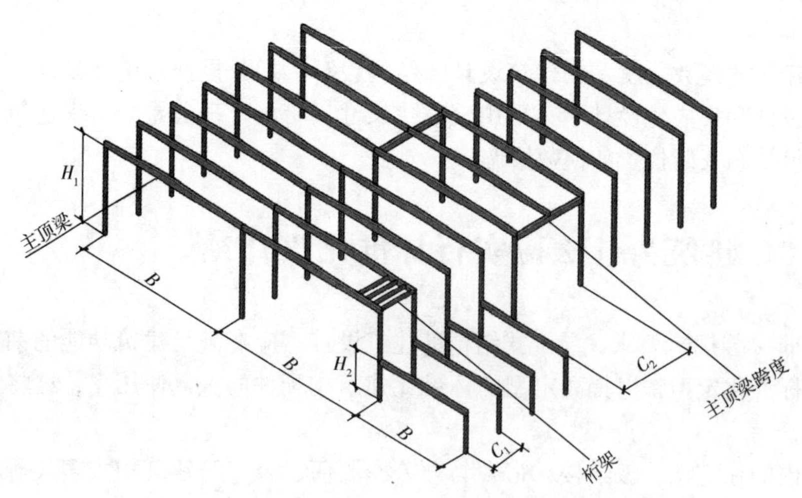

图2-6 标准化厂房示意图

梁、柱、剪力墙和外挂墙板等构件受到结构特殊性和建筑个性化的影响，很难实现大范围的标准化。标准化的实施与部品部件的特性有一定的关系。

21. PC建筑为什么应实行集成化设计？

集成化设计是指一体化设计，国家标准《装标》把装配式建筑定义为建筑结构系统、外围护系统、设备与管线系统、内装系统一体化的设计。

从结构体系而言，结构构件本身可集成的范围不大，除了外墙板，梁、柱等其他构件的一体化空间不大。集成设计更多地体现在外围护系统、设备与管线系统、内装系统。结构系统的集成设计主要是配合性设计，在构件设计中应该考虑各个环节需要在构件上预留的相应措施，如结构构件中需要为管线通过预留洞孔，为管线安装设置预埋件，为管线的内装提供支撑点等。如果不考虑这些方面的话，就会导致后期在墙上开凿，破坏构件。

外围护体系是多功能集成的典型。例如，剪力墙外墙板就是包含结构功能、门窗的建筑功能、保温的建筑功能、防水围护的建筑功能和外装饰的建筑功能等为一体的外围护构件。外挂墙板也是包含门窗的建筑功能和保温的建筑功能与 PC 构件相结合的集成式构件。还有飘窗也是结构构件、探出式的构造与窗户的功能相结合的集成式构件。

按照国家标准中四个集成系统的定义，更多的集成设计主要还是集中在设备与管线系统和内装系统中，例如，集成式厨房，就包括了设备机电、电气管线、给水排水及内装于一体，集成式的卫生间也是包括了建筑功能、给水排水、电气管线等一体化。集成式厨房、整体收纳和集成式卫生间这些都不是结构体系的集成，主要在设备管线内装方面的集成。这些集成部品不单单是装配式建筑可以应用，非装配式建筑也可以应用，在美国、加拿大等地，这些集成部分大多数还是从我国进口的。

目前，我国装配式建筑强调这四个系统的集成，是为了借由装配式建筑来捆绑一定要求，促使建筑全产业链实现工业化，节能化生产，最终实现社会效益、经济效益、环境效益。目前就结构而言，降低成本的空间比较小，现在还处于成本增加阶段，但是如果把内装因素等其他集成因素考虑进去，成本可以得到降低，集成式就可以带来巨大的经济效益。

22. 装配式建筑为什么适合 CSI 系统？

装配式建筑的国家标准《装标》对装配式建筑有三个重要的规定：一是装配式建筑应实现全装修；二是装配式建筑宜实现管线分离，即管线不再埋设在结构体系中；三是宜实现同层排水。这几点规定带来了我国住宅的巨大变化，实现全装修使毛坯房在装配式建筑时代就完全消失了，实现管线分离和同层排水就需要相应的增加层高，给吊顶和架空提供空间。这几点改变对于提升建筑标准，提升建筑舒适度和提升建筑的耐久性都是十分重要的，也是与世界接轨的。现在建筑技术的进步，建筑的实际使用寿命的延长，管线埋在结构中，对于结构本身是不利的，对于管线的更换维修也是不便利的，分离体系解决了这些问题。

CSI 住宅体系，即住宅的支撑体部分和填充体部分相分离的住宅体系。其中 C 是 China 的缩写，表示基于我国国情和目前我国住宅建设及其部品发展现状；S 是英文 Skeleton 的缩写，表示具有耐久性、公共性的住宅支撑体，是住宅中不允许住户随意变动的部分；I 是英文 Infill 的缩写，表示具有灵活性、专有性的住宅填充体，是住宅内住户在住宅全生命周期内可以根据需要灵活改变的部分。通过 S（Skeleton 支撑体）和 I（Infill 填充体）的分离使住宅具备结构耐久性、室内空间灵活性以及填充体可更新性等特点，同时兼备低能耗、高品质和长寿命的优势。在装配式建筑中的上吊顶、下架空、内隔墙都是属于 CSI 住宅体系的内容。装配式建筑的全装修、管线分离和同层排水这三种要求正好与 CSI 住宅体系是相一致的。

在我国装配式建筑实现 CSI 住宅体系，需要意识到由于剪力墙结构实体墙体比较多，要实现管线分离，就需要设置架空层，所占的面积就比框架结构大，没有框架结构好实现。

23. 传统建筑习惯存在什么障碍？

传统建筑与设计有关的习惯对于装配式建筑的推行有一定的障碍，包括以下几点：

(1) 剪力墙心理定势

半个多世纪前开始的世界装配式建筑大潮主要是从框架结构发展起来的，现在国外高层、超高层装配式建筑应用较多的是柱梁体系的筒体结构，装配式建筑的成熟技术与经验是基于柱梁结构体系的。

在我国，剪力墙结构是住宅建筑的主要结构形式，当国家大力推行装配式建筑时，装配式经验不多、技术不成熟的剪力墙结构也仓促上马，开始大规模搞起装配式。但剪力墙结构采用装配式，就目前的技术、经验和规范规定而言，很难达到实现经济效益、环境效益和社会效益的初衷，效率难提高、工期难缩短，成本却增加不少。

既然剪力墙结构体系目前还不大适宜大规模采用装配式，为什么不换一个思路换一种结构体系尝试一下，非要在剪力墙结构体系上做文章呢？

我国建筑界似乎有一个心理定势：只要建住宅，就非剪力墙结构不可。

日本住宅就很少用剪力墙结构，高层住宅更不用。他们把柱梁体系框架结构、筒体结构统称为“拉面”结构，认为柔性对抗震更加有力。剪力墙结构比框架结构混凝土用量大，自重荷载大，导致与自重有关的地震作用大。日本设计人员还不喜欢剪力墙结构对空间的刚性分隔。

笔者认为，既然装配式建筑是非做不可的事情，在剪力墙装配式技术目前还不够成熟的情况下，应打破心理定势，对最终采用什么结构体系进行定量的对比分析，找到适宜的方式。而不是习惯性的又不无勉强地在不大适宜的结构体系上“为了装配式而装配式”。

现在很多人一提到框架结构，就强调柱梁占用室内空间的缺点，这也是一种心理定势。

一方面，现在的框架和筒体结构体系柱网越来越大，柱梁占用室内空间的影响其实很小。更重要的是，现在装配式建筑提倡管线分离，剪力墙结构占用室内空间少的优势是建立在管线埋设在墙体内这一落后做法上的。如果要实现管线分离，剪力墙体是实体墙，无处埋设管线，就需要做架空层，如此剪力墙体系比柱梁体系占用的室内空间就更大。框架结构、筒体结构采用轻质隔墙，管线可以布置在里面。

笔者并不是断言，综合分析后剪力墙结构做装配式就一定不如框架结构，而是建议建设项目的决策者和设计者首先破除心理定势，在定量细致的分析后再做决定，找到最适宜的装配式结构体系。不能因为简单的一句柱梁占用空间就直接否定其他在国外用于住宅建筑非常普遍、非常成熟的结构体系。

(2) 现场解决问题的习惯

传统建筑因为设计不细，发现问题时出个设计联系单就解决了。但是装配式建筑没有这样的机会。有问题到现场解决的习惯危害性是很大的。我们前面已经讨论过了，如果设计忘记预留管线了，构件到现场才发现，解决方案要么是返厂重新制作，这样就会影响工期、增加成本；要么是现场砸墙凿洞，危害结构安全。

（3）设计前期不对话习惯

以往，设计部门在设计时不需要与施工单位沟通，设计前期更不对话。设计图没有交付就没法招标，没有招标连谁施工都不知道，不可能进行沟通。只是在设计完成后，施工前设计交底时沟通就可以了，但是装配式建筑设计时如果不与生产、施工单位沟通，许多必须设计在构件里的预埋件就可能遗漏，如翻转埋件、临时支撑预埋件、支模板埋件等。如此，就可能带来制作与施工期间的麻烦和安全隐患。

（4）建筑结构设计与内装修脱节的习惯

传统建筑设计不考虑内装修设计，大都交付毛坯房。即使开发商搞内装修，也是建筑结构设计与装修设计各自为政，甲方另外委托装修公司设计，现场砸墙凿洞或采用后锚固方式。这种方式对装配式建筑肯定不行。装配式建筑不允许随意砸墙凿洞。其实，现浇混凝土建筑也不该随意砸墙凿洞。

国家标准《装标》要求装配式建筑应进行全装修。装配式建筑不仅需要建筑结构设计与装修设计同步，还应当把装修设计纳入到整个设计的管理体系中，实行协同设计。

24. PC 建筑设计的我国课题是什么？

PC 建筑设计的我国课题，笔者认为，我国 PC 建筑设计要比国外难很多。不仅由于我国装配式处于起步阶段，科学研究和实际经验严重不足，规范比较谨慎，有些规定也不具体。更主要的原因是，沿袭我国传统的建筑习惯和做法搞装配式有些困难和不适应，有些课题需要解决。

（1）建筑风格

北欧是最先大规模搞 PC 建筑的地区，日本是目前装配式建筑比例最大、高层装配式建筑最多的国家。北欧和日本民族都喜欢简洁的建筑风格，简洁风格非常适合装配式。还有一些国家和地区，装配式建筑大都是保障房，建筑风格也比较简洁。我国目前是在商品房领域强制性推广装配式建筑，而我国市场更欢迎花样和复杂一些的建筑风格，太简洁的住宅不好卖。复杂造型的建造做装配式需要解决的技术问题比较多，成本控制的压力比较大。

（2）结构形式

国外 PC 建筑比较多的是框架结构、框-剪结构和筒体结构，很少有剪力墙结构，高层剪力墙结构几乎没做过装配式。而我国高层住宅很多采用剪力墙结构。

框架结构、框-剪结构和筒体结构的装配式是柱、梁连接，可以用高强度大直径钢筋，连接点比较少。而剪力墙结构混凝土量大，钢筋又细又多，连接点多，制作和施工麻烦，成本高。

我国建筑中不仅剪力墙结构比较多，另外叠合楼板与国外形式也有很大不同。按照我国现有规范对叠合板的设计比较慎重，规定叠合楼板需要有留出筋，筋伸到支座中，国标标准《装标》中规定当叠合楼板现浇层厚度不小于 100mm 且不小于预制楼板的 1.5 倍时，预制楼板满足一定条件时可以不出筋，采用搭接的方式锚入支座中。但是日本、美国等国家叠合楼板的设计都是不出筋的。有出筋的叠合楼板在自动化生产过程中存在诸多的不方便，现阶段自动化生产线生产的出筋叠合楼板制作方式与固定模台相似，不能发挥自动化生产线的优势。图 2-7 为我国的出筋楼板与日本和欧洲装配式规范中楼板连接节点示意图。

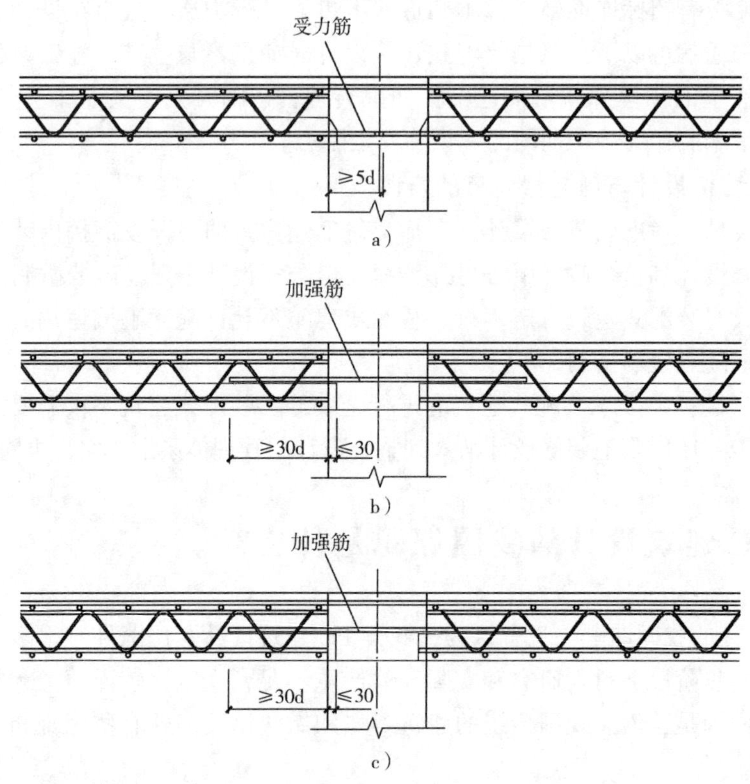

图 2-7　各地方叠合楼板连接节点示意图

a）我国叠合楼板连接节点示意图　b）日本叠合楼板连接节点示意图　c）欧洲叠合楼板连接节点示意图

由于科研和经验不足，现行标准都比较审慎，规定的现浇部位比较多。如此，既搞装配式，又有大量现场支模板浇筑，设计和施工麻烦，成本也比较高。

(3) 建筑层高与装饰习惯

日本住宅层高比我国要高 30 ~ 40cm，可室内净高却低 10 ~ 20cm。原因是他们的住宅顶棚吊顶，地面架空。上有吊顶、下有架空有许多好处，具体详见本书第 4 章第 52 问。

国外室内隔墙较多采用轻钢龙骨板材隔墙，线路、线盒等不用埋设在预制或现浇实体墙中。而我国消费者不接受轻体隔墙，万科曾经做过轻体隔墙尝试，甚至引发购房者大规模投诉。在预制的 PC 剪力墙或内隔墙上埋设各种管线、线路、线盒，安装卫浴、厨柜、收纳柜、空调、窗帘盒等，不仅需要格外精细的设计，也存在维修时“侵扰”结构的问题。

(4) 墙体保温

外墙外保温在节能上有很多优势，但国外高层建筑中较少采用。日本高层住宅几乎没有外墙外保温，而是采用外墙内保温，如此，PC 外墙的设计比较灵活。

我国建筑保温大都采用外墙外保温，最常见的做法是粘贴保温层挂玻纤网抹薄灰浆层，

这种做法不是很令人放心，已经发生了许多保温层脱落事故，也有火灾发生。

装配式混凝土建筑解决外墙外保温的办法是夹心保温墙板，即“三明治板”，用两层混凝土板夹着保温层。就保温层不脱落和防火而言，夹心保温墙板在原理上是比较可靠的做法。但夹心保温墙板增加了材料、重量和成本；外叶板的锚固需要格外精心，造型复杂的外墙，设计和制作难度也比较大。

以上列举的“我国课题”，或需要对现有习惯做法进行改变；或需要在现有做法基础上找到解决办法。这给设计增加了难度和工作量。

25. PC 建筑设计会增加多少工作量?

1）装配式混凝土建筑的设计需要深入细化各专业的设计，并将这些内容汇集到最终的构件图上，这给设计增加了设计工作量。

2）不论是否精装，装配式混凝土建筑都要考虑装修对预制构件的要求，不可能在交付后再砸墙装修，这样就需要装修设计移至建筑设计同时进行，将需要预埋预留埋件同步设计出来，落到构件图上，这也会给装配式建筑设计增加设计工作量。

3）预制构件拆分工作加大了设计工作量。

4）对预制构件脱模、存放和吊装的复核都需要计算，增加了设计工作量。

5）装配式混凝土结构建筑设计，就应当一个构件一张图。不能让工厂自己从各专业各个环节样图中去寻找技术指令。日本装配式混凝土结构建筑都是一件一图，不易出错，工厂生产非常方便，这同样将会增加设计工作量。

综上所述，装配式混凝土建筑设计增加的工作量与建筑结构形式、装配率、造型复杂程度等因素有关，大约比常规设计高出 30% 以上。

第 3 章　方案设计阶段工作内容

26. 建筑师在 PC 建筑设计中的作用是什么？

建筑设计师在 PC 建筑设计中是总协调人。除了建筑专业自身与装配式有关的设计外，还需要协调、集成结构、装饰、水电暖设备各个专业与装配式有关的设计。特别是涉及建筑、结构、装饰和其他专业功能一体化和为提升建筑功能与品质而进行的对传统做法的改变，都应当由建筑师领衔。一些地方政府设定了预制率或装配率的刚性要求，如何实现这些要求，也主要是建筑师和结构设计师的任务。

比如拆分设计，建筑师要考虑建筑立面的艺术效果，结构设计师要考虑结构的合理性和可行性，为此需要建筑师与结构设计师互动。

27. 方案设计阶段有哪些与装配式有关的工作？

方案设计阶段，建筑设计关于装配式的内容包括：

1）对约束条件进行调查，判断是否有条件搞装配式建筑，做出相应结论。

2）在确定建筑风格、造型、质感时分析判断装配式的影响和实现可能性。例如，PC 建筑不适宜造型复杂且没有规律性的立面；无法提供连续的无缝建筑表皮。

3）在确定建筑高度时考虑装配式的影响。

4）在确定形体时考虑装配式的影响。

5）一些地方政府在土地招拍挂时设定了预制率的刚性要求，建筑师和结构设计师在方案设计时须考虑实现这些要求的做法。

28. 方案设计阶段需要与 PC 制作厂家和施工企业了解什么信息？

方案设计阶段，设计人员应当充分地了解 PC 构件工厂制作、运输和施工的有关信息，主要内容如下：

（1）PC 构件工厂制作的信息

1）构件的生产工艺。

2）工厂所能生产的构件类型。

3）可以制作构件的规格尺寸限制。

4）生产构件的重量限制。

表3-1是PC工厂模台对PC构件最大尺寸的限制，在设计时可供参考。

表3-1　PC工厂模台对PC构件最大尺寸的限制

工　艺	限制项目	常规模台尺寸	构件最大尺寸	说　明
固定模台	长度	12m	11.5m	主要考虑生产框架体系的梁，也有14m长的，但比较少
	宽度	4m	3.7m	更宽的模台要求订制更大尺寸的钢板，不易实现，费用高
	允许高度	没有限制	没有限制	如立式浇筑的柱子可以做到4m高，窄高型的模具要特别考虑模具的稳定性，并进行倾覆力矩的验算
流水线	长度	9m	8.5m	模台越长，流水作业节拍越慢
	宽度	3.5m	3.2m	模台越宽，厂房跨度越大
	允许高度	0.4m	0.4m	受养护窑层高的限制

注：本表数据可作为设计大多数构件时的参考，如果有个别构件大于此表的最大尺寸，可以采用独立模具或其他模具制作。但构件规格还要受吊装能力、运输规定的限制。

（2）工厂到工地运输条件信息

1）构件的运输距离。

2）PC构件工厂到项目现场的道路情况，如有无限行、限高等。

3）选择的运输车辆需要满足构件的重量、尺寸要求。

表3-2是装配式建筑部品部件运输的限制表，在运输方案设计时可参考。

表3-2　装配式建筑部品部件运输限制表

情　况	限制项目	限制值	部品部件最大尺寸与质量			说　明
			普通车	低底盘车	加长车	
正常情况	高度	4m	2.8m	3m	3m	
	宽度	2.5m	2.5m	2.5m	2.5m	
	长度	13m	9.6m	13m	17.5m	
	重量	40t	8t	25t	30t	
特殊审批情况	高度	4.5m	3.2m	3.5m	3.5m	高度4.5m是从地面算起总高度
	宽度	3.75m	3.75m	3.75m	3.75m	总宽度指货物总宽度
	长度	28m	9.6m	13m	28m	总长度指货物总长度
	重量	100t	8t	46t	100t	质量指货物总质量

注：本表未考虑桥梁、隧洞、人行天桥、道路转弯半径等条件对运输的限值。

（3）施工企业的相关信息

1）施工企业现场吊装能力。

2）能够吊装的构件范围。

3）对于预制构件的施工技术方案。

表3-3是工厂、工地吊装能力对构件重量限制表，在设计时可供参考。

表 3-3 工厂、工地吊装能力对构件重量限制表

环节	设备	型号	可吊构件重量	可吊构件范围	说明
工厂	桥式起重机	5t（MDG5）	4.2t（max）	柱、梁、剪力墙内墙板（长度 3m 以内）、外挂墙板、叠合板、楼梯、阳台板、遮阳板等	要考虑吊装架及脱模吸附力
		10t（MDG10）	9t（max）	双层柱、夹心剪力墙板（长度 4m 以内）、较大的外挂墙板	要考虑吊装架及脱模吸附力
		16t（ME16/3.2）	15t（max）	夹心剪力墙板（4～6m）、特殊的柱、梁、双莲藕梁、十字莲藕梁、双 T 板	要考虑吊装架及脱模吸附力
		20t（ME20/5）	19t（max）	夹心剪力墙板（6m 以上）、超大预制板、双 T 板	要考虑吊装架及脱模吸附力
工地	塔式起重机	QTZ80（5613）	1.3～8t（max）	柱、梁、剪力墙内墙（长度 3m 以内）、夹心剪力墙板（长度 3m 以内）、外挂墙板、叠合板、楼梯、阳台板、遮阳板	可吊重量与吊臂工作幅度有关，8t 工作幅度是在 3m 处；1.3t 工作幅度是在 56m 处
		QTZ315（S315K16）	3.2～16t（max）	双层柱、夹心剪力墙板（长度 3～6m）、较大的外挂墙板、特殊的柱、梁、双莲藕梁、十字莲藕梁	可吊重量与吊臂工作幅度有关，16t 工作幅度是在 3.1m 处；3.2t 工作幅度是在 70m 处
		QTZ560（S560K25）	7.25～25t（max）	夹心剪力墙板（6m 以上）、超大预制板、双 T 板	可吊重量与吊臂工作幅度有关，25t 工作幅度是在 3.9m 处；9.5t 工作幅度是在 60m 处

注：本表数据可作为设计大多数构件时参考，如果有个别构件大于此表重量，工厂可以临时用大吨位轮式起重机；对于工地，当吊装高度在轮式起重机高度限值内时，也可以考虑轮式起重机。塔式起重机以本系列中最大臂长型号作为参考，制作该表，以塔式起重机实际布置为准。本表剪力墙板是以住宅为例。

29. PC 建筑与剪力墙结构体系有怎样的适应关系？

一般而言，任何结构体系的钢筋混凝土建筑，框架结构、框架-剪力墙结构、筒体结构、剪力墙结构、部分框支剪力墙结构、无梁板结构等，都可以实现装配式。这方面在第 1 章第 3 问中已有介绍。

目前我国装配式建筑的主要市场在住宅领域，我国住宅，特别是高层住宅，大多是剪力墙结构体系，由此，我们需要分析装配式与剪力墙结构有怎样的适应关系。

世界大规模装配式混凝土建筑主要是从框架结构体系开始的，目前国外高层、超高层装配式混凝土建筑的主要结构形式也是以柱梁构件为主的框-剪结构或筒体结构，剪力墙结构，特别是高层剪力墙结构，成熟的经验相对较少。

剪力墙结构比较适合现浇工艺，我国现浇剪力墙的技术也比较成熟，采用装配式工艺，较之梁柱体系结构，有以下不利之处：

1）混凝土量大，钢筋连接点多，成本提高较多。

2）实体墙多，如实行管线分离，占用室内有效空间多。

3）照现行规范，外墙接缝设在纵横墙交汇的边缘构件区域时，连接处较大区域内须现浇混凝土。如此，工地现浇混凝土比较多，装配式的优势被削弱。又由于预制剪力墙板三边出筋（而且有两边是环形筋），一边是套筒或浆锚孔，制作环节麻烦，目前世界最先进的钢筋加工和 PC 生产线的技术，制作这样的构件也无法实现高效率的自动化。

4）如果外墙接缝避开边缘构件区域，就需预制 T 形和 L 形剪力墙构件，如此，可以减少现场浇筑混凝土量，施工也便利了许多，预制剪力墙构件的出筋也大大减少，但由于不是板式构件，剪力墙结构适合流动生产线的优势没有了，T 形板比框架结构柱子制作要复杂，剪力墙结构混凝土用量比框架结构多，如此，还不如直接做框架结构了。

在非做装配式不可的情况下，关于剪力墙结构体系的适应性，有两个解决思路：

一是技术攻关，寻求简化连接的可靠办法。

二是综合、定量分析结构体系的适应性，破除心理定势的影响，选择经济、合理、适宜的结构体系。

30. 装配式对建筑使用功能有什么影响?

如果装配式建筑按照国家标准《装标》的定义去实现，进行结构、外围护、内装和机电设备系统的集成，进行全装修，实行管线分离和同层排水，会大大提升住宅的标准与质量，提高舒适度与建筑物的耐久性，较之目前的建筑，完善和扩展了使用功能。

但是，如果装配式建筑仅仅是结构体系的预制装配，就会有不利影响。下面我们分别讨论。

（1）四项集成系统，全装修、管线分离、同层排水的三项规定的装配式对建筑使用功能的影响

1）有利方面：

①建筑保温效果好，还兼具防火功能。

②装配式建筑门窗一体化，使窗口密实性增加，解决传统建筑透风、透寒等建筑通病。

③抗渗漏性能好。

④全装修省去了装修麻烦。

⑤隔声性能较好。

⑥同层排水不会因为楼上下水道堵了楼下遭殃。

⑦管线不在结构里埋设，日后维修更换方便。

2）不利方面：就使用功能而言没有不利影响，但是由于层高增加了导致成本增加。

（2）仅结构体系和外围护系统的装配式对使用功能的影响

1）有利方面：

①夹心保温墙板保温性能好。

②窗口密实性增加。

③抗渗漏性能好。

2）不利反面：

①自行装修不方便，不能砸墙凿洞。

②由于叠合楼板存在现浇带，有可能存在裂缝。

31. 装配式住宅适宜什么样的建筑风格？

通过本书第1章第5问的介绍，我们已经知道，装配式建筑不仅适合于简洁的风格，也能实现诸如悉尼歌剧院那样的复杂风格。对住宅建筑来说，成本是非常关键的因素，讨论装配式住宅适合什么样的风格，不仅要关注实现某种风格技术上的可行性，更要关注用装配式方法建造这种风格的代价如何，与现浇混凝土相比会不会较多地增加成本。但是只要建筑师用心，就可以通过装配式更好地表达艺术构想。图3-1为澳大利亚地平线公寓，装配式建筑通过在预制阳台板上作文章，使整体造型显得飘逸灵动。

图3-1　澳大利亚地平线公寓大楼预制阳台护栏

大规模装配式混凝土建筑是从北欧开始的，目前装配式建筑做得最好、比例最高的国家是日本。北欧人和日本人有共同的偏好，都喜欢简洁的建筑。所以，他们的装配式住宅，特别是高层装配式住宅，大都是简单的风格。不里出外进，也没有什么造型，阳台布置得规规矩矩，较多采用凹入式。

图3-2是日本装配式住宅。图3-3为日本鹿岛建设最早在沈阳设计并指导施工的万科春河里住宅，也是非常简洁的风格。

图 3-2　日本装配式住宅

中国人的偏好与北欧人、日本人不一样，对造型或立面丰富的建筑更喜欢一些；对“穿堂风”的要求要更强烈一些，再加上我国住宅设计规范有“明卧、明厅、明厨”等要求，就不能像欧洲、日本住宅那样简单了，过于简洁的住宅不符合我国住宅市场的要求。

那么，对于平面布置和立面设计都要复杂一些的住宅建筑，装配式是否适合呢？

首先，比欧洲、日本复杂一些的我国住宅搞装配式，在技术上没有什么障碍，连“飘窗”都能预制，还有什么不能实现的呢？

其次，就成本而言，建筑物平面、立面有些变化，只要建筑规模足够大，同一种构件的数量多一些，模具摊销次数多，就不会有大的问题。

第三，对装配式建筑成本影响大的，主要是剪力墙结构体系的不适和技术上审慎的原因，而不是建筑风格的影响。

图 3-3　沈阳万科春河里住宅

32. 什么情况下装配式可以实现复杂的造型与质感？

（1）造型方面

原则上造型变化大、立面凹凸多、质感复杂的建筑风格，实现装配式有一定的难度。但是在非线性墙板、复杂质感墙板、有规律的造型的情况下，装配式比现浇更具有优势。

框架结构和其他柱梁结构的外挂墙板，由于不是结构受力构件，造型可以相对复杂一些。由于是在工厂里制作，比现浇实现起来更加方便。

由于剪力墙结构是结构构件做成曲面或其他各种造型的，对于结构传力不利，所以剪力墙结构不适宜做复杂的造型。

（2）质感方面

无论是外挂墙板还是剪力墙板都可以在工厂中通过模具方便的实现各种质感，包括清水混凝土质感、瓷砖反打、石材反打、装饰混凝土的各种纹理。下图 3-4 展示的是不同质感造型的模具制造的构件的立面效果图。

图 3-4　PC 墙板可以实现的各种质感造型

（照片所示质感采用德国赉立公司的模具制作，照片由上海鼎中公司提供）

33. 装配式不适宜什么风格？

不适宜装配式的建筑风格包括：

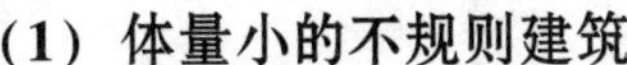

（1）体量小的不规则建筑

体量小的不规则建筑，如果没有复制性，孤零零的一两栋建筑，又不是可以忽略造价因素的特殊建筑（如纪念性建筑），就不适宜采用装配式。模具周转次数太少，造价太高。

（2）连续性无缝立面

PC 建筑立面无可避免存在缝隙，无法做到无缝连续。如果用户要求无缝连续性建筑表皮，无法用装配式实现。

（3）直线形墙面凸凹过多

直线形墙面凸凹过多，没有规律可言，预制比现浇就没有优势。直线形凸凹现场支模板相对简单，而预制要制作很多模具，增加造价成本就得不偿失了。

34. PC 建筑设计如何做到经济合理？

1）PC 建筑设计应该打破剪力墙的心理定势，经过综合比较选择最合适的结构体系。

2）PC 建筑实行集成化设计，结构系统、外围护系统、设备与管线系统和内装系统的集成化设计，部品部件工业化生产，可以提高集成度、施工精度和效率，从而更好地发挥装配式建筑的优势。如果单单将结构系统集成设计，忽略其他系统的集成化，可能造成成本的提高，发挥不了装配式建筑的经济性能。

3）在住宅建筑设计上，尽量避免特殊、异形的造型设计，避免或减少不规则构件，在建筑表皮上通过质感来达到丰富的造型效果，使建筑的复杂程度、不规则程度控制在合理范围内，做到经济合理。

4）装配式建筑构件规格要适宜，构件过大、过重，就需要在生产过程、现场安装过程中配备大型的吊装设备；构件过小或是太过零散，就增加了吊装次数，降低了吊装效率，连接点也会增加，这样不合理的构件规格都会增加成本。所以，在设计初期就需要设计师与 PC 工厂、施工方来沟通，确定出最适宜的构件规格。

5）PC 建筑通过模数化设计降低成本。以预制柱为例，高层建筑的顶部与底部由于荷载不同，柱子设计的截面不同，这时候通过模数化设计，使柱子截面相同，配筋不同，这样就可以通过设计一种主体模具，出筋边模可以做成几种定型规格，减少不同型号构件制作时模具拆组时间，最大限度提高模具的使用率，降低模具成本和制作成本。如果不能达到尺寸一致，也可以通过模数化设计，构件尺寸简化为有规律的几种，这样可以更有规律的改用模具，更好的提高模具利用率。

6）合适的 PC 建筑装配率比例也可以降低成本。在项目中预制构件的比例较低，大量部位还是现浇的，但是为了为数不多的构件还需要配置满足构件吊装的重型起重机，这就导致塔式起重机得不到最大化的利用，使费用摊销过大。即使是小型构件如楼梯、楼板、空调板等没有增加起重机的起重能力，但既要为吊装制定方案，又要为现浇准备模具，现场工作量相对增加很多，这样在经济上都是不合理的。如果政府要求一个项目达到一定的装配率，与其每栋楼都做较小的装配率，多栋楼一起达到目标，不如一部分楼高装配率，一部分楼不做装配式，一起装配率可以达到要求，这样一来可以使现浇与装配式都可以最大的发挥能效。

35. PC建筑设计如何实现绿色环保节能？

绿色建筑是指最大限度地节约资源（节能、节地、节水、节材）、保护环境、减少污染，为人们提供健康、适用和高效的使用空间，与自然和谐共生的建筑。

PC建筑设计实现绿色环保节能的方式有以下几点：

1）装配式建筑外围护一体化，例如，外墙保温装饰一体化，使保温层与装饰面结合在一起，可以提高保温效能，节约能耗；装配式建筑门窗一体化，可以解决传统建筑透风、透寒等建筑通病。

2）装配式建筑的设计从节能角度，例如，剪力墙与框架结构进行定量比较，如两者的钢筋、混凝土等原材料的消耗量，选择合理的建筑结构体系。

3）装配式建筑要求尽可能多的采用集成式的部品部件，整体收纳、集成式厨房、集成式卫浴等部品部件在工厂或现场集中制作，既节约材料又节约能源。

4）合理的内装修设计，也可以做到节能环保。

5）实现管线分离，管线不埋在构件中，在后期使用中的维护修理更方便，维修成本减少了。

6）装配式建筑外表皮使用绿色新型材料。图3-5为在屋顶使用太阳能光伏板、草皮瓦，充分利用材料本身，实现建筑的绿色环保节能。

图3-5 屋顶使用太阳能光伏板、草皮瓦示例

36. PC建筑高度有什么限制？

建筑物最大适用高度由结构规范规定，与结构形式、地震设防烈度、建筑是A级高度还是B级高度等因素有关。

(1) 框架、框-剪、剪力墙结构适用高度

现行《高层建筑混凝土结构技术规程》（JGJ 3—2010）（以下简称《高规》）与《装标》《装规》中分别规定了现浇混凝土结构和装配式混凝土结构的最大适用高度，三者比较如下：

1）框架结构，装配式与现浇一样。

2）框架-剪力墙结构，装配式与现浇一样。

3）结构中竖向构件全部现浇，仅楼盖采用叠合梁、板时，装配式与现浇一样。

4）剪力墙结构，装配式比现浇降低 10～20m。

表 3-4 给出了《高规》和《装标》与《装规》中关于装配式混凝土结构建筑与现浇混凝土结构建筑最大适用高度的比较。

表 3-4　装配整体式混凝土结构与混凝土结构最大适用高度比较表　（m）

<table>
<tr><th rowspan="3">结 构 体 系</th><th colspan="2" rowspan="2">非抗震设计</th><th colspan="8">抗震设防烈度</th></tr>
<tr><th colspan="2">6 度</th><th colspan="2">7 度</th><th colspan="2">8 度（0.2g）</th><th colspan="2">8 度（0.3g）</th></tr>
<tr><th>《高规》混凝土结构</th><th>《装规》装配式混凝土结构</th><th>《高规》混凝土结构</th><th>《装标》装配式混凝土结构</th><th>《高规》混凝土结构</th><th>《装标》装配式混凝土结构</th><th>《装标》混凝土结构</th><th>《装标》装配式混凝土结构</th><th>《高规》混凝土结构</th><th>《装标》装配式混凝土结构</th></tr>
<tr><td>框架结构</td><td>70</td><td>70</td><td>60</td><td>60</td><td>50</td><td>50</td><td>40</td><td>40</td><td>35</td><td>30</td></tr>
<tr><td>框架-剪力墙结构</td><td>150</td><td>150</td><td>130</td><td>130</td><td>120</td><td>120</td><td>100</td><td>100</td><td>80</td><td>80</td></tr>
<tr><td>剪力墙结构</td><td>150</td><td>140
（130）</td><td>140</td><td>130
（120）</td><td>120</td><td>110
（100）</td><td>100</td><td>90
（80）</td><td>80</td><td>70
（60）</td></tr>
<tr><td>框支剪力墙结构</td><td>130</td><td>120
（110）</td><td>120</td><td>110
（100）</td><td>100</td><td>90
（80）</td><td>80</td><td>70
（60）</td><td>50</td><td>40
（30）</td></tr>
<tr><td>框架-核心筒</td><td>160</td><td></td><td>150</td><td>150</td><td>130</td><td>130</td><td>100</td><td>100</td><td>90</td><td></td></tr>
<tr><td>筒中筒</td><td>200</td><td></td><td>180</td><td></td><td>150</td><td></td><td>120</td><td></td><td>100</td><td></td></tr>
<tr><td>板柱-剪力墙</td><td>110</td><td></td><td>80</td><td></td><td>70</td><td></td><td>55</td><td></td><td>40</td><td></td></tr>
</table>

注：1. 表中框架-剪力墙结构剪力墙部分全部现浇。

2. 装配整体式剪力墙结构和装配整体式框支剪力墙结构，在规定的水平力作用下，当预制剪力墙结构底部承担的总剪力大于该层总剪力的 50% 时，其最大适用高度应适当降低；当预制剪力墙构件底部承担的总剪力大于该层总剪力 80% 时，最大适用高度应取表中括号内的数值。

3.《装标》与《装规》中框架结构、框架-剪力墙结构、剪力墙结构、框支剪力墙结构体系的抗震设防烈度中最大高度相同。

（2）预应力框架结构适用高度

现行行业标准《预制预应力混凝土装配整体式框架结构技术规程》（JGJ 224—2010）3.1.1 条对预应力混凝土装配整体式框架结构的适用高度的规定见表 3-5。在抗震设防时，比非预应力结构适用高度要低些。

表 3-5　预制预应力混凝土装配整体式结构适用的最大高度　（m）

结 构 类 型		非抗震设计	抗震设防烈度	
			6 度	7 度
装配式框架结构	采用预制柱	70	50	45
	采用现浇柱	70	55	50
装配式框架-剪力墙结构	采用现浇柱、墙	140	120	110

(3) 日本 PC 建筑实际高度

图 3-6 大阪北浜公寓是日本最高的钢筋混凝土结构住宅，高 208m，PC 建筑，稀柱-剪力墙核心筒结构，剪力墙核心筒现浇。这座建筑是世界最高的 PC 建筑。

在日本，150m 以上超高层 PC 建筑比较多。这些超高层 PC 建筑在地震多发地带经受了地震的考验。

图 3-6 日本鹿岛-北浜公寓-最高 PC 建筑

37. PC 建筑高宽比有什么限制?

现行《装标》《装规》与《高规》分别规定了装配式混凝土结构建筑与现浇混凝土结构建筑的高宽比，比较如下：

1）框架结构装配式与现浇一样。

2）框架-剪力墙结构和剪力墙结构，在非抗震设计情况下，装配式比现浇要小；在抗震设计情况下，装配式与现浇一样。

(1) 辽宁省地方标准关于筒体结构高宽比的规定

辽宁省地方标准《装配式混凝土结构设计规程》(DB21/T 2572—2016) 对框架-核心筒结构抗震设计的高宽比有规定，与《高规》《装标》规定的混凝土结构一样。

(2) 高宽比比较表

表 3-6 给出了《高规》《装标》与《装规》和辽宁省地方标准关于高宽比的比较。

表 3-6 装配整体式混凝土结构与混凝土结构高宽比比较表

结构体系	非抗震设计		抗震设防烈度					
			6 度、7 度			8 度		
	《高规》混凝土结构	《装规》装配式混凝土结构	《高规》混凝土结构	《装标》装配式混凝土结构	辽宁地方标准装配式结构	《高规》混凝土结构	《装标》装配式混凝土结构	辽宁地方标准装配式结构
框架结构	5	5	4	4	4	3	3	3
框架-剪力墙结构	7	6	6	6	6	5	5	5
剪力墙结构	7	6	6	6	6	5	5	5
框架-核心筒	8		7	7	7	6	6	6
筒中筒	8		8		7	7		6
板柱-剪力墙	6		5			4		
框架-钢支撑结构					4			3
叠合板式剪力墙结构					5			4
框撑剪力墙结构					6			5

注：1. 框架-剪力墙结构装配式是指框架部分，剪力墙全部现浇。

2.《装标》与《装规》中框架结构、框架-剪力墙结构、剪力墙结构体系的抗震设防烈度中高宽比相同。

38. PC 建筑平面形状有什么限制?

从抗震和成本两个方面考虑，PC 建筑平面形状简单为好。里出外进过大的形状对抗震不利；平面形状复杂的建筑，预制构件种类多，会增加成本。

世界各国 PC 建筑的平面形状以矩形居多。日本 PC 建筑主要是高层和超高层建筑，以方形和矩形为主，个别也有“Y”字形，方形的“点式”建筑最多。对超高层建筑而言，方形或接近方形是结构最合理的平面形状。

行业标准《装规》关于装配式混凝土结构的平面形状的规定与《高规》关于混凝土结构平面布置的规定一样。建筑平面尺寸及凸出部位比例限制照搬了《高规》的规定。为了读者方便，将《高规》和行业标准《装规》的建筑平面示意图和平面尺寸及凸出部位比例限值表列出，见图 3-7 和表 3-7。

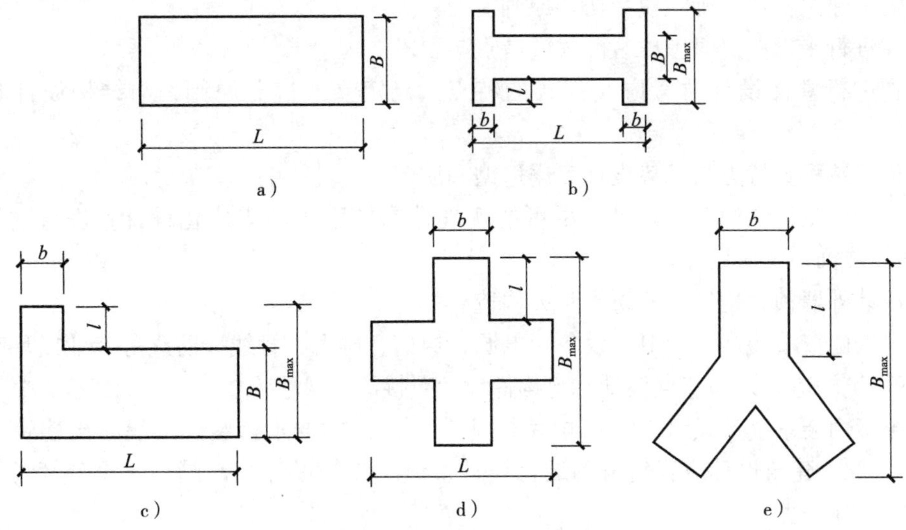

图 3-7　建筑平面示意图

表 3-7　平面尺寸及凸出部位比例限值

抗震设防烈度	L/B	l/B_{max}	l/b
6、7 度	≤6.0	≤0.35	≤2.0
8 度	≤5.0	≤0.30	≤1.5

第 4 章　施工图阶段建筑设计内容

39. 施工图设计阶段建筑设计关于装配式的内容有哪些？

建筑设计在施工图设计阶段关于装配式的内容包括：

1）与结构工程师确定预制范围，哪一层、哪个部分预制。

2）设定建筑模数，确定模数协调原则。

3）在进行平面布置时考虑装配式的特点与要求。

4）在进行立面设计时考虑装配式的特点，确定立面拆分原则，与结构设计师协同拆分。

5）依照装配式特点与优势设计表皮造型和质感。

6）进行外围护结构建筑设计，尽可能实现外围护系统的集成化设计，进行建筑、结构、保温、装饰一体化设计。

7）设计外墙预制构件接缝防水防火构造。

8）根据门窗、装饰、厨卫、设备、电源、通信、避雷、管线、防火等专业或环节的要求，进行建筑构造设计和节点设计，与构件设计对接。

9）统筹内装系统的设计，根据国家标准《装标》的要求，装配式混凝土建筑应实现全装修，对此，建筑设计应当统筹内装修设计，组织装修设计师与结构、设备管线、建筑各专业进行协同设计。

10）统筹结构、围护、内装、设备管线各个系统的集成设计，包括外围护一体化墙板、集成式厨房、集成式卫生间、整体收纳柜以及装配式楼地面、墙面、吊顶、内隔墙的部品集成等。

11）当该项目采用管线分离和同层排水时，统筹机电设备、结构、内装等相关专业的协同设计，国家标准《装标》要求宜采用设备管线分离的方式，宜实现同层排水的方式，是否要采用管线分离和同层排水的这种方式是由甲方来决定的，不是必然的选择。

12）将各专业对建筑构造的要求汇总等。

40. PC 建筑设计依据有哪些？

PC 建筑设计需依据规范、用户的要求和当地政府的要求。

（1）规范

PC 建筑设计除了执行混凝土结构建筑有关标准外，还应当执行关于装配式混凝土建筑的有关规范。

1）装配式混凝土建筑的现行国家标准《装标》。

2）装配式混凝土建筑的现行行业标准《装规》。

3）北京、上海、辽宁、黑龙江、深圳、江苏、四川、安徽、湖南、重庆、山东、湖北等地都制定了关于装配式混凝土结构的地方标准，目录见本书附录。

4）我国建筑标准设计研究院，北京、上海、辽宁等地还编制了装配式混凝土结构标准图集，目录见本书附录。

（2）用户的要求

1）用户关于装配式建筑的设计任务书，若是用户的设计任务书和设计要求与国家及行业标准相违背，则以国家及行业标准为主。

2）房地产商拿地的时候，在土地转让条件中政府关于装配式建筑的一些条件。

（3）地方政府的要求

如有的地方要求必须使用 BIM，不同省市对预制率的要求及预制范围核算也有不同。

（4）参考依据

由于我国装配式建筑设计处于起步阶段，有关标准比较审慎，覆盖范围有限（如对全装配式混凝土建筑筒体结构就没有覆盖，对筒体结构也没有一些具体的要求），一些规定也不明确，远不能适应大规模开展装配式建筑的需求，许多创新设计不能从规范中找到对应的规定。所以，PC 建筑设计还需要借鉴国外成熟的经验，但是当采用时应进行试验以及请专家进行论证等。

41. PC 建筑设计与现浇混凝土建筑设计有哪些不同？

装配式混凝土建筑与现浇混凝土建筑比较，建筑设计有较多不同：除了需考虑装配式建筑特点、进行构件拆分与连接节点构造设计外，还要根据装配式建筑国家标准《装标》的要求，组织结构系统、外围护系统、内装系统、机电设备系统的集成与协同。建筑师承担更大的责任，工作范围扩大，工作量有较多增加，下面具体讨论。

1）对设计团队组织紧密性、协同性的要求不同了，要给设计师更大的组织权利和责任。

2）受外界条件的影响不同了，地方政府的规定和当地环境的条件等都不同了。

3）工作内容不同了，需要考虑集成，集成不是简单的设计，是研发或者运用集成成果的概念。

4）内装修设计，从一开始就要统筹内装设计。组织装修设计师与结构、设备管线、建筑各专业进行协同设计。

5）出图方式不同了，新增加了构件制作图，而且要求各个专业及各环节需埋设在预制构件中的预埋件、埋设物、预留洞口等，都设计到结构构件制作图中。

6）设计出了问题补救方式比较少，预先避免问题的要求就更重要了。

7）设计范围扩大了，设计成本增加了。

42. PC建筑施工图设计阶段的设计要点是什么?

我们在第39问中已经给出施工图设计阶段装配式建筑设计的主要内容，在这里我们主要讨论一下施工图设计阶段的要点是什么。

1）PC构件的拆分与连接。特别是外墙构件的拆分与连接设计，对建筑立面的艺术效果的影响特别大，每一处的拆分、连接都有建筑构造要求，如防水、防火、保温等构造。

2）集成设计。所谓集成就是一体化设计，装配式混凝土建筑的结构系统、外围护系统、设备与管线系统和内装系统均应进行集成设计。确定哪些部品部件预制。

3）协同设计。装配式混凝土建筑应按照集成设计原则，将建筑、结构、给水排水、暖通空调、电气、智能化和燃气等各个专业之间进行协同设计，避免撞车、打架、遗漏等问题，且若是发生此类问题很难补救。因此，强调设计协同。若采用BIM技术，可视化和自动化可以在过程中发现这些问题，并避免损失，若未选用BIM，则需要建立有效的沟通机制。

在笔者与日本专家关于装配式建筑交流中和一些试验项目的设计过程中发现，日本人特别注重沟通、信息共享，每天有很多时间要用于工程讨论。

4）与制作、运输和安装环节的互动。一方面可以获得是否可以实现的条件，另一方面要把制作、运输和安装三个环节需要的埋件在设计图中反映出来，包括脱模、翻转、安装、临时支撑、调节安装高度、后浇筑模板固定、安全护栏固定等预埋件，这些最终都要协同到结构构件设计当中。所以施工图设计阶段与制作、运输和安装环节的互动与协同非常重要。

5）模数化、规格化、标准化。这对装配式建筑尤为重要，是建筑部品制造实现工业化、机械化、自动化和智能化的前提，是正确和精确装配的技术保障，也是降低成本的重要手段。

43. 施工图设计阶段建筑设计图及设计文件有哪些?

装配式建筑除按常规设计所出的建筑施工图之外，还应当包括以下设计图和设计文件：

1）建筑外立面的拆分图。

2）连接节点的建筑构造图。例如，预制构件的接缝处理，连接缝的构造图。

3）建筑部品部件的设计要求。例如，整体式厨房的规格选用、组合一体化的墙板及飘窗的构造设计，采用的外挂墙板的话，外挂墙板的构造详图。

4）装配式建筑的细部构造图。例如，夹心保温剪力墙建筑构造、外墙门窗节点、剪力墙女儿墙构造、滴水构造、排水沟造、泛水构造、构件细部构造等。

5）机电设备部件与建筑衔接接口图。

6）所选用预制的部品部件的标准图或厂家提供的技术文件。

7）瓷砖、石材反打的排版图。

44. 建筑设计总说明须增加哪些关于装配式的说明?

建筑设计总说明中除按常规设计进行说明外，还须增加关于装配式建筑的说明，包括：

（1）本项目装配式设计概况

1）设计依据。

2）结构的预制的说明。

3）部品部件的说明。

4）全装修的概述。

5）其他装配式的有关内容。

6）预制率和装配率。

（2）预制构件表

（3）预制部品表

（4）装配式建筑材料的选用要求

（5）关于装修的说明

由于各地政府要求不同，以上说明供各位读者参考。

45. PC 建筑平面如何设计?

关于装配式混凝土结构的平面设计行业标准与国家标准分别有如下规定：

（1）行业标准《装规》规定

1）建筑宜选用大开间、大进深的平面布置。

2）承重墙、柱等竖向构件上、下连续。

3）门窗洞宜上下对齐、成列布置，其平面位置和尺寸应满足结构受力及预制构件的设计要求；剪力墙结构不宜采用转角窗。

4）厨房和卫生间的平面布置应合理，其平面尺寸宜满足标准化整体橱柜及整体卫浴的要求。

（2）国家标准《装标》规定

1）应采用大开间、大进深、空间灵活可变的布置方式。

2）平面布置应规则，承重构件布置应上下对齐贯通，外墙洞口宜规整有序。

3）设备与管线集中布置，并应进行管线综合设计。

46. 大进深大开间有什么意义?

行业标准要求平面布置宜大开间、大进深，国家标准也要求选用大进深、空间灵活的平面布局方式。这非常重要，也非常有意义。

1）日本超高层住宅多是筒体结构，内外筒之间无柱空间十几米宽（用预应力叠合楼板）。大空间使分户设计和户内布置非常灵活。世界最高PC建筑，208m高的大阪北浜公寓，一共400户，居然设计了上百个户型。笔者不理解为什么设计这么多户型，日本设计师解释，这栋建筑是11家地产商联合投资建设，各自销售，户型根据各家投资商的要求设计，这些投资商是在充分细分市场的基础上提出户型要求的。由于无柱空间大，设计这么多户型没有麻烦，对结构没有任何影响。内墙是轻体架空墙，顶棚吊顶、地面架空，管线不埋设在混凝土中，同层集中管线到几个竖井。日本超高层建筑使用寿命100年以上，这么长时间，人们的生活习惯和生活水平都会发生变化，或者不同时间段居住着不同年龄的人，生活要求不一样。日本建筑师说，一个家庭在孩子小的时候，希望房间多一些，房间面积可以小一些；等孩子都长大出去了，则希望房间面积大一些，房间数量可以少一些。无结构柱结构墙的大空间使建筑在使用寿命期内的户内布置改变没有障碍。

2）结构体系对平面布置影响较大。框架结构和筒体结构的平面布置比较灵活，剪力墙结构平面布置受到限制较多。所以，剪力墙结构更应当尽可能地布置大开间、大进深。

3）国内住宅不愿采用柱梁结构，众口一词的说法是因为柱梁凸入室内空间对布置不利。现在小跨度柱梁体系建筑已经不多见了，大跨度框架结构和筒体结构的柱梁凸入房间的影响其实不大，筒体结构甚至可以认为基本没有影响。即使有点影响，在装修环节也可以巧妙处理。笔者认为，或许应当尝试一下减少沉重而又不灵活的剪力墙体系在高层住宅中的比重。毕竟，柱梁体系建筑在抗震方面有着优越的表现，在建筑功能方面又有着明显的优势。

4）大开间、大进深对装配式非常有利，可以减少构件规格和构件数量，更好地发挥装配式的优势。

47. PC建筑立面如何设计？

建筑立面设计是形成建筑艺术风格最重要的环节，PC建筑的立面有其自身的规律与特点。

1）行业标准《装规》要求装配式混凝土结构的外墙设计应满足建筑外立面多样化和经济美观的要求（5.3.1）。

2）国家标准《装标》中对剪力墙结构的布置做出了要求：剪力墙门窗洞口宜上下对齐、成列布置，形成明确的墙肢和连梁；抗震等级为一、二、三级的剪力墙底部加强部位不应采用错洞墙，结构全高均不应采用叠合错洞墙，见图4-1。

3）国家标准《装标》关于装配式混凝土建筑立面设计有如下规定（4.3.6）：

①外墙、阳台板、空调板、外窗、遮阳设施和装饰等部品部件宜进行标准化设计。

②装配式混凝土建筑宜通过建筑体量、材质肌理、色彩等变化，形成丰富多样的立面效果。

预制混凝土外墙的装饰面层宜采用清水混凝土、装饰混凝土、免抹灰涂料和反打面砖等耐久性墙的建筑材料。

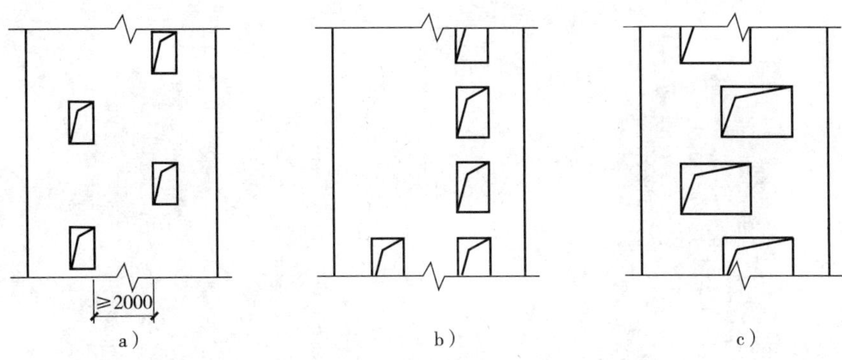

图 4-1 剪力墙错洞墙示意图

a）一般错洞墙 b）底部局部错洞墙 c）叠合错洞墙

4）PC 建筑的结构拆分主要是结构设计师的工作，但建筑立面混凝土构件的拆分不仅需要考虑结构的合理性和实现的便利性，更要考虑建筑功能和艺术效果。所以，外立面拆分应当以建筑师为主。

外立面构件拆分应考虑的因素包括：

①建筑功能的需要，如围护功能、保温功能、采光功能等。

②建筑艺术的要求。

③建筑、结构、保温、装饰一体化。

④对外墙或外围柱、梁后浇筑区域的表皮处理。

⑤构件规格尽可能少。

⑥整间墙板尺寸或重量超过了制作、运输、安装条件的许可时的对应办法。

⑦与结构设计师沟通，符合结构设计标准的规定和结构的合理性。

⑧与结构设计师沟通，外墙板等构件有对应的结构可安装等。

48. 柱梁结构 PC 建筑立面如何设计？

柱、梁结构体系 PC 建筑外立面设计，建筑师的创作空间比较大，有多种选择。

（1）PC 柱梁构成立面

本书第 1 章图 1-46 是日本鹿岛公司一座办公楼，PC 框架结构，结构梁柱做成清水混凝土，与大玻璃窗构成简洁明快的建筑表皮。柱子和梁比较纤细，立面风格显得很轻盈。

沈阳万科春河里住宅也是 PC 柱梁与玻璃窗组成外立面。由于沈阳气候寒冷，柱子与梁都是夹心保温构件，断面加大了，由此窗户面积变小，立面效果显得厚重，详见第 3 章中图 3-3。

下面再给出几个日本 PC 建筑用柱梁形成立面的例子，见图 4-2 ~ 图 4-4。

PC 柱梁构成的外立面，可以凸出柱子，将梁凹入，以强调竖向线条；也可以凸出梁，将柱子凹入，以强调竖向线条。

图 4-5 是柱子凸出，凹入墙面用玻璃以强调竖向线条的例子。

图 4-2　双柱与长梁构成的立面

图 4-3　柱梁反打石材外立面

图 4-4　PC 柱梁构成方格网立面

图 4-5　凸出 PC 柱强调竖向线条的立面

1992 年建成的凤凰城图书馆，建筑师威廉姆 · 布鲁德设计，非常著名的建筑，也是全装配式柱梁结构建筑，详见彩页 C03。而凤凰城图书馆正立面，裸露的结构柱与遮阳帆形成独特风格。

图 4-6 是美国的某停车场，十字形柱与 L 型墙板形成独特的外立面效果。

图 4-6　装配式停车场

（2）带翼缘 PC 柱梁

PC 柱梁立面还可以将柱梁做成带翼缘的断面，由此可使窗洞面积缩小。

梁向上伸出的翼缘叫作腰墙；向下伸出的翼缘叫作垂墙；柱子向两侧伸出的翼缘叫作袖墙，见图 4-7。

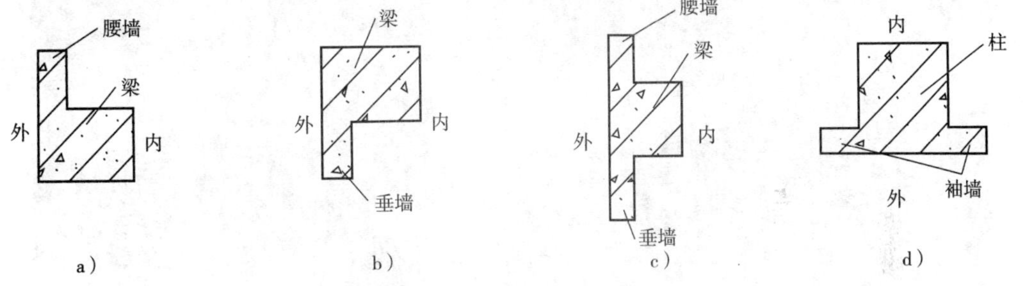

图 4-7　带翼缘的 PC 柱、梁断面

a）上翼缘梁　b）下翼缘梁　c）双翼缘梁　d）翼缘柱

如图 4-8 所示，建筑立面是梁带垂墙板的例子。

图 4-8　带垂墙板的 PC 梁

（3）楼板和楼板加腰板构成立面

在探出楼板上安装PC腰板或PC外挂墙板（见图4-9），可以形成横向线条立面。下面介绍几座日本PC建筑，采用腰板或外挂墙板构成横向线条立面，详见图4-10、图4-11。图4-12中横向线条是通过楼板和腰板体现的，同时它的裙楼预制柱体现了竖向线条，形成对比。

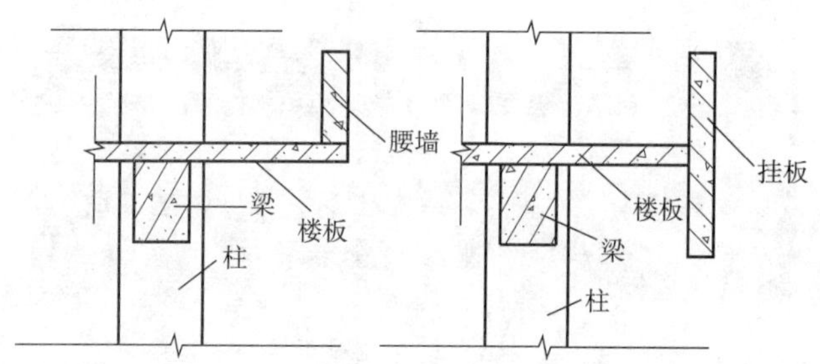

图4-9　安装在楼板上的腰墙或挂板

图4-10　福冈日航酒店略带弧面的腰板

图4-11　强调横向线条的PC建筑

（4）PC幕墙

PC幕墙，也就是预制钢筋混凝土外挂墙板组成的幕墙，是相对于主体结构有一定的位移能力和自身变形能力，不承担主体结构所承受的作用的外围护墙体，详见图4-13。

PC幕墙在柱、梁结构体系中应用较多。PC墙板通过安装节点安装在柱、梁或楼板上。幕墙板可以做成有窗的、实体的、平面的、曲面的；还可以做成镂空的。墙体表面可以做成各种造型和质感。国外钢结构建筑也比较多地应用PC幕墙。

图 4-12　主楼强调横向线条，裙楼用楼板间的 PC 柱形成竖向线条

图 4-13　PC 幕墙

49. 剪力墙结构 PC 建筑立面如何设计?

1）剪力墙结构建筑外墙多是结构墙体，建筑师可灵活发挥的空间远不如柱梁体系那么大。

2）剪力墙结构 PC 外墙板宜做成建筑、结构、围护、保温、装饰一体化墙板，即夹心保温剪力墙板，或者叫“三明治剪力墙板”。建筑师可在“三明治墙板”外叶板表面做文章，设计凸凹不大的造型、质感、颜色和分格缝等，见图 4-14、图 4-15。

图 4-14　石材反打装饰一体化墙板

图 4-15　瓷砖反打装饰一体化墙板

3）有些地区如上海对凸出墙体的“飘窗”格外钟爱，预制飘窗会使建筑立面显得生动和富有变化，见图 4-16。

图 4-16　飘窗 + 瓷砖反打装饰一体化墙板

4）根据行业标准《装规》规定，剪力墙转角和翼缘等边缘构件要现浇，如此，建筑师还需要解决预制剪力墙板与现浇边缘构件“外貌”一致或协调的问题。目前，剪力墙有两种拆分方式，一种是一字形整间板方式，另一种是 T 形立体墙板方式。两种拆分方式具体详见本书第 6 章中第 99 问。

 50. PC 建筑表皮如何设计？

PC 建筑常见的表皮质感包括清水混凝土、涂料、石材、面砖、装饰混凝土等。

(1) 清水混凝土

预制构件可以提供高品质的清水混凝土表面，既可以做到安藤忠雄那种绸缎般细腻的混凝土质感，又可以做到勒·柯布西耶粗野的清水混凝土风格。第 1 章中图 1-46 所示日本鹿岛 PC 建筑裸露的柱梁就是清水混凝土，图 1-54 所示的哈尔滨大剧院曲面墙板也是清水混凝土幕墙板。

建筑师选择清水混凝土质感，应要求工厂打样，作为制作依据和验收依据。

建筑师对清水混凝土质感可以有较高的要求，甚至光滑如镜面，但对颜色均匀不应有过高期望，因为水泥先后批次不同、混凝土干燥程度不同都会有色差。存在一定的色差是混凝土固有的特征，要求颜色必须均匀，只能靠涂刷具有清水混凝土效果的涂料来实现，反倒假了。真实的清水混凝土存在一定的色差。当然，因水泥和骨料不是同一来源、配合比不准确、骨料含泥量大等因素造成的色差应当避免。

清水混凝土构件垂直角容易磕碰，宜做成抹角或圆弧角，对此设计应当给出要求，见第本书第 8 章。当然，有的建筑师喜欢清晰的直角感觉，也可以实现，需要强调构件的棱角保护。

清水混凝土柱子如果要求 4 个面都做成光洁质感，设计师应当给出明确说明。因为正常情况下，柱子是在“躺着”的模具里制作的，5 个模具面，1 个压光面。压光面的光洁度要差些。4 面光洁的柱子应当用立式模具制作。

设计应要求清水混凝土表面涂覆透明的保护剂，以保护面层不被雾霾、沙尘和雨雪污染。

(2) 涂漆

在混凝土表面涂漆是 PC 建筑常见的做法，可以涂乳胶漆、氟碳漆或喷射真石漆。由于 PC 构件表面可以做得非常光洁，涂漆效果要比现浇混凝土抹灰后涂漆精致很多，见图 4-17。

图 4-17　表面涂漆的 PC 墙板

涂漆作业最好在构件工厂进行，可以更好地保证质量和色彩均匀。这需要产品在存放、运输、安装和缝隙处理环节的精心保护。

(3) 石材质感

1）石材“反打”。石材是PC建筑常用的建筑表皮，用“反打”工艺实现。不仅PC建筑，许多钢结构建筑的石材幕墙也用石材反打的PC墙板，见图4-18。

图4-18　日本大阪钢结构商业综合体的石材反打PC墙板幕墙

石材反打是将石材铺到模具中，装饰面朝向模具，用不锈钢卡勾将石材勾住，不锈钢卡勾的数量取决于石板面积，见图4-19。钢筋穿过卡勾，然后浇筑混凝土，石材与混凝土结合为一体。在石材与混凝土之间须涂覆隔离剂，一是防止混凝土“泛碱”透过石材，避免湿法粘贴石材常出现的问题；一是起到隔离作用，削弱石材与混凝土温度变形不一致产生的温度应力的不利影响。

图4-19　石材反打工艺——把石材铺到模具上，背后有不锈钢卡钩

夹心保温板石材反打是在外叶板上进行，外叶板由此会增加厚度和质量，对拉结件的结构计算和布置会有影响，应提醒结构设计师。

石材反打设计，建筑师应给出详细的石材拼图。是否有缝，如果有缝，缝宽是多少等。石材规格严格按照设计要求加工。从图4-20、图4-21石材反打成品照片中，我们可以看到石材拼图的精细程度。

2）无龙骨锚栓石材。前面介绍了无龙骨锚栓保护板，无龙骨锚栓石材就是以石材为保护板，在PC墙板上埋置内埋式螺母，用连接件和锚栓干挂石材。

3）有龙骨石材幕墙。国内有的企业在做PC建筑时，幕墙依然采用有龙骨幕墙，在PC墙板上埋设内埋式螺母，固定龙骨，然后干挂幕墙。

图4-20 石材反打成品

图4-21 无缝的石材反打 PC 墙板

(4) 装饰面砖反打

装饰面砖也是 PC 建筑常用的建筑表皮，见图4-22，用“反打”工艺实现。面砖还可以在弧面上反打，见图4-23。

图4-22 面砖反打的 PC 墙板

图4-23 面砖反打的弧形 PC 阳台板

装饰面砖反打工艺原理与石材反打一样，将面砖铺到模具中，装饰面朝向模具，在面砖背面浇筑混凝土，见图4-24。装饰面砖反打要比现场贴面砖精致很多，100多m高的建筑，外墙面砖接缝看上去是笔直的，误差在2mm以内，见图4-25、图4-26。面砖反打工艺，面砖与混凝土的结合也很牢固，据日本 PC 工厂技术人员介绍，日本几十年面砖反打工程没有出现脱落现象，比现场湿法黏接安全可靠。

装饰面砖反打，建筑师须给出排砖的详细布置图。面砖供货商按照图样配置瓷砖，有些特殊规格的瓷砖，如转角瓷砖，须特殊加工。

面砖反打可以与石材反打搭配，见图4-27。

图 4-24　面砖反打工艺

图 4-25　面砖反打 PC 板成品

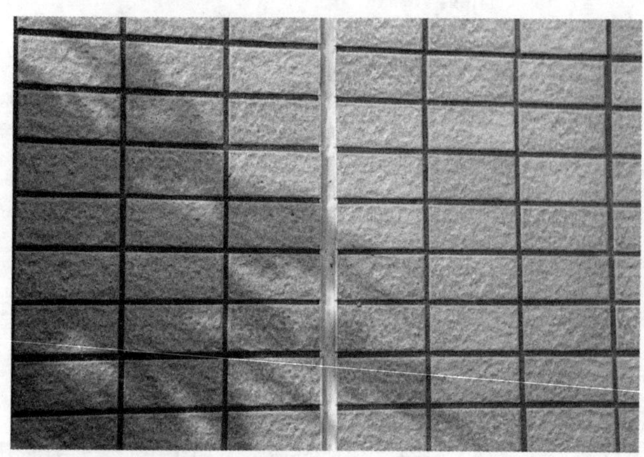

图 4-26　面砖反打可以做到非常精致

图 4-27　面砖反打与石材反打结合

（5）装饰混凝土

装饰混凝土是指有装饰效果的水泥基材质，包括彩色混凝土、仿砂岩、仿石材、文化石、仿木、仿砖各种质感。

装饰混凝土的造型与质感通过模具、附加装饰混凝土质感层、无龙骨干挂装饰混凝土板等方式实现。

装饰混凝土的色彩通过水泥或白水泥、彩色骨料和颜料实现。

1）依靠模具形成造型与质感。装饰混凝土依靠模具的形状和纹理形成造型与质感，见图 4-28、图 4-29、图 4-30。模具材质包括硅胶、橡胶、水泥基、玻璃钢等。

2）表面附着质感装饰层。在混凝土表面附着质感装饰层。附着的方式是在模具中首先浇筑质感装饰层，然后再浇筑混凝土层。质感装饰层的原材料包括水泥（或白水泥）、彩砂（花岗岩人工砂和石英砂等）、砂子、颜料、水、外加剂等。质感装饰层适宜的厚度为 10 ~ 20mm。过薄容易透色，即混凝土浆料的颜色透到装饰混凝土表面；过厚容易裂缝。

表面质感形成的方式包括：

①在模具表面刷缓凝剂，脱模后用水刷方式刷去水泥浆，露出彩砂骨料的质感。

②用喷砂方式把表面水泥石打去，形成凸凹表面，露出彩砂骨料质感。

图 4-28　模具形成凸凹不平的石材质感

图 4-29　模具形成的条状造型

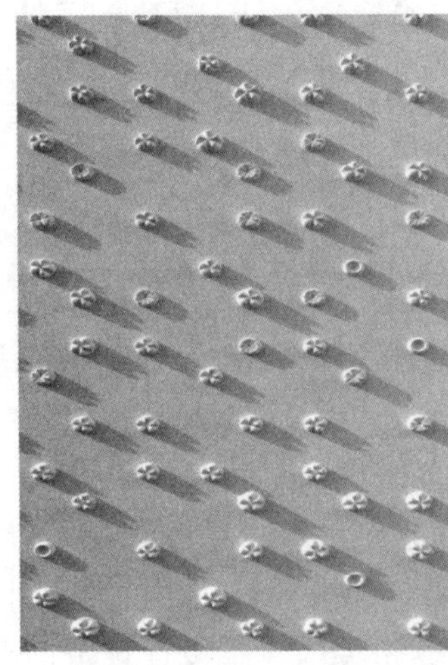

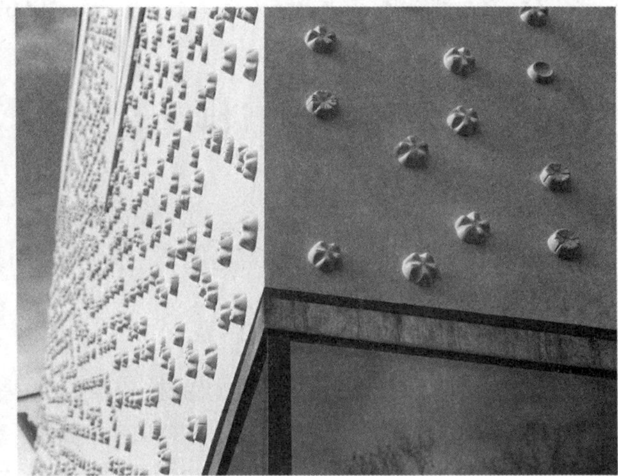

图 4-30　模具形成花的造型

③人工剔凿。

用人工剔凿的方式凿去水泥石，露出彩砂骨料质感。剔凿方式多用于凸凹条纹板。凸出部位厚度可达 60mm。

如图 4-31、图 4-32 和图 4-33 所示，PC 表面装饰混凝土质感。

3）无龙骨干挂装饰混凝土板。装饰混凝土板基层材质用 GRC 或超高性能混凝土（加钢纤维），表层为装饰混凝土。GRC 板基层与装饰层可以做成一样。

图 4-31　装饰混凝土质感的墙板

装饰混凝土板板厚 15mm。可做成 $2m^2$ 以下带边肋板、平板或曲面板，用前面介绍的无龙骨锚栓方式干挂。

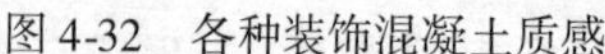

图4-32　各种装饰混凝土质感

图4-33　装饰混凝土石材质感墙板

51. PC建筑剖面如何设计？

PC建筑剖面设计主要需考虑建筑层高及净高。

1）装配式混凝土建筑应根据建筑功能、主体结构、设备管线及装修等要求，确定合理的层高及净高尺寸（《装标》4.3.7）。

2）影响装配式建筑层高的因素：

①室内净高：地面完成面（有架空层的按架空层完成面）至吊顶底面之间的垂直距离。室内净高要求越高，对应的层高就越高。室内的净高除了满足建设项目使用的要求外，应符合《民用建筑设计通则》（GB 50352—2005）及各个专业相关的建筑设计规范的要求。其中，普通住宅层高宜为2.8m，底层住宅的层高不应超过3.6m，卧室、起居室（厅）的室内净高不应低于2.4m，厨房、卫生间的室内净高不应低于2.2m；办公建筑、酒店建筑标准层高一般控制在3.6~3.9m范围内，底层或裙楼部分因功能要求加大层高的，应控制在4.8m范围内。

②楼板的厚度：结构选型、开间尺寸不同，楼板的厚度不同。现浇楼板的厚度一般为120mm、140mm，做PC叠合楼板后会增加至140mm、160mm厚。

③吊顶的高度：吊顶的高度主要取决于机电管线与梁占用的空间高度。建筑专业应与结构专业、机电专业及内装修进行一体化设计，合理布置吊顶内的机电管线，避免交叉，尽量减小空间占用，协同确定室内吊顶高度。吊顶高度一般约为100~200mm。

④地面的架空：架空的高度主要取决于给水排水管道占用的空间高度。架空的高度一般约为150~200mm。

52. 为什么宜增加建筑层高？

国家标准《装标》规定装配式混凝土建筑的设备与管线宜与主体结构分离，排水系统宜采用同层排水。若要实现这两点，为保证室内净高，就需要增加层高。

此外《装标》及《装规》中还规定装配式建筑宜采用大开间、大进深的布置方式，这样以来，建筑跨度比较大，楼板的厚度就需增加，建筑层高也需增加，但这对装配式是有利的，不仅减少了墙体、减少了重量，而且布局也更便利了。

1）上有吊顶、下有架空有许多好处，所有管线都不用埋设到混凝土楼板中，可以方便地实现同层排水和集中布置管道竖井，层间隔声和保温效果好，管线水电维修不涉及结构“伤筋动骨”。

2）上有吊顶、下有架空，装配式的麻烦和“负担”比较少。比如，叠合楼板块与块之间的接缝，如果有吊顶，就不需要处理，不介意有缝。而我国目前住宅精装修比例很小，即使精装修，也不搞顶棚吊顶，在叠合楼板面上直接刮腻子、涂漆，如此，板缝就不被接受，哪怕是很细微的缝。但是要保证叠合楼板构造接缝一点没有痕迹，设计和施工环节的难度比较大。

3）电线套管，我国目前常规做法是埋设在现浇混凝土中，对于叠合板而言，为了埋设管线，楼板总高度比现浇高 20mm。问题是，日后电线维修和更换会对结构“侵扰”。

4）顶棚吊顶，电源线等管线可悬挂在楼板下面、吊顶上面，见图 4-34。叠合板后浇混凝土层不用再考虑埋设管线。

图 4-34　日本 PC 住宅顶棚吊顶，管线不用埋设在混凝土中

楼板在预制时需埋设固定线路、吊顶、灯具的预埋件。在日本，悬挂管线的每一个预埋件都设计在图样上，没有施工现场打膨胀螺栓的做法。日本的叠合楼板生产线自动化程度比较高，楼板所有预埋件都是计算机根据图样自动定位放线、机器臂自动放置。

5）在顶棚吊顶的情况下，为保证房间净高，建筑层高应增加吊顶高度，约为 100 ~ 200mm。有中央空调的建筑，空调通风管道处可局部吊顶，见图 4-35。

图 4-35　通风管道处局部吊顶

 53. 如何进行 PC 建筑内墙设计?

装配式混凝土建筑国家标准《装标》规定装配式建筑设备与管线宜与主体结构分离，这些需要埋设在墙体内的开关、网络线路、电源线、有线电视线等管线设备，要实现管线分离，那么墙体就得架空。

(1) 外墙内壁

把外墙内壁列在内墙设计中，是因为有的外墙内壁需要“架空”。

PC 剪力墙外墙、外挂墙板、外围柱梁、腰墙、垂墙和袖墙内壁等，由于预制的表面比较光滑，可以直接刮腻子、涂漆。

但有的外墙内壁，如山墙或平面凸出部位侧墙，可能是电视位置或床头位置，或需要悬挂空调，由此需要埋设电源线、有线电视线、有线电视插座或开关等。此时，外墙内壁应当附设架空层。因为在外墙 PC 构件中埋设管线易导致渗漏、透寒，甚至透风。

图 4-36　凹入式阳台 ALC 轻体外墙

(2) 凹入部位外墙

凹入部位外墙是指柱梁结构体系凹入式阳台的外墙，这部分外墙不用采用 PC 外挂墙板，可用 ALC 板，见图 4-36。

(3) 柱梁结构体系内隔墙

框架结构、框-剪结构和筒体结构等柱梁结构体系的内墙应采用轻体墙，包括轻钢龙骨石膏板墙、ALC 板、空心板、轻质混凝土板等。

国外装配式建筑较多采用轻钢龙骨石膏板墙，见图 4-37；户与户之间的分隔墙两边采用双层石膏板，见图 4-38。

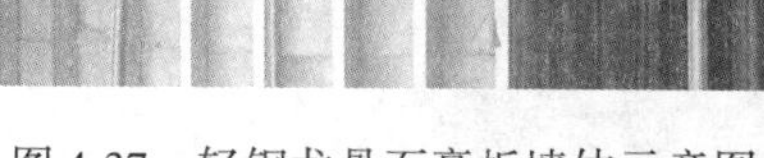

图 4-37　轻钢龙骨石膏板墙体示意图

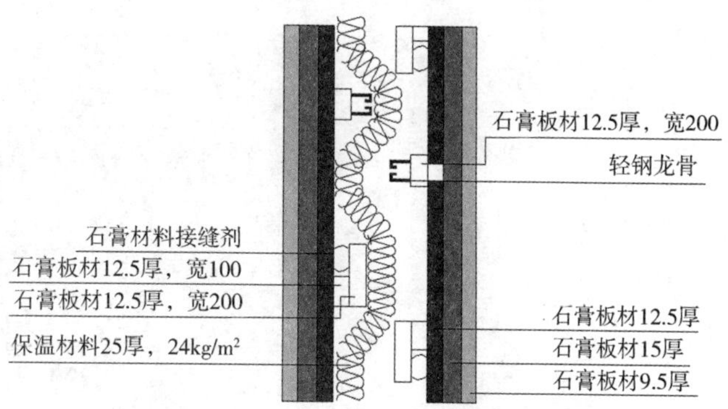

图 4-38　日本最高 PC 住宅分隔墙剖面图

轻钢龙骨石膏板墙有很多优点，质量轻、隔声好、布设管线方便、维修方便等。但我国的用户对其不信任或者不习惯，觉得没有安全感，所以，用于住宅可能还需要用户接受的过程。

国内的内隔墙常用的空心隔墙板、轻体隔墙板价格便宜，但隔声效果不如轻钢龙骨石膏板墙，布置管线也不是很方便，户间墙也无法做保温。

（4）剪力墙结构内墙

剪力墙结构建筑的内墙包括结构剪力墙和内隔墙。

如果采用传统方式，将电源线等埋设在混凝土墙体内，设计中须注意管线和电源插座必须避开结构连接区，即钢筋套管或浆锚孔的区域。所有管线、预埋物的埋设要求都要落在构件制作图上。

如果不将管线埋设在剪力墙中，有管线的墙体就需要附设架空层，详见本书第 7 章图 7-56。

附设架空层优点突出，但需占据一定的空间，也会提高造价。

54. 如何进行 PC 建筑地面设计？

PC 建筑地面设计包括以下两种情况：

（1）地面不架空

地面不架空，就住宅而言，PC 建筑与现浇混凝土建筑的层高一样，只是楼板厚度可能会增加 20mm。住宅现浇混凝土楼板厚度一般为 120mm。采用叠合楼板，预制楼板厚度为 60mm，现浇部分因埋设管线，厚度至少需要 80mm，如此叠合楼板总厚度为 140mm。

（2）地面架空

地面架空有三个好处：

1）隔声好，楼上小孩蹦蹦跳跳的声音不会传至楼下。

2）可以方便地实现同层排水，竖向管道集中。

3）排水管线维修更换方便。

地面架空的实际做法见图 4-39、图 4-40。地面架空会增加层高 150～200mm。

图 4-39　地面架空为管线布置和同层排水提供了方便

图 4-40　地面架空示意图

55. 如何实现同层排水?

所谓同层排水，是指在建筑排水系统中，器具排水管及排水支管不穿越本层结构楼板到下层空间，与卫生器具同层辐射并接入排水立管的排水方式。

装配式建筑国家标准和行业标准均提出了宜同层排水，虽然没有用“应”，不是强制性要求，但是发达国家建筑关于同层排水却是普遍现象，是因为国外建筑一般都是地板架空，这样不但提高了房屋使用舒适度，管线设备都不在结构层内，也方便后期维护，这是个发展方向。国外建筑很少有地板不架空的，国内却很少见。

当采用同层排水时，方案有两个：

1）整个地面都架空，这样以来需要增加层高，会对容积率、造价发生变化，需要开发商进行产品定位，来决定是否增加层高。

2）不做地面架空时，做同层排水采用局部降板的方法，需要结构、建筑专业根据给水专业设计的排水坡度、位置要求进行降板，还要根据竖向排水管道做出安排，详见图 4-41。

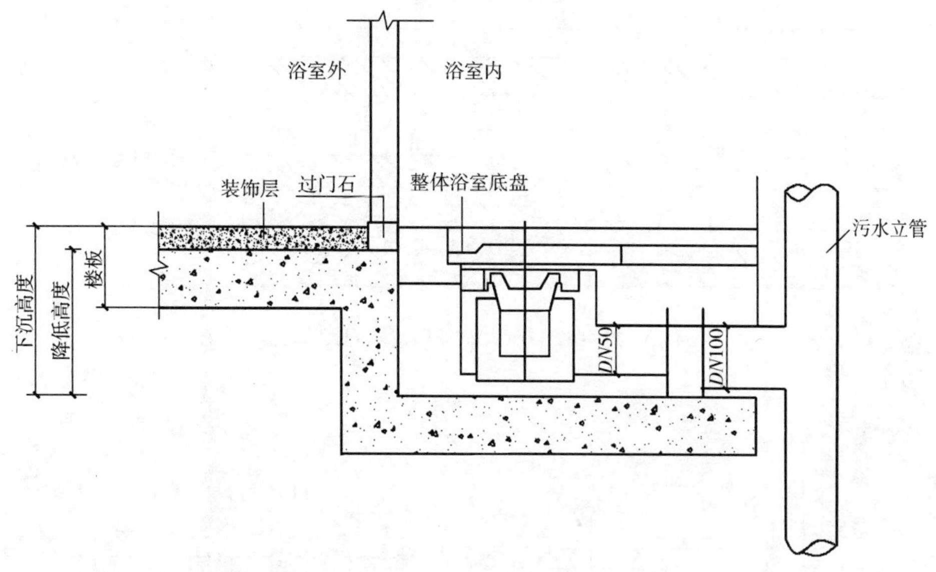

图 4-41　无架空地面局部楼板下降高度

56. 采用地暖时如何设计地面构造？

关于采用地暖时，装配式建筑行业标准给出了地面和楼板的构造设计要求。

1）《装规》中规定：当采用地面辐射供暖时，地面和楼板的设计应符合现行行业标准《地面辐射供暖供冷技术规程》JGJ 142 的规定（5.4.10）。

①直接与空气接触的楼板或与不供暖房间相邻的地板作为供暖辐射地面时，必须设置绝热层。

②与土壤接触的底层地面作为供暖辐射地面时，应设置绝热层。设置绝热层时，绝热层与土壤之间应设置防潮层。

③潮湿房间的混凝土填充式供暖地面的填充层、预制沟槽保温板或预制轻薄供暖板供暖地面的面层下，应设置隔离层。

2）低温热水地面辐射供暖系统的隔热材料应采用难燃或不燃且具有足够承载力的材料，实际工程常用的材料为难燃聚苯乙烯板，导热系数为 0.028W/(m·k)。采用地暖一般需要在结构面上高 100mm 后是建筑完成面。

①采用的干法作业施工设计的地暖构造示意图如图 4-42 所示。干式工法是指采用干作业施工的建造方法。

②采用的湿作业施工法设计的地面构造示意图如图 4-43、图 4-44 所示。

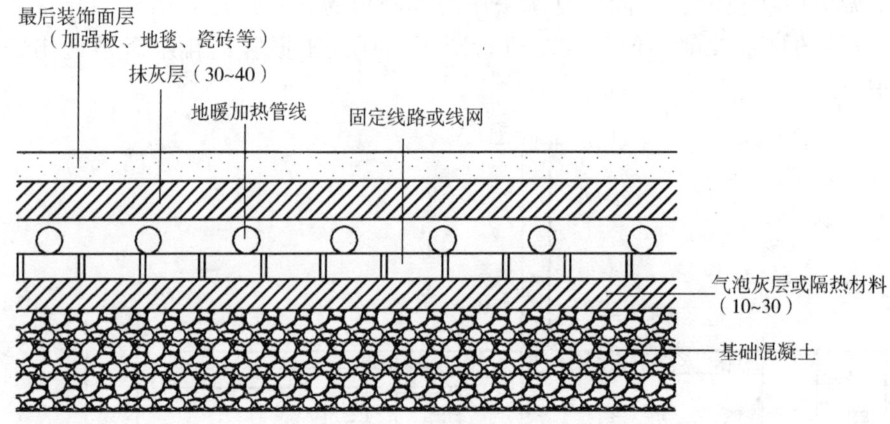

图 4-42　干法地暖构造示意图

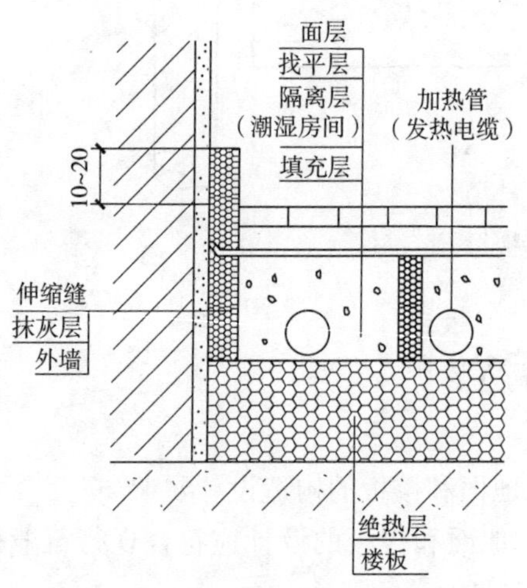

图 4-43　楼层的湿法地暖构造示意图

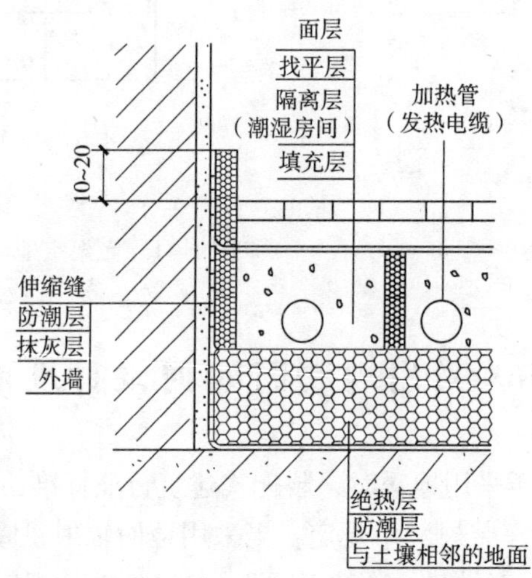

图 4-44　与土壤相邻的湿法地暖构造示意图

57. 如何进行 PC 建筑门窗设计？

建筑物的门窗，特别是外窗，不仅是建筑设计中要满足采光功能的很重要的方面，也是构成建筑形象、建筑艺术、建筑个性化的重要要素。

1）装配式一般而言希望简单的便于工业化生产的建筑，而且多数建筑也是遵循了这个原则。我国的装配式建筑行业标准也是做出了如下规定：门窗洞口宜上下对齐、成列布置，其平面布置和尺寸应满足结构受力及预制构件设计要求；剪力墙结构中不宜采用转角窗。

2）窗户是满足使用者要求和建筑形象的重要要素，不能要求所有建筑都千篇一律。例如，上海要求住户要有飘窗；而有的建筑需要通过拱券窗洞进行后现代主义的表达，详见本书第 1 章中图 1-48；装配式建筑在实现个性化建筑要求上反倒更有优势，更便利。

还有的建筑需要考虑太阳能的副作用，主要是炎热地区夏日日晒，美国凤凰城图书馆就采用了可自动调节的防日晒系统，详见图 4-45。设计师把防日晒装置设计成风帆型，风帆可随日照方向的变化自动调节角度，不仅防日晒效果好，还有非常好的艺术效果，是建筑节能美学的经典作品。

3）装配式建筑的窗户既可以突出墙面，如飘窗；也可以是凹入墙体的，如日本的建筑多数都是凹入式的。贝聿铭设计的费城社会岭公寓的窗户就是凹入式的，详见图 4-46。装配式建筑的窗户形成一般是墙体门窗一体化的，国外的剪力墙结构不多，这种门窗一体化的墙板并不多，多是通过主梁的尺寸来调整窗户。但不能为此把柱、梁尺寸调整的过大，还有一种办法是采用袖板、腰板。横向窗见本章第 48 问中图 4-10 福冈日航酒店。

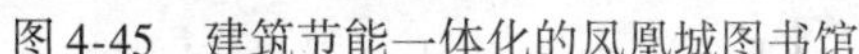
图 4-45　建筑节能一体化的凤凰城图书馆

图 4-46　费城社会岭公寓

4）关于外围护建筑门窗的具体构造和构件之间的连接设计见第 6 章的外围护设计。

58. 如何进行 PC 建筑外墙保温设计？

对于外墙外保温而言，PC 建筑常用的保温方式是夹心保温板（“三明治板”），这也是欧美装配式建筑常用的保温方式。夹心保温板的具体构造设计详见第 6 章第 112 问。

日本 PC 建筑大多采用外墙内保温方式，“三明治板”在日本很少用。

（1）目前外墙保温存在的问题

目前我国大多数住宅采用外墙外保温方式，将保温材料（聚苯乙烯板）粘在外墙上，挂玻纤网抹薄灰浆保护层。

外墙外保温具有保温节能效果好、不影响室内装修的优点，但目前的粘贴抹薄灰浆的方式存在 3 个问题：

1）薄壁保护层容易裂缝和脱落，这是常见的质量问题。

2）保温材料本身也会脱落，已经发生过多起脱落事故。

3）薄壁灰浆保护层防火性能不可靠，有火灾隐患。已发生过多起保温层着火事故。

(2) 夹心保温板(“三明治板”)

夹心板保温板国外叫作“三明治板”，由钢筋混凝土外叶板、保温层和钢筋混凝土内叶板组成，是建筑、结构、保温、装饰一体化墙板。

外墙外保温构造中没有空气层，结露区在保温层内，时间长了会导致保温效能下降。

夹心保温板内叶板和外叶板是用拉结件连接的，与保温层黏接没有关系，如此，外叶板内壁可以做成槽形，在保温板与外叶板之间形成空气层，以结露排水，这是夹心保温板的升级做法，对长期保证保温效果非常有利。

(3) 国内有科研机构和企业研发了PC建筑保温新做法，双层轻质保温外墙板和无龙骨锚栓干挂装饰面板

1) 双层轻质保温外墙板。双层轻质保温外墙板是用低导热系数的轻质钢筋混凝土制成的墙板，分结构层和保温层两层。结构层混凝土强度等级C30，质量密度1700kg/m³；导热系数λ约为0.2W/(m·K)，比普通混凝土提高了隔热性能；保温层混凝土强度等级C15，质量密度1300~1400kg/m³，导热系数λ约为0.12W/(m·K)。结构层与保温层钢筋网之间有拉结钢筋。保温层表面或直接涂漆，或做装饰混凝土面层，见图4-47。

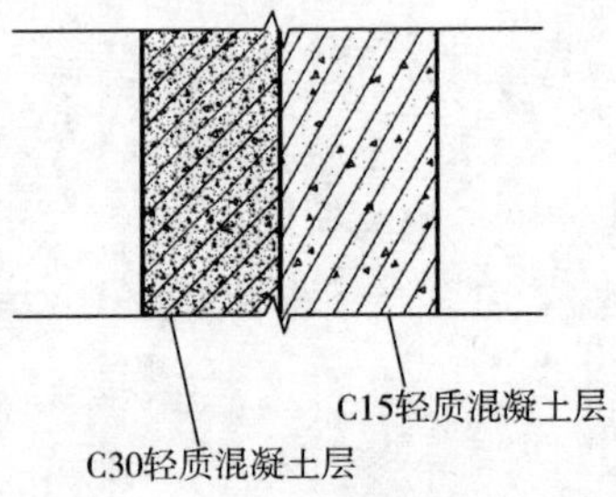

图4-47 双层轻质保温外墙板构造

双层轻质保温外墙板的优点是制作工艺简单，成本低。双层轻质保温外墙板用憎水型轻骨料，可用在不是很寒冷的地区。

2) 无龙骨锚栓干挂装饰面板。无龙骨锚栓干挂装饰面板就是在保温层外干挂石材或装饰混凝土板，但不用龙骨。

由于PC墙板具有比较高的精度，可以在制作时准确埋置内埋式螺母，由此，干挂石材或装饰混凝土板可以省去龙骨，干挂石材的锚栓直接与内埋式螺母连接，见图4-48、图4-49。

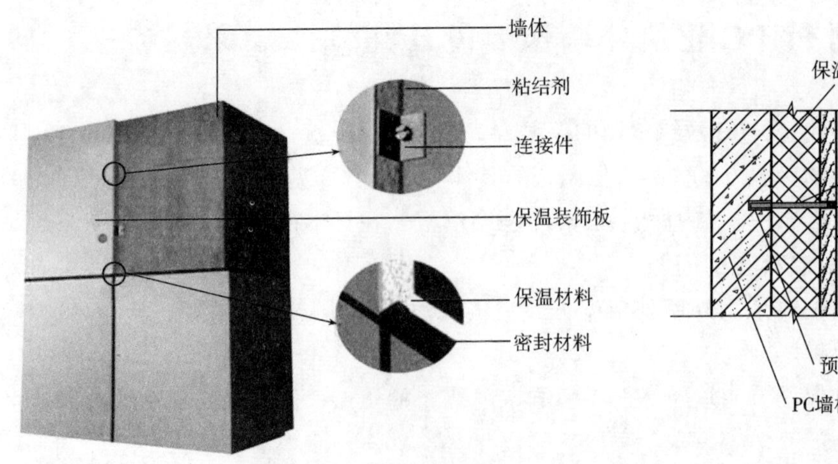

图4-48 无龙骨锚栓干挂装饰面板

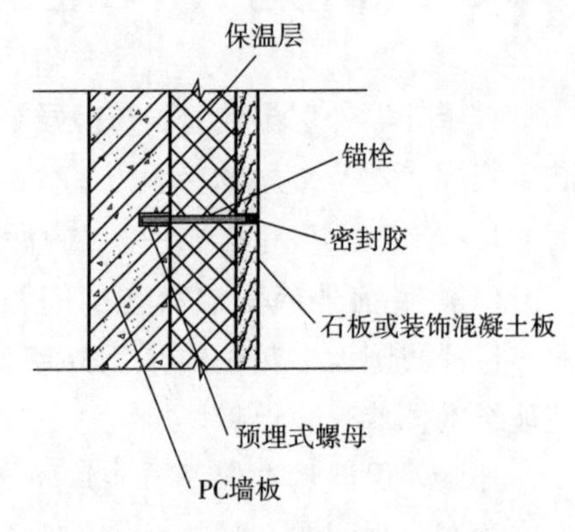

图4-49 无龙骨锚栓干挂保护层

无龙骨锚栓保护板方式与夹心保温墙板比较，由于没有外叶板，减轻了质量。与传统的保温层薄壁抹灰方式比较，不会脱落，安全可靠。与有龙骨幕墙比较，节省了龙骨材料和安装费用。干挂方式保温材料可以用岩棉等 A 级保温材料。此种方法仅限于石材幕墙或装饰混凝土幕墙。

(4) 保温防火构造

夹心保温板使用 B 级保温材料时，为更好地提高防火性能，也可在窗口、板边处用 A 级保温材料封边，宽 100mm；在墙板连接节点塞填 A 级保温材料，详见图 4-50。其中，窗口部位应当是加强防火措施的重点部位。

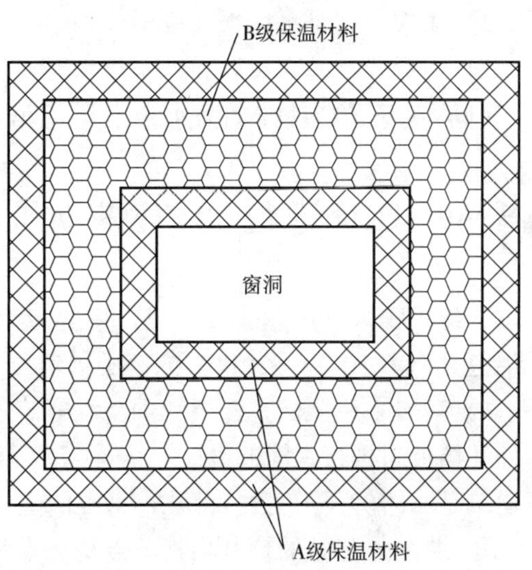

图 4-50 夹心保温板窗口和边缘 A 级保温材料封边示意图

(5) 日本的外墙内保温

日本建筑外墙保温目前绝大多数采用外墙内保温方式。虽然政府也推广外墙外保温，但仅在北海道有应用。由于日本的采暖与空调都是以户为单元开启和计量，外墙内保温方式似乎更精确一些。由于日本住宅都是精装修，顶棚吊顶、地面架空，内壁有架空层，外墙内保温在顶棚、地面防止热桥的构造不存在影响室内空间问题。户与户之间的隔墙也有保温层。

59. 如何进行 PC 建筑防水设计？

建筑物的防水主要是屋顶和外墙，我们先来介绍一下屋顶的防水设计。

(1) 对于装配式建筑而言，屋顶分为三种情况

1）第一种是顶层现浇，我国现行规范对装配式建筑要求顶层全现浇，因此，屋顶的防水构造与现浇相同，无需再特殊考虑。

2）第二种是顶层虽未现浇，但是叠合楼板，装配后浇筑形成整体，防水构造也与现浇相同。

3）第三种是屋盖是装配式的，或者虽然是叠合现浇，但对变形等不放心，所以在防水这里再做处理。如多层和低层的小建筑、薄壳结构、悬索结构等，屋盖都是直接装配，不再进行叠合浇筑。对于这几种情况，要对构造之间的缝进行防水处理。

(2) 装配式建筑的墙体的防水处理有以下这几种情况

1）外挂墙板的接缝需要做防水处理。

2）剪力墙外叶板的防水处理，其内叶板横向有圈梁，竖向有后浇混凝土，都有连接，但保温层的外叶板的板缝需要做防水处理。

3）门窗的防水处理，包括由 PC 构件拼接式的门窗，PC 构件之间的缝和门窗与 PC 构件的缝都需要做防水处理。

(3) 装配式建筑行业标准《装规》关于防水设计有如下要求：预制外墙板的接缝

及门窗洞口等防水薄弱部位宜采用材料防水和构造防水相结合的做法，并应符合下列规定（5.3.4）：

1）墙板水平接缝宜采用高低缝或企口缝。

2）墙板竖缝可采用平口或槽口构造。

3）当板缝空腔需设置导水管排水时，板缝内侧应增设气密条密封构造。

（4）关于PC墙体的防水节点详见第6章第109问。

60. 如何进行PC建筑防火设计?

装配式建筑行业标准《装规》中规定建筑防火设计应符合现行国家标准《建筑防火设计规范》（GB 50016—2014）的有关规定。

1）一般来说装配式建筑和现浇混凝土建筑之间的不同主要是在外挂墙板，装配式建筑的外挂墙板与楼板之间的缝、与层间板之间的缝、与梁柱之间的缝需要做防火处理，而现浇建筑是一体的，不需要再做防火处理。

2）装配式建筑的预制构件节点构造设计时，外漏部位应采取防火保护措施。预制外墙板作为围护结构，应与各层楼板、防火墙、隔墙相交部位设置防火封堵措施，封堵构造的耐火极限应满足现行国家建筑设计防火规范。

3）采用预制混凝土夹心保温外墙时，墙体同时兼有保温的作用。此类墙体的耐火极限应符合建筑防火规范中对建筑外墙的防火要求。节点构造设计应注意适用的地域范围。如果在地方标准中，防火、防水、隔声、保温等要求严于国家标准，可按照地方标准的规定执行。

4）关于剪力墙外墙板和PC外挂墙板板缝的防火设计详见第6章第111问。

61. 隔墙预留电气设备如何进行隔声与防火处理?

装配式建筑行业标准《装规》中提出隔墙预留电器设备时应采取有效措施满足隔声及防火的要求。

隔墙预留电气设备时，设备管线穿过结构墙体上须设计预留洞孔，若是设备管线穿墙处有防火要求时，需加设套管，套管应选用金属套管。墙内预埋套管两端要与饰面相平，预埋套管与管道之间缝隙宜用玻璃棉、岩棉、石棉绳等阻燃密实材料填实，外抹水泥砂浆，且保证套管端面应光滑。管道的接口不得设在套管内。另外也要做好隔声处理。

1）管道穿越墙体的消声处理方法见图4-51，所选用的消声材料为离心玻璃棉，密度介于24~48kg/m^3。

2）风管穿防火墙防火阀安装示意图，见图4-52。

3）母线穿墙防火封堵，见图4-53。

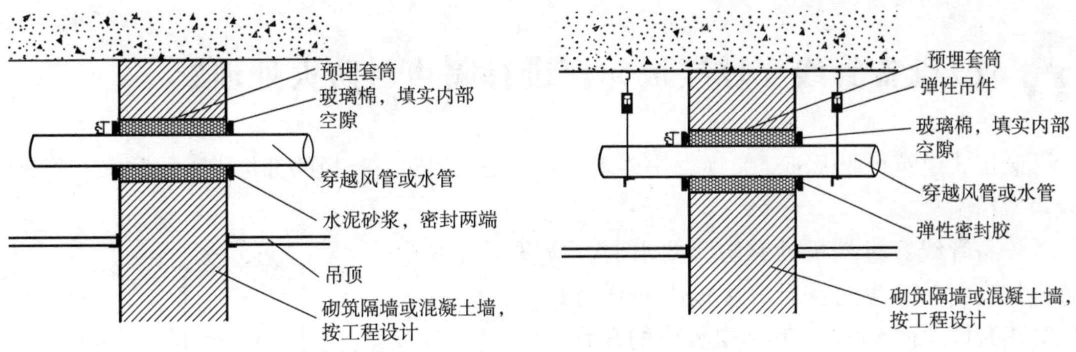

图 4-51　管道穿越墙壁消声处理

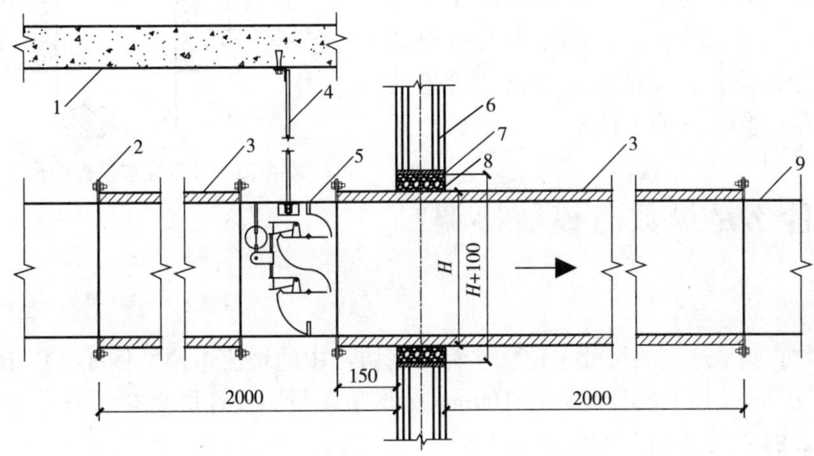

图 4-52　风管穿防火墙防火阀安装示意图

1—楼板　2—法兰　3—钢板　4—吊杆　5—防火阀　6—墙体　7—套管　8—石棉绳　9—风管

4）电气管道防火封堵做法，见图 4-54。电线管穿过防火墙时要采用防火封堵措施，距墙 1m 内的钢管应外涂防火涂料。

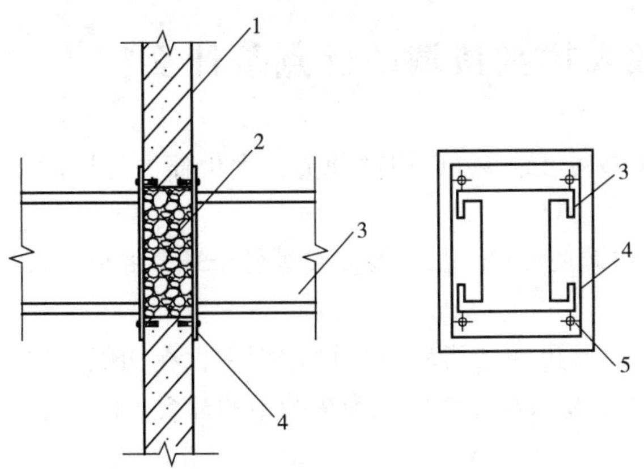

图 4-53　母线穿墙防火封堵图

1—墙体　2—防火封堵材料　3—封闭母线

4—防火隔板　5—固定螺栓

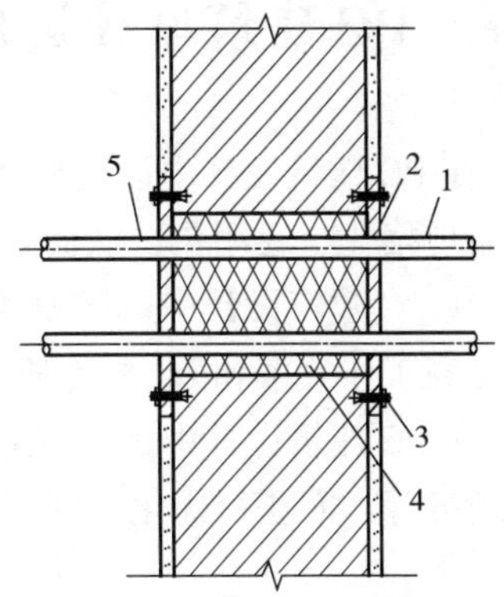

图 4-54　电气管道防火封堵示意图

1—钢管　2—防火隔板　3—膨胀螺栓

4—防火封堵材料　5—管口内防火封堵材料

62. 设备管线穿过楼板如何进行隔声与防火处理？

装配式建筑行业标准《装规》中要求：对设备管线穿过楼板的部位应采取防水、防火、隔声等措施。

设备管线穿过楼板处有防火要求时，应设置金属套管。卫生间及厨房楼板内的套管顶部应高出装饰地面50mm，其他楼板内的套管顶部应高出装饰地面20mm；底部应与楼板底面相平。穿过楼板的套管与管道之间缝隙应用玻璃棉、岩棉、石棉绳、防火泥等阻燃密实材料填充，外抹水泥砂浆，且保证端面光滑，管道的接口不得设在套管内，见图4-55。

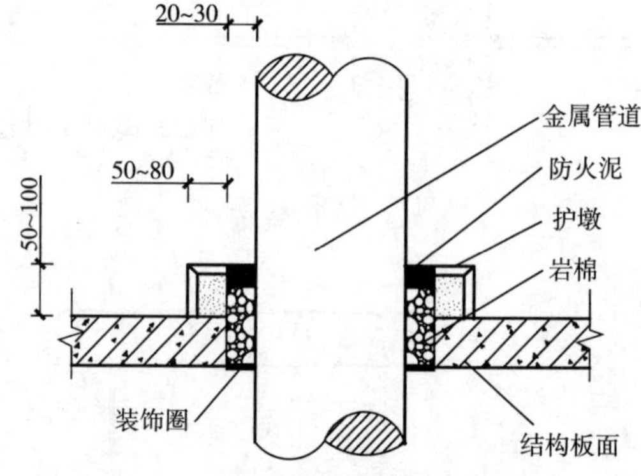

图4-55　管道穿过楼板防火示意图

63. 什么是模数与模数协调？

（1）模数

所谓模数，就是选定的尺寸单位，作为尺度协调中的增值单位。例如，以100mm为建筑层高的模数，建筑层高的变化就以100mm为增值单位，设计层高有2.8m、2.9m、3.0m高，而不是2.84m、2.96m、3.03m……

以300mm为跨度变化模数，跨度的变化就以300mm为增值单位，设计跨度有3m、3.3m、4.2m、4.5m，而没有3.12m、4.37m、5.89m……

（2）模数协调

模数协调是应用模数实现尺寸协调及安装位置的方法和过程。

64. PC建筑设计运用模数及模数协调的优点是什么？

1）在PC建筑设计中运用模数及模数协调可减少PC构件种类，优化部件的尺寸，使部件部品规格化、通用化，从而降低成本。

2）在PC建筑设计中运用模数及模数协调使设计、加工及安装等各个环节的配合简单、明确，提高工作效率和PC构件质量。

3）在PC建筑设计中运用模数及模数协调可保证房屋在建设过程中，在功能、质量、技术和经济等方面获得优化，促进房屋建设从粗放型生产转化为集约型的社会化协作生产。

65. PC建筑模数化有什么目标？

装配式建筑模数化设计的目标是实现模数协调，具体目标包括：

1）实现设计、制造、施工各个环节和建筑、结构、装饰、水电暖各个专业的互相协调。

2）对建筑各部位尺寸进行分割，并确定各个一体化部件、集成化部件、PC 构件的尺寸和边界条件。

3）尽可能实现部品、构件和配件的标准化，如用量大的叠合楼板、预应力叠合楼板、剪力墙外墙板、剪力墙内墙板、楼梯板等板式构件，优选标准化方式，使得标准化部件的种类最优。

4）有利于部件、构件的互换性，模具的共用性和可改用性。

5）有利于建筑部件、构件的定位和安装，协调建筑部件与功能空间之间的尺寸关系。

66. PC 建筑设计如何运用模数和模数协调?

所谓模数，就是选定的尺寸单位，作为尺度协调中的增值单位。模数协调是应用模数实现尺寸协调及安装位置的方法和过程。

1）装配式建筑国家标准《装标》及行业标准均要求装配式混凝土建筑应符合现行国家标准《建筑模数协调标准》（GB/T 50002—2013）的有关规定，实现建筑的设计、生产、装配等活动的相互协调，以及建筑、结构、内装、设备管线等集成设计的相互协调。

2）装配式建筑国家标准《装标》还提出部品部件尺寸及安装位置的公差协调应根据生产装配要求、主体结构层间变形、密封材料变形能力、材料干缩、温差变形、施工误差等确定（4.2.8）。

3）装配式建筑中各部分的模数及模数协调规定，应符合下列规定：

①预制构件生产和装配应满足模数和模数协调，并考虑制作公差和安装公差对构件组合的影响。

②预制构件的配筋应进行模数协调，应便于构件的标准化和系列化，还应与构件内的机电设备管线、点位及内装预埋等实现协调。

③预制构件内的设备管线、终端点位的预留预埋宜依照模数协调规则进行设计，并与钢筋网片实现模数协调，避免碰撞和交叉。

④门窗、防护栏杆、空调百叶等外围护墙上的建筑部品，应采用符合模数的工业产品，并与门窗洞口、预埋节点等协调。

67. PC 建筑的基本模数、扩大模数和分模数为多少?

基本模数是指模数协调中的基本尺寸单位，用 M 表示。建筑设计的基本模数为 100mm，也就是 1M = 100mm。建筑物、建筑的一部分和建筑部件的模数化尺寸，应当是 100mm 的倍数。扩大模数是基本模数的整数倍数分模数；分模数是基本模数的整数分数。

装配式建筑国家标准《装标》关于基本模数、扩大模数和分模数有以下规定（4.2.2 ~ 4.2.5）：

1）装配式混凝土建筑的开间或柱距、进深或跨度、门窗洞口宽度等宜采用水平扩大模数数 2*n*M、3*n*M（*n* 为自然数）。

2）装配式混凝土建筑的层高和门窗洞口高度等宜采用竖向扩大模数数列 *n*M。

3）梁、柱、墙等部件的截面尺寸宜采用竖向扩大模数数列 *n*M。

4）构造节点和部件的接口尺寸宜采用分模数数列 *n*M/2、*n*M/5、*n*M/10。

68. 装配式建筑模数化工作主要有哪些？

装配式建筑模数化设计的工作包括（但不限于）：

按照国家标准《建筑模数协调标准》（GB/T 50002—2013）进行设计。

（1）设定模数网格

1）结构网格宜采用扩大模数网格，且优先尺寸应为 2*n*M、3*n*M 模数系列。

2）装修网格宜采用基本模数网格或分模数网格。

3）隔墙、固定橱柜、设备、管井等部件宜采用基本模数网格，构造做法、接口、填充件等分部件宜采用分模数网格。分模数的优先尺寸应为 M/2、M/5。

（2）将部件设计在模数网格内

将每一个部件，包括预制混凝土构件、建筑结构装饰一体化构件和集成化部件，都设计在模数网格内，部件占用的模数空间尺寸应包括部件尺寸、部件公差以及技术尺寸所必需的空间。技术尺寸是指模数尺寸条件下，非模数尺寸或生产过程中出现误差时所需的技术处理尺寸。

1）确定部件尺寸。部件尺寸包括标志尺寸、制作尺寸和实际尺寸。

①标志尺寸是指符合模数数列的规定，用以标注建筑物定位线或基准面之间的垂直距离以及建筑部件、建筑分部件、有关设备安装基准面之间的尺寸。

②制作尺寸是指制作部件或分部件所依据的设计尺寸，是依据标志尺寸减去空隙和安装公差、位形公差后的尺寸。

③实际尺寸则是部件、分部件等生产制作后的实际测得的尺寸，是包括了制作误差的尺寸。

以宽度为一个跨度的外挂墙板为例。该跨度轴线间距为 4200mm，这个间距就是该墙板的宽度的标志尺寸；外挂墙板之间的安装缝和允许安装误差合计为 20mm，用 4200 减去这个尺寸即为该墙板的制作尺寸 4180mm。外挂墙板实际制作跨度可能又小了 5mm，墙板的实际尺寸是 4175mm。

设计者应当根据标志尺寸确定构件尺寸，并给出公差，即允许误差。

2）确定部件定位方法。部件或分部件的定位方法包括中心线定位法、界面定位法或两者结合的定位法。

①对于主体结构部件的定位，采用中心线定位法或界面定位法。

②对于柱、梁、承重墙的定位，宜采用中心线定位法。

③对于楼板及屋面板的定位，宜采用界面定位法，即以楼面定位。

④对于外挂墙板，应采用中心线定位法和界面定位法结合的方法。板的上下和左右位

置，按中心线定位，力求减少缝的误差；板的前后位置按界面定位，以求外墙表面平整。

⑤在节点设计时考虑安装顺序和安装的便利性。

69. 立面设计如何实现模数协调？

建筑的高度及沿高度方向的部件应进行模数协调，应采用适宜的模数及优选尺寸。《建筑模数协调标准》（GB/T 50002—2013）有如下规定：

1）建筑物的高度、层高和门窗洞口高度等宜采用竖向基本模数和竖向扩大模数数列，且竖向扩大模数数列宜采用 nM。

2）部件优选尺寸的确定应符合下列规定：层高和室内净高的优选尺寸系列宜为 nM。

3）建筑沿高度方向的部件或分部件定位应根据不同条件确定基准面并符合以下规定：建筑层高和室内层高宜满足模数层高和模数净高的要求。

70. 构造节点设计如何实现模数协调？

《建筑模数协调标准》（GB/T 50002—2013）3.2.4 条规定，构造节点和分部件的接口尺寸等宜采用分模数数列，且分模数数列宜采用 M/10、M/5、M/2。

构造节点是装配式建筑很重要的技术，通过构造节点的连接和组合，使得所有的构件和部品能成为一个整体。

71. 装配式剪力墙住宅适用的优选尺寸是多少？

我国大多数建筑是剪力墙结构，因此，剪力墙的优选尺寸意义重大。北京地方标准《装配式剪力墙住宅建筑设计规程》（DB11/T 970—2013）中给出了装配式剪力墙住宅适用的优选尺寸，供读者参考，详见表 4-1。

表 4-1　装配式剪力墙住宅适用的优选尺寸系列

类型	建筑尺寸			预制墙板尺寸			预制楼板尺寸	
部位	开间	进深	层高	厚度	长度	高度	宽度	厚度
基本模数	3M	3M	1M	1M	3M	1M	3M	0.2M
扩大模数	2M	2M/1M	0.5M	0.5M	2M	0.5M	2M	0.1M
类型	门洞尺寸		窗洞尺寸		内隔墙尺寸			
部位	宽度	高度	宽度	高度	厚度	长度	高度	
基本模数	3M	1M	3M	1M	1M	2M	1M	
扩大模数	2M/1M	0.5M	2M/1M	0.5M	0.2M	1M	0.2M	

注：1. 楼本厚度的优选尺寸序列为 80mm、100mm、120mm、150mm、160mm、180mm。

2. 内隔墙厚度优选尺寸序列为 60mm、80mm、100mm、120mm、150mm、180mm、200mm，高度与楼板的模数序列有关。

3. 本表中 M 是模数协调的最小单位，1M = 100mm（以下同）。

72. 集成式厨房的优选尺寸是多少?

装配式建筑国家标准提出了集成式设计原则，集成式厨房是装配式建筑中一个很重要的部品部件（见图4-56），因此，《装标》的条文说明中给出了集成式厨房的常用优选尺寸，详见表4-2。

图4-56 集成式厨房

表4-2 集成式厨房的优选尺寸 (mm)

厨房家具布置形式	厨房最小净宽度	厨房最小净长度
单排型	1500（1600）/2000	3000
双排型	2200/2700	2700
L形	1600/2700	2700
U形	1900/2100	2700
壁柜型	700	2100

73. 集成式卫生间的优选尺寸是多少?

装配式建筑国家标准《装标》条文说明中给出了集成式卫生间的常用优选尺寸，详见表4-3。

表4-3 集成式卫生间的优选尺寸 (mm)

卫生间平面布置形式	卫生间最小净宽度	卫生间最小净长度
单设便器卫生间	900	1600
设便器、洗面器两间洁具	1500	1550
设便器、洗浴器两间洁具	1600	1800
设三件洁具（喷淋）	1650	2050
设三件洁具（浴缸）	1750	2450
设三件洁具无障碍卫生间	1950	2550

74. 楼梯的优选尺寸是多少?

装配式建筑国家标准《装标》条文说明中给出了楼梯的常用优选尺寸，详见表4-4。

表 4-4　楼梯的优选尺寸　（mm）

楼梯类别	踏步最小宽度	踏步最大高度
共用楼梯	260	175
服务楼梯，住宅套内楼梯	260	200

75. 门窗的优选尺寸是多少？

装配式建筑国家标准《装标》条文说明中给出了门窗洞口的常用优选尺寸，详见表 4-5。

表 4-5　门窗洞口的优选尺寸　（mm）

类　别	最小洞宽	最小洞高	最大洞宽	最大洞高
门洞口	700	1500	2400	23（22）00
窗洞口	600	600	2400	23（22）00

76. PC 建筑采用什么定位方法？

装配式建筑国家标准《装标》提出装配式混凝土建筑的定位宜采用中心定位法与界面定位法相结合的方法（见图 4-57、图 4-58）。对于部件的水平定位宜采用中心定位法，部件的竖向定位和部品的定位宜采用界面定位法。

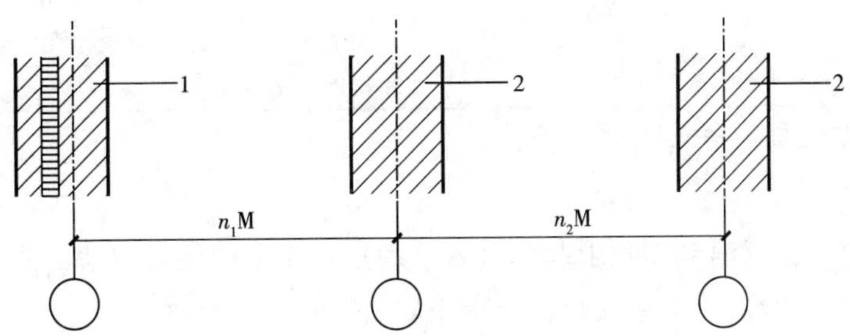

图 4-57　采用中心定位法的模数基准面

1—外墙　2—柱、墙等部件

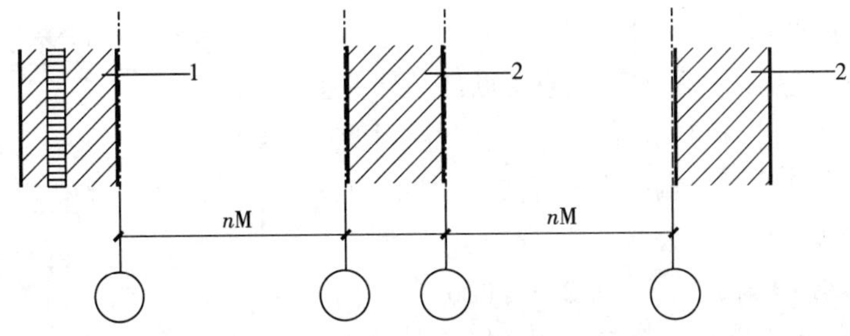

图 4-58　采用界面定位法的模数基准面

1—外墙　2—柱、墙等部件

部件一般指结构部件，竖向定位比如楼板标高、柱子的高度，可以采用界面定位法；部品是指集成式厨房等，采用界面定位法也没问题。但是剪力墙外墙应该是采用中心定位法与界面定位法相结合的方法，因为外墙墙面要平整，采用界面定位，沿着墙线的方向需要中心定位，来两边分摊误差。直接做建筑表皮的装饰的清水混凝土外墙柱和装饰一体化柱梁墙面方向也是采用界面定位法。

77. 如何确定 PC 构件和建筑部件的公差？

以 PC 构件为例，设计时应考虑各环节的允许公差，即允许误差。包括以下三种：

1）制作误差。装配式建筑国家标准《装标》给出了构件制作允许公差，详见表 4-6。

表 4-6　预制构件模具尺寸的允许偏差和检验方法

项次	检验项目、内容		允许偏差/mm	检验方法
1	长度	≤6m	1，-2	用尺量平行构件高度方向，取其中偏差绝对值较大处
		>6m 且≤12m	2，-4	
		>12m	3，-5	
2	宽度、高(厚)度	墙板	1，-2	用尺测量两端或中部，取其中偏差绝对值较大处
3		其他构件	2，-4	
4	底模表面平整度		2	用 2m 靠尺和塞尺量
5	对角线差		3	用尺量对角线
6	侧向弯曲		L/1500 且≤5	拉线，用钢尺量测侧向弯曲最大处
7	翘曲		L/1500	对角拉线测量交点间距离值的两倍
8	组装缝隙		1	用塞片或塞尺量测，取最大值
9	端模与侧模高低差		1	用钢尺量

注：L 为模具与混凝土接触面中最长边的尺寸。

2）施工安装公差。

3）位形公差：包括温度变化引起的公差、地震作用下的层间位移，温度变形和地震位移要求的是净空间，所以，密封胶或胶条压缩后的空间才是有效的。

接缝的宽度应满足主体结构层间变形、密封材料变形能力、施工误差、温差引起变形等的要求。接缝缝宽计算公式详见本书第 6 章第 108 问。

此外装配式建筑国家标准《装标》及《建筑模数协调标准》也分别做出了以下规定：

1）《装标》中规定：装配式建筑应遵循部品部件生产和装配的要求，考虑主体结构层间变形、密封材料变形能力、材料干缩、施工误差、温差变形等要求，实现建筑部品部件尺寸以及安装位置的公差协调（4.2.8）。

2）《建筑模数协调标准》（GB/T 50002—2013）中规定，部件的尺寸在设计、加工和安装过程中的关系应符合下列规定（图 4-59）：

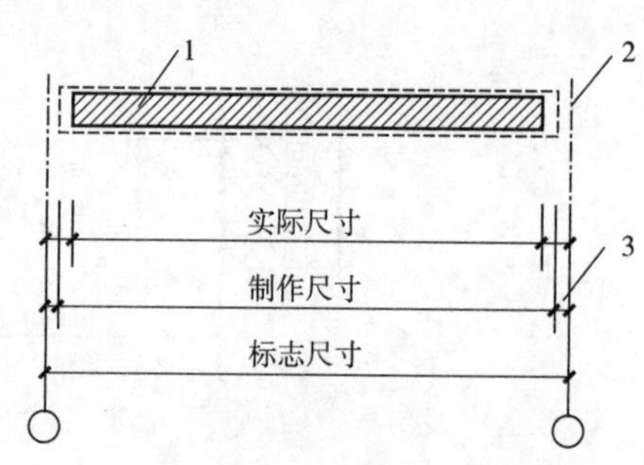

图 4-59　部件的尺寸

1—部件　2—基准面　3—装配空间

①部件的标志尺寸应根据部件安装的互换性确定，并应采用优选尺寸系列。

②部件的制作尺寸应由标志尺寸和安装公差决定。

③部件的实际尺寸和制作尺寸之间应满足制作公差的要求。

78. 什么是模块与模块组合?

所谓模块是指建筑中相对独立，具有特定功能，能够通用互换的单元。

1）装配式建筑国家标准《装标》中提出装配式混凝土建筑应采用模块及模块组合的设计方法，遵循少规格、多组合的原则（4.3.1）。

2）每种模块具有相对独立的功能，并可相对独立地进行设计、生产和安装。不同模块之间通过有效连接，形成建筑整体。

装配式建筑设计是包括建筑系统、结构系统、外围护系统、内装系统和设备与管线系统这几个系统进行集成，建筑系统、内装系统和设备与管线系统这三个系统实现模块化设计是比较容易的，如隔墙系统中 ALC 墙板、集约式表箱、集中式厨房等都比较容易实现。结构体系中比较容易实现模块化设计的有预应力楼板，其他的结构构件由于建筑风格的复杂性比较难实现模块的互换性。

79. 如何进行模块化设计?

装配式建筑的部品部件及部品部件的接口宜采用模块化设计。

1）关于模块化设计，装配式建筑国家标准《装标》有如下规定：

①对于公共建筑，应采用楼电梯、公共卫生间、公共管井、基本单元等模块进行组合设计（4.3.2）。

②对于住宅建筑，应采用楼电梯、公共管井、集成式厨房、集成式卫生间等模块进行组合设计（4.3.3）。并设置满足功能要求的接口。

③关于装配式混凝土建筑的部品部件的接口要求应采用标准化接口（4.3.4）。统一接口的几何尺寸、材料和连接方式，实现直接或间接连接。

2）装配式混凝土结构建筑设计宜采用模块化设计方法，结合建筑功能、形式、空间特色、结构和构造要求，考虑工厂加工和现场装配的要求，合理划分模块单元。模块单元应具备某一种或几种建筑功能，适用于使用需求，还应满足下列要求：

①模块应进行精细化、系列化设计，模块间应具备相应的逻辑关系，并通过统一的接口，实现多种不同模块的多样化组合。

②模块应采用模数化的部品部件，模块的组合和集成应符合模数协调的要求。

③模块应实现结构、外围护、内装、设备管线的系统集成。

80. 如何进行标准化设计?

装配式建筑的部品部件及部品部件的连接应采用标准化、系列化的设计方法，主要包括：

1）尺寸的标准化。只有尺寸标准了，才可以进行互换。

2）规格系列的标准化。例如，预应力叠合板，板的跨度和板的肋高、厚度、配筋都是相对应的。

3）接口的标准化。安装方法的构造、部品的接口的标准，例如，集成式的卫生间，它与现场给水排水的接口是标准的，就可以互换。

81. 哪些部品部件宜采用工业化、标准化产品？

实行标准化是个大的发展方向，但是要意识到装配式建筑受运输条件的限制、受各地的习俗影响、受气候环境的影响，地域性很强，所以不能千篇一律都搞大范围的标准化。标准化要有一个适宜的区域范围，在这个范围内寻求标准化，使建筑艺术的个性化、习惯的个性化、资源条件的个性化以及地域个性化都能得到照顾。其中，配件、接口可以实现标准化，例如，内置螺母、套筒的标准化；以及对艺术性不强和民俗关联不大的构件可以标准化，楼板等可以标准化。对受运输的限制、受地方材料限制、受气候民俗环境限制少的部品部件、配件和连接方式应当大范围标准化，对这些影响大的可以小范围的标准化。

装配式建筑行业标准《装规》关于宜采用工业化、标准化产品的部品部件如下：建筑的围护结构以及楼梯、阳台、隔墙、空调板、管道井等配套构件、室内装修材料、储藏系统、整体厨房、整体卫生间、地板系统等。

此外，根据对世界各国装配式建筑的了解和我们自身的思考，可采用的工业化、标准化部品部件比较多且比较成熟的还包括以下：

1）楼板：例如，美国、欧洲的双T板、空心板和叠合楼板为标准化产品，日本的双T板和叠合楼板也是标准化产品。

2）连接件：构件常用的连接件采用标准化产品，如内置螺母，这样用户不用单独设计，可直接选型，带来极大的方便，并降低了成本。

3）构造构件：女儿墙、挑檐板、遮阳板等标准化产品。

4）内装系统部件：内隔墙系统的标准化产品。

ALC板：是指蒸压轻质加气混凝土板，常用于20m以下、6层以下的外墙板。主要用于梁柱体系结构及走廊和楼梯间。凹入部位外墙也可用ALC板，见图4-60和本章第53问中图4-36。

图4-60　凹入式阳台ALC轻体外墙连接细部

82. 如何解决标准化与建筑个性化的矛盾?

建筑不仅要解决功能问题，还要解决建筑艺术性的问题。没有个性就没有艺术，不能将建筑都设计成千篇一律的样子。既要标准化又要实现艺术化、个性化是建筑师的一个重要任务。

1）美国著名大师山崎实在 50 年代设计的由 33 栋装配式建筑组成的廉租房社区，位于美国中部城市圣路易斯市。这 33 栋楼都是一个模样，14 层板式公寓简化到了极点，只考虑最起码的居住功能。18 年后，也就是 1978 年，开发商只好决定炸掉它重新建设。这个事件是建筑工业化的一个警钟，不能因为标准化，把建筑的艺术性牺牲了。

2）目前国际上做的比较成功的是结构构件的标准化，如叠合板、预应力板、双 T 板等，装配式在这个领域较大程度地实现了标准化。但在外围护结构建筑表皮这方面往往是个性化比较突出，而且会特别利用装配式建筑的特性，在模具化生产实现艺术便利的情况下实现个性化。

山崎实设计的普林斯顿大学罗宾逊楼（详见本书第 1 章中图 1-52）的四周是柱廊，既简洁又有风韵的现代风格变截面的柱子是用白色装饰混凝土预制而成的。由于四周柱廊的柱截面都是相同的，这样模具开模量就不会太贵。

山崎实设计的詹姆斯馆也是一座装配式混凝土建筑，但个性化、艺术性十足，是山崎实典雅主义的代表作品，详见图 4-61。

图 4-61　哈佛大学詹姆斯馆

3）国外标准化与艺术性结合的比较好的还有就是小建筑，国外的别墅基本都是标准化的，只是在户型布置、建筑形体、建筑表皮上有变化，实现了结构构件、连接件、连接构造的标准化，这样的装配式建筑既是标准化的，又不是千篇一律的。

83. 如何把制作、施工环节对 PC 构件的要求体现在设计中?

装配式建筑需要各个环节的密切协同，PC 构件的制作、安装对设计拆分有约束，因为在制作和施工过程中，PC 构件有一些需要的预埋件，包括脱模、翻转、安装、临时支撑、调节安装高度、后浇筑模板固定、安全护栏固定等预埋件，都要提前预埋在构件中，而只有在设计时提前考虑，否则构件制作后现场无法安装。所以装配式建筑设计与现浇建筑设计很大的区别是，设计师必须充分了解制作、安装环节对 PC 构件的要求是什么。

1）装配式建筑设计在前期规划与方案设计阶段，就要与制作、施工企业进行认真的讨论互动，了解各环节的需求。

2）在施工图阶段，应当由制作、施工安装企业以书面的形式提出各自环节详细的要求，避免遗漏，设计师尽可能地将这些要求在施工图中实现，若是实现不了，再进行讨论，总结出可行性的办法。

3）在设计图完成后审图交底阶段，应当与制作、施工安装企业进行细致的互动，并提出意见，避免出错或遗漏。

4）装配式建筑设计人员，特别是建筑和结构设计人员需对装配式建筑的制作、施工安装有所了解，如此才能把这些环节的要求更好地体现在设计中。

5）专题讨论。

①与工厂、施工安装企业确认适宜的规格尺寸和质量的构件。

②构件造型和拆分设计对于工厂制作、工地安装的便利性。例如，有些构件造型不便于拆模；有些构件里的钢筋、埋件等太拥挤无法保证质量；有些构件浇筑空间小无法作业。这些问题只有设计通过与制作、施工企业的互动审图才能了解。制作、运输、安装各环节需要的预埋件详见本书第 5 章表 5-1、表 5-2，不同预制构件所需各类吊点详见表 5-3。

③生产工艺不同对于构件的要求不同。例如，有自动翻转台和没有自动翻转台的制作对构件预埋件就不同，没有自动翻转台的构件就需要预埋翻转埋件；同样的外挂墙板，装饰一体化的 PC 墙板和 PC 墙板翻转需要的埋件不同。设计师只有通过与工厂沟通，连接不同的制作工艺，才能避免出错和遗漏。

84. 建筑节能设计应符合什么要求？

装配式建筑行业标准《装规》关于建筑节能设计要求：建筑的体型系数、窗墙面积比、围护结构的热工性能等符合节能要求。装配式建筑节能设计这方面与现浇建筑其他都相同，有差别的是围护结构，现浇常用的做法是外贴保温板后薄抹灰，装配式比较常用的做法是夹心保温板。夹心保温板存在的问题：

1）连接件冷桥问题。连接件本身形成的冷桥和连接件出保温层作业时周围会有空隙形成桥。

2）构件与构件之间的拼接缝会形成冷桥。

3）夹心保温构件应设置空气层。若是没有空气层，结露区在保温层内，时间长了会导致保温效能下降，详见图 4-62。

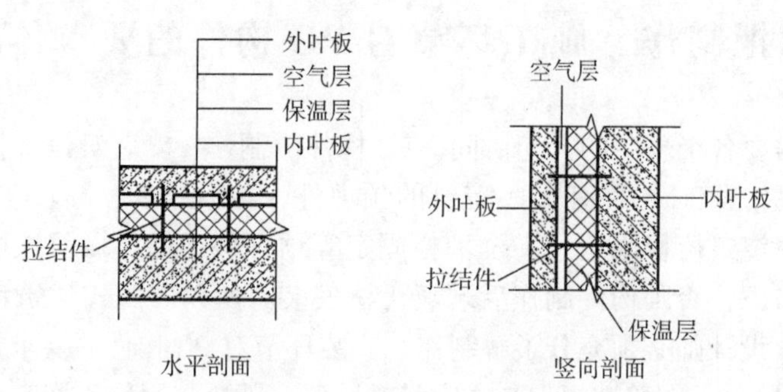

图 4-62 有空气层的夹心保温板构造

第 5 章　建筑集成设计

85. 什么是 PC 建筑系统集成？由哪些系统组成？有什么优点？

1）集成设计是建筑结构系统、外围护系统、设备与管线系统、内装系统一体化设计的意思，PC 建筑系统集成是以装配化建造方式为基础，统筹、策划、设计、生产和施工等，实现各个系统一体化的过程。

2）装配式混凝土建筑由结构系统、围护系统、设备与管线系统和内装系统四个系统组成。装配式建筑强调这四个不同系统之间的集成，及各系统内部的集成过程。例如，围护系统是包含了结构、建筑防水、外装饰、机电专业等内容，是多个系统的集成；再如，整体收纳是内装系统内部要素的组合一体化的集成。

3）PC 建筑系统集成的优点。

①提高建筑质量。

②提升效率。

③减少人工。

④减少浪费。

86. 如何进行装配式混凝土建筑集成设计？

装配式混凝土建筑集成设计有两个方面：

1）设计或选用集成化的部品部件，例如，保温装饰一体化的夹心外墙板、集成式卫生间。

2）在设计的时候要有统筹、一体化的考虑，应将结构系统、围护系统、设备与管线系统以及内装系统进行综合考虑。

例如，从建筑角度考虑，住宅在墙体踢脚板上 10 ~ 20cm 位置设置电源插头，而装配式建筑在这个高度刚好是套筒或者浆锚孔等连接节点位置，在此处埋设管线或电气线盒就会削弱墙体断面或者撞车。所以就需要各系统综合考虑，从结构方面考虑线盒位置宜上调，从建筑功能上考虑上调位置会不会存在使用不便的情况，有没有更好的位置，从埋设作业方面考虑是否容易实现，是否有拥挤情况，这些因素都需考虑周全，是集成化设计的重点。

装配式混凝土建筑集成设计不仅要求考虑使用功能和结构对装配式建筑要求的特点，还应执行国家标准《装标》4.4.2 条规定：各系统设计应统筹考虑材料性能、加工工艺、运输限制、吊装能力等要求。

87. 如何组织各专业、各环节设计协同？

所谓设计协同是指对各个专业、各个环节进行统筹考虑的一体化设计，国家标准《装标》第 2. 1. 5 条给出了设计协同的概念：装配式建筑设计中通过建筑、结构、设备、装修等专业相互配合，并用运信息化技术手段满足建筑设计、生产运输、施工安装等要求的一体化设计。

设计协同的要点是各专业、各环节、各要素的统筹考虑，但具体如何实现呢？

1）首先要改变现浇建筑各个专业相对比较松散的状态，建立以建筑工程师和结构工程师为主导的设计团队，负责协同，明确协同责任。

2）组织各专业、各环节之间的信息交流，各个阶段适应性的讨论，形成一体化的交流平台。在没有实行 BIM 的信息化技术手段的情况下建立微信等群及时交流，或者是开会讨论，或者进行单独的对接等方式，使得装配式建筑要比现浇建筑应用的多。即使使用 BIM 也是要进行设计协同，因为 BIM 工程师并不是全面的了解各专业、各环节的要点是什么，建立 BIM 模型时，需要设计、生产制作各个环节懂技术、懂管理的人员来共同提出 BIM 平台的初始条件，试运作的时候也是需要这些专业的人员来进行，需要建立这种协同的意识和机制。

88. 如何进行结构系统集成设计？

结构系统是指由结构构件通过可靠的连接方式装配而成，以承受或传递荷载作用的整体。

（1）国家标准《装标》关于结构系统集成设计有如下规定

1）宜采用功能复合度高的部件进行集成设计，优化部件规格。

2）应满足部件加工、运输、堆放、安装的尺寸和重量要求。

（2）结构系统集成设计包括以下四个方面

1）结构构件本身集成的一体化设计。如单莲藕梁及双莲藕梁，是柱与梁的集成设计，见图 5-1；另外还有把阳台板和空调板一体化的考虑。

2）结构构件与其他系统集成的一体化统筹考虑。如夹心保温构件，柱、梁、保温、瓷砖反打一体化设计，见图 5-2（万科春河里项目）。

3）结构构件在设计的时候要考虑各个环节的环境和条件，进行建筑功能性和艺术性、结构合理性、制作运输安装环节的可行性和便利性等。例如，工厂能做多大、多重的构件，工厂起重机起重能力，运输车辆限重及超宽、超高的限制等。关于装配式建筑部品部件的运输限制详见本书第 3 章中表 3-1。

4）装配式建筑各个专业、各个环节需要的预埋件最终都要汇集在结构构件当中，这个集成的任务量是非常大的，也是非常重要的。虽然它不是一个集成部件，但是要为集成提供接口和支撑，比如，现场安全架、防护栏、模板支撑等需要的埋件都需要在结构构件中预埋。

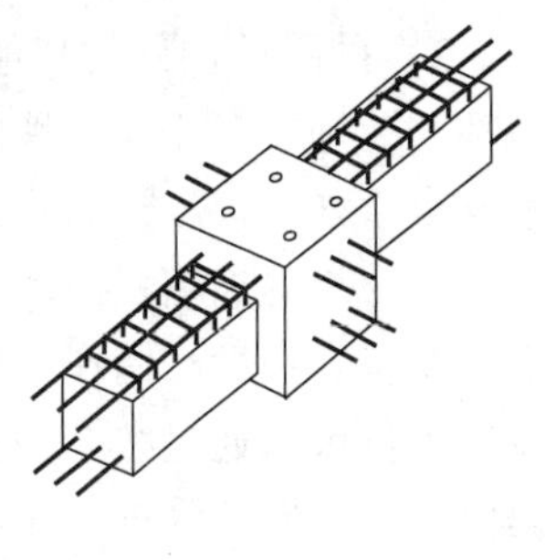

图 5-1　单莲藕梁、双莲藕梁

图 5-2　沈阳万科春河里柱、梁、保温、瓷砖反打一体化构件

89. 如何进行围护系统集成设计？

建筑外围护系统是指由建筑外墙、屋面、外门窗及其他部品部件等组合而成，用于分隔建筑室内外环境的部品部件的整体。

（1）国家标准《装标》关于外围护系统集成设计有如下规定

1）应对外墙板、幕墙、外门窗、阳台板、空调板、遮阳部件等进行集成设计。

2）应采用提高建筑性能的构造连接措施。

3）宜采用单元式装配外墙系统。

（2）外围护系统在目前装配式建筑中是属于集成率比较高的系统，该系统集成设计包括以下三个方面

1）外围护构件本身集成的一体化设计。

2）外围护构件与其他系统集成的一体化统筹考虑。例如，夹心保温板、瓷砖反打，还包括与装饰混凝土综合性的集成等，而传统的抹灰不但废工、废料，而且施工作业中存在不安全因素。

3）外围护构件在设计的时候要考虑各个环节的环境和条件，进行建筑功能性和艺术性、结构合理性、制作运输安装环节的可行性和便利性等。由于 PC 构件表面平整，幕墙所需预埋件可以通过在 PC 构件中预埋内置螺母等方式来实现，免去了幕墙龙骨，为施工安装提供了便利性并降低了成本。

90. 如何进行内装系统集成设计？

建筑内装系统是指由楼地面、墙面、轻质隔墙、吊顶、内门窗、厨房和卫生间等组合而成，满足建筑空间使用要求的整体。

（1）国家标准《装标》关于内装系统集成设计有如下规定

1）内装设计应与建筑设计、设备与管线设计同步进行。

2）宜采用装配式楼地面、墙面、吊顶等部品系统。

3）住宅建筑宜采用集成式厨房、集成式卫生间及整体收纳等部品系统。

（2）外围护系统集成设计包括以下三个方面

1）内装系统本身集成的一体化设计。传统现浇建筑在设计环节不考虑内装，都是主体结构完工后，装修公司再来进行设计施工，现在装配式建筑有了很大的变化。国家标准《装标》要求装配式建筑应实现全装修设计，装配式建筑设计的时候必须要考虑内装系统集成设计，这等于设计院增加了工作量、增加责任范围。

2）内装系统与其他系统集成的一体化统筹考虑。装配式建筑针对安装连接节点都是需要保护的，不宜采用后锚固、砸墙凿洞的方式。所以更应当进行集成化的设计，包括装配式建筑的内装部品部件在建筑设计时要进行内装饰集成的统筹考虑，明确预埋件、悬挂构件与主体结构的定位关系都要给出交代。内装可以集成的部品部件包括整体式厨房、整体式卫生间、整体式吊顶、整体式墙面或饰面与基材一体化的墙面、整体收纳、凹入式 ALC 墙板。

3）综合考虑内装系统可能需要的预埋件，包括窗帘杆如何安装、梳妆镜如何的悬挂等。

91. 如何进行设备与管线系统集成设计？

建筑设备与管线系统是指由给水排水、供暖通风空调、电气和智能化、燃气等设备与管线组合而成，满足建筑使用功能的整体。

(1) 国家标准《装标》关于设备与管线系统集成设计有如下规定

1）给水排水、暖通空调、电气智能化、燃气等设备与管线应综合设计。

2）宜选用模块化产品，接口应标准化，并应预留扩展条件。

(2) 外围护系统集成设计包括以下四个方面

1）设备与管线系统本身集成的一体化设计。例如整体式卫生间。

2）设备与管线系统与其他系统集成的一体化统筹考虑。例如，管线布置、同层排水、竖向管井位置，是否需要综合考虑建筑所选位置和结构位置。

3）设备与管线系统集成化设计过程中各种因素的统筹考虑。例如，管线的穿洞，需要考虑在结构构件的哪个位置开，考虑方便后期维护更新，还要考虑开洞位置的防火、防水、保温等，这些都需要综合考虑。

4）为其他功能提供支撑，包括预埋件。例如，贝聿铭设计的肯尼迪图书馆，墙板细节设计得非常精致，将塑料水落管设计成方形，凹入墙板接缝处，构成装饰元素，如图5-3 所示。虽然它不是一个集成部件，但却把建筑功能、排水功能、装饰功能融为一体了。

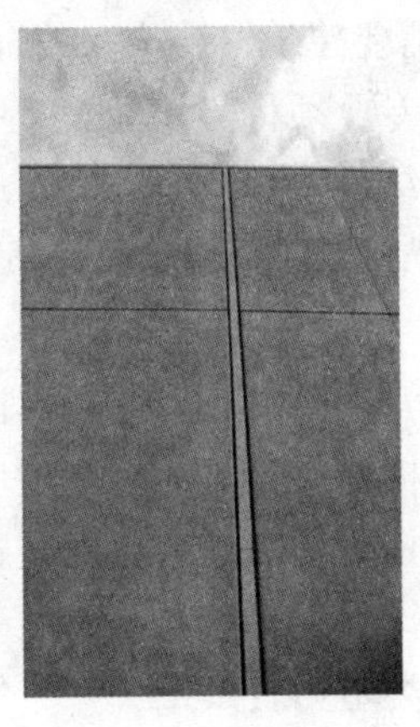

图 5-3　肯尼迪图书馆

 92. 如何进行接口与构造设计？

部品部件的接口及其相关的构造设计是装配式建筑设计非常重要的环节。

(1) 国家标准《装标》4.4.7 条针对接口及构造设计做出了下列规定

1）结构系统部件、内装部品部件和设备管线之间的连接方式应满足安全性和耐久性要求。

2）结构系统与外围护系统宜采用干式工法连接，其接缝宽度应满足结构变形和温度变形的要求。

3）部品部件的构造连接应安全可靠，接口及构造设计应满足施工安装与使用维护的要求。

4）应确定适宜的制作公差和安装公差设计值。

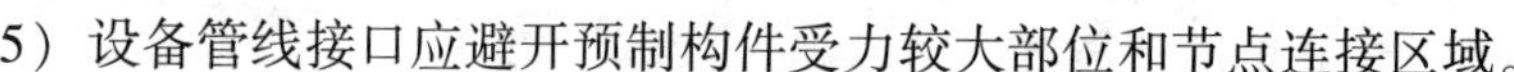

5）设备管线接口应避开预制构件受力较大部位和节点连接区域。

（2）接口与构造设计包括以下三个方面

1）接口与构造设计本身集成的一体化设计。例如，预制外墙板接缝宜采用材料防水和构造防水相结合的做法，采用槽口缝或平口缝。接缝构造和所用材料均满足接缝排水要求。

2）接口与构造设计与各系统之间集成的一体化统筹考虑。接口与构造设计要考虑生产及施工误差对部品部件安装的影响，确定适宜的公差设计值，设计的构造节点便于部品部件的更换。

3）接口与构造设计过程中各种因素的统筹考虑。例如，部品部件的接口形式选用非焊接、非热熔性的干式连接方式，便于生产、施工和维护。

93. 如何汇总各个专业预埋件、预埋物到PC构件图设计中？

PC构件设计须汇集建筑、结构、装饰、水电暖、设备等各个专业对预制构件的全部要求，在PC构件制作图上无遗漏地表示出来。

1）需要建筑、结构、装饰、水暖电气各个专业协同设计，设计好所有细节。装饰、水暖电气等专业须将与装配式有关的要求，如线盒、预埋管线、预埋件等准确定量地提供给建筑师和结构工程师。

2）结构专业拆分设计人员将建筑和其他专业所有环节对预制构件的要求集成到构件制作图中。

3）将各专业预埋件、预埋物和孔洞等埋设物等，都清晰地表达在一张或一组图上。这样避免在构件上打眼，所有预埋件都在构件制作时埋入。

4）PC构件制作图应当表达所有专业、所有环节对构件的要求，各专业预埋件、预埋物和孔洞等，都清晰地表达在一张或一组图上。不同预制构件在建筑使用阶段用的预埋件及预埋件类型见表5-1。

把所有专业的设计要求都反映到PC构件图上，并尽可能实行一图通，是保证不出错误的关键原则。汇集过程也是复核设计的过程，会发现“不说话”和“撞车”现象。

表5-1 PC建筑使用阶段预埋件一览表

阶段	预埋件用途	可能需埋置的构件	可选用预埋件类型								备注
			预埋钢板	内埋式金属螺母	内埋式塑料螺母	钢筋吊环	埋入式钢丝绳吊环	吊钉	木砖	专用	
使用阶段(与建筑物同寿命)	构件连接固定	外挂墙板、楼梯板	◎	◎							
	门窗安装	外墙板、内墙板		◎					◎	◎	
	金属阳台护栏	外墙板、柱、梁		◎	◎						

（续）

阶段	预埋件用途	可能需埋置的构件	可选用预埋件类型								备注
			预埋钢板	内埋式金属螺母	内埋式塑料螺母	钢筋吊环	埋入式钢丝绳吊环	吊钉	木砖	专用	
使用阶段（与建筑物同寿命）	窗帘杆或窗帘盒	外墙板、梁		◎	◎						
	外墙水落管固定	外墙板、柱		◎	◎						
	装修用预埋件	楼板、梁、柱、墙板		◎	◎						
	较重的设备固定	楼板、梁、柱、墙板	◎	◎							
	较轻的设备、灯具固定			◎	◎						
	通风管线固定	楼板、梁、柱、墙板		◎	◎						
	管线固定	楼板、梁、柱、墙板		◎	◎						
	电源、电信线固定	楼板、梁、柱、墙板			◎						

94. 如何汇总制作、运输、安装各环节预埋件到PC构件图设计中？

PC构件设计须汇总制作、堆放、运输、安装各个环节对预制构件的全部要求，在PC构件制作图上无遗漏地表示出来。

1）设计师要与制作厂家和施工单位技术人员进行沟通，因为在制作和施工过程中，PC构件有一些需要的预埋件，包括脱模、翻转、安装、临时支撑、调节安装高度、后浇筑模板固定、安全护栏固定等预埋件。

开口构件、转角构件为避免运输过程中被拉裂，须采用临时拉结杆。对此设计应给出要求。图5-4是一个V形墙板临时拉结杆的例子，用两根角钢将构件两翼拉结，以避免构件内转角部位在运输过程中拉裂。安装就位前再将拉结角钢卸除。需要设置临时拉结杆的构件包括断面面积较小且翼缘长度较长的L形折板、开洞较大的墙板、V形构件、半圆形构件、槽形构件等（见图5-5）。临时拉结杆可以用角钢、槽钢，也可以用钢筋。

图 5-4　V 形 PC 墙板临时拉结图

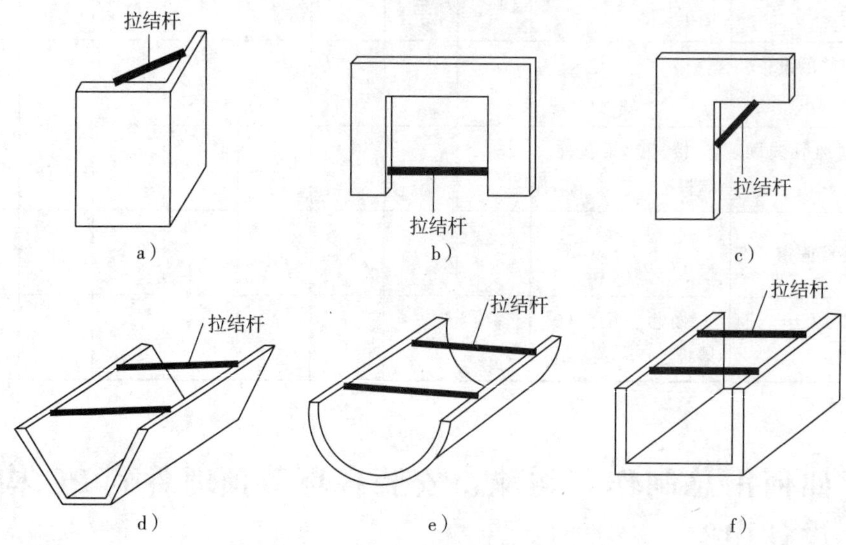

图 5-5　需要临时拉结的 PC 构件

a）L 形折板　b）开口大的墙板　c）平面 L 形板　d）V 形板　e）半圆柱　f）槽形板

2）设计预制混凝土构件制作和施工安装阶段需要的脱模、翻转、吊运、安装、定位等吊点和临时支撑体系等，确定吊点和支撑位置，进行强度、裂缝和变形验算，设计预埋件及其锚固方式。

3）将制作、运输、安装各环节需要的预埋件型号、位置、数量等，都清晰地表达在 PC 构件制作图中。不同预制构件在制作、安装阶段用的预埋件及预埋件类型见表 5-2，另外我们将不同预制构件所需各类吊点进行了汇总，详见表 5-3。

把所有制作、运输、安装各环节的要求都反映到 PC 构件图上，并尽可能实行一图通，是保证不出错误的关键原则。汇集过程也是复核设计的过程，会发现“不说话”和“撞车”现象。

表 5-2　PC 建筑制作、安装阶段用预埋件一览表

阶　段	预埋件用途	可能需埋置的构件	可选用预埋件类型								备　注
			预埋钢板	内埋式金属螺母	内埋式塑料螺母	钢筋吊环	埋入式钢丝绳吊环	吊钉	木砖	专用	
制作、运输、施工（过程用，没有耐久性要求）	脱模	预应力楼板、梁、柱、墙板		◎		◎	◎				
	翻转	墙板		◎							
	吊运	预应力楼板、梁、柱、墙板		◎		◎		◎			
	安装微调	柱		◎	◎					◎	
	临时侧支撑	柱、墙板		◎							
	后浇筑混凝土模板固定	墙板、柱、梁		◎							无装饰的构件
	脚手架或塔式起重机固定	墙板、柱、梁	◎	◎							无装饰的构件
	施工安全护栏固定	墙板、柱、梁		◎							无装饰的构件

表 5-3　PC 构件吊点一览表

构件类型	构件细分	工作状态				吊点方式
		脱模	翻转	吊运	安装	
柱	模台制作的柱子	△	○	△	○	内埋螺母
	立模制作的柱子	○	无翻转	○	○	内埋螺母
	柱梁一体化构件	△	○	○	○	内埋螺母
梁	梁	○	无翻转	○	○	内埋螺母、钢索吊环、钢筋吊环
	叠合梁	○	无翻转	○	○	内埋螺母、钢索吊环、钢筋吊环
楼板	有桁架筋叠合楼板	○	无翻转	○	○	桁架筋
	无桁架筋叠合楼板	○	无翻转	○	○	预埋钢筋吊环、内埋螺母
	有架立筋预应力叠合楼板	○	无翻转	○	○	架立筋
	无架立筋预应力叠合楼板	○	无翻转	○	○	钢筋吊环、内埋螺母
	预应力空心板	○	无翻转	○	○	内埋螺母
墙板	有翻转台翻转的墙板	○	○	○	○	内埋螺母、吊钉
	无翻转台翻转的墙板	△	◇	○	○	内埋螺母、吊钉
楼梯板	模台生产	△	◇	△	○	内埋螺母、钢筋吊环
	立模生产	△	○	△	○	内埋螺母、钢筋吊环
阳台板、空调板等	叠合阳台板、空调板	○	无翻转	○	○	内埋螺母、软带捆绑（小型构件）
	全预制阳台板、空调板	△	◇	○	○	内埋螺母、软带捆绑（小型构件）
飘窗	整体式飘窗	○	◇	○	○	内埋螺母

○为安装节点；△为脱模节点；◇为翻转节点；其他栏中标注表明共用

第 6 章　外围护系统设计

95. 什么是外围护系统？有几种类型？如何选择适宜的类型？

（1）什么是建筑外围护系统

由建筑外墙、屋面、外门窗及其他部品部件等组合而成，用于分隔建筑室内外环境的部品部件的整体。根据这个定义可知，外围护系统不仅是指外墙，还包括屋面、门窗、阳台、空调板和装饰件等。

（2）装配式建筑外围护系统的类型

1）装配式屋面系统，采用装配式屋面的类型分为以下几种：

①预制屋面板：用在工业厂房的预制屋盖、大型公共建筑悬索屋盖结构的预制屋面板、钢结构建筑预制屋面板，特别是非线性曲面造型屋面板。

②空间薄壁结构系统：包括叠合板和非叠合板，如约翰·伍重设计的悉尼歌剧院和奈尔维设计的罗马小体育宫均是钢筋混凝土薄壳建筑，见第 1 章中图 1-41 和图 1-42。

2）外墙围护系统，外墙的分类与结构体系有关：

①柱梁体系：框架结构、框-剪结构、筒体结构这种以柱、梁为主要构件的结构体系。这种结构体系的外围护结构包括：

A. 外挂墙板。

B. 条板结构。如第 4 章第 53 问中凹入部位外墙所用的 ALC 板就是条板结构。

C. 柱、梁、板本身或尺寸扩展加上玻璃窗所形成的外围护结构。如日本鹿岛公司办公楼，PC 框架结构，结构梁柱与大玻璃窗构成简洁明快的建筑表皮，详见第 1 章图 1-46。沈阳万科春河里住宅也是 PC 柱、梁与玻璃窗组成外立面详见第 3 章第 31 问。以及第 4 章第 48 问中图 4-10 福冈日航酒店的楼板外延伸略带弧面的腰板。

D. 带有暗柱、暗梁的墙板结构，见图 6-1。分为保温一体化墙板和无保温层的 PC 墙板。

②剪力墙结构包括以下类型：剪力墙结构大多是结构墙体，需要传力直接，是结构围护功能一体化的，主要有剪力墙外墙板、双面叠合剪力墙板、夹心保温一体化剪力墙外墙板。

3）其他结构：拼接板式结构，墙板之间用螺栓连接。如贝聿铭设计的普林斯顿大学学生宿舍，采用了装配式技术，没有柱、梁，只有楼板和墙板，墙板与墙板、墙板与楼板之间用螺栓连接，详见图 1-36。

三一重工研发的全预制螺栓干式连接体系，是由预制墙板、墙柱、垫块、门窗框、预制预应力楼板、屋面板或轻钢屋盖建筑构件组成，由螺栓干式连接形成的结构受力体系，详见图 6-2 和图 6-3。

图 6-1　法国第戎混凝土住宅

图 6-2　全预制螺栓干式连接体系

图 6-3　墙体螺栓穿过楼板与上面墙体连接

4）现场组装骨架外墙。根据骨架的构造形式和材料特点分为：金属骨架组合外墙体系和木骨架组合外墙体系。

5）建筑幕墙。根据主要支撑结构形式分为：构件式幕墙、点支撑幕墙、单元式幕墙。

（3）如何选择适宜的类型

1）装配式建筑外围护系统与结构体系有关，应选用对应结构体系的适宜类型。

2）要选用与建筑风格相适应的类型。

3）要选用与建筑使用功能相适应的类型。如南方城市对飘窗的看重。

4）符合当地气候、地震等自然环境要求所适应的类型。

5）根据当地制作和施工条件的便利性选择适宜的类型。

6）根据当地的经济性选择适宜的类型。

96. PC 建筑外围护系统有哪些要求？设计应包括哪些内容？

（1）装配式建筑外围护系统设计的要求

外围护系统设计是装配式建筑设计很重要的环节，特别是对建筑使用功能和建筑艺术效果的设计尤为重要，所以，国家标准《装标》对装配式建筑外围护系统设计有比较详细的要求，主要内容如下：

1）集成设计要求。

①装配式混凝土建筑的结构系统、外围护系统、设备与管线系统和内装系统均应进行集成设计，提高集成度、施工精度和效率。

②外围护系统的集成设计应符合下列规定：

A. 应对外墙板、幕墙、外门窗、阳台板、空调板及遮阳部件等进行集成设计。

B. 应采用提高建筑性能的构造连接措施。

C. 宜采用单元式装配外墙系统。

③墙板应结合内装要求，对设置在预制部件上的电气开关、插座、接线盒、连接管线等进行预留，这个过程用集成设计的方法有利于系统化和工厂化。

2）外围护系统设计使用年限。装配式混凝土建筑应合理确定外围护系统的设计使用年限，住宅建筑的外围护系统的设计使用年限应与主体结构相协调。

3）外围护系统的立面设计。应综合装配式混凝土建筑的构成条件、装饰颜色与材料质感等设计要求。

4）模数化、标准化。外围护系统的设计应符合模数化、标准化的要求，并满足建筑立面效果、制作工艺、运输及施工安装的条件。

5）外围护系统应考虑的内容：

①外围护系统的性能要求。

②外墙板及屋面板的模数协调要求。

③屋面结构支承构造节点。

④外墙板连接、接缝及外门窗洞口等构造节点。

⑤阳台、空调板、装饰件等连接构造节点。

6）外围护系统性能要求。应根据装配式混凝土建筑所在地区的气候条件、使用功能等综合确定抗风性能、抗震性能、耐撞击性能、防火性能、水密性能、气密性能、隔声性能、热工性能和耐久性能要求，屋面系统尚应满足结构性能要求。

7）外挂墙板。建筑外挂墙板必须具有适应主体结构变形的能力，除结构计算外，构造设计措施是保证外挂墙板变形能力的重要手段，如必要的胶缝宽度、构件之间的弹性或活动连接。外挂墙板相关的结构设计详见本系列丛书的结构册。

（2）装配式建筑外围护系统设计应包括哪些内容

1）确定围护系统类型选择，包括外挂板版型的选择等。

2）拆分设计，在满足环境、功能要求的情况下屋面、墙面等如何拆分。

3）集成设计，包括结构部件的集成设计，综合考虑各因素的集成。

4）连接设计，包括构件与主体的连接、外叶板与内叶板的连接、门窗的连接等。

97. 外墙板部品连接和接缝设计应符合什么规定？

装配式建筑国家标准《装标》关于外墙板与主体的连接和接缝有如下规定：

（1）连接的规定

1）连接节点在保证主体结构整体受力的前提下，应牢固可靠、受力明确、传力简捷、构造合理。

2）连接节点应具有足够的承载力。承载能力极限状态下，连接节点不应发生破坏；当单个连接点失效时，外墙板不应掉落。

3）连接部位应采用柔性连接方式，连接节点应具有适应主体结构变形的能力。

4）节点设计应便于工厂加工、现场安装就位和调整。

5）连接件的耐久性应满足使用年限要求。

（2）接缝的规定

1）接缝处应根据当地气候条件合理选用构造防水、材料防水等相结合的防排水设计。

2）接缝宽度及接缝材料应根据外墙板材料、立面分格、结构层间位移、温度变形等因素综合确定；所选用的接缝材料及构造应满足防水、防渗、抗裂、耐久等要求；接缝材料应与外墙板具有相容性；外墙板在正常使用下，接缝处的弹性密封材料不应破坏。

3）接缝处以及与主体结构的连接处应设置防止形成热桥的构造措施。

98. 如何设计剪力墙结构围护一体化外墙板？

我国的住宅尤其是高层住宅，大多数都是剪力墙结构体系。剪力墙外墙是装配式建筑中最重要的部件，剪力墙外围护一体化是装配式建筑设计的主要内容，也是我国装配式建筑运用最多的构件。

由于剪力墙结构外墙一般都是结构构件，所以一体化外墙板设计是结构构件与其他功能的一体化，分为以下几种一体化墙板：

1）剪力墙与窗户的一体化墙板。

2）剪力墙、保温、窗户一体化墙板，即保温一体化墙板。

3）剪力墙、保温、装饰、窗户一体化墙板。外叶板与内叶板之间的连接件计算等详见系列丛书结构册。

剪力墙若是采用整间板，在边缘构件位置按规范要求现浇，因此需要考虑预制部分与现浇部分的节点衔接，接缝具体构造详见本章第111问。

99. 如何拆分剪力墙外墙板？

剪力墙结构，特别是高层剪力墙结构的装配式，国外经验比较少，我国也是近几年才开展起来的，而且国外欧洲国家装配式低层剪力墙结构多使用双面叠合剪力墙板。竖向采用套筒连接或浆锚搭接和横向后采用后浇混凝土连接的装配式剪力墙，这是我国近几年形成的做法。下面我们来分别介绍一下剪力墙外墙板的三种拆分方式。

（1）整间板方式

剪力墙板与门窗和保温、装饰一体化形成整间板，在边缘构件处进行后浇混凝土连接，整间板的拆分设计是目前我国应用最多的一种拆分方式，也是标准图给出的方式，如图6-4a所示。

但这种拆分方式的缺点是现场后浇混凝土量大。另外预制剪力墙墙体三面出筋，制作比较麻烦。

（2）窗间墙板方式

剪力墙外墙的窗间墙采取预制方式，窗洞口上部预制叠合连梁同剪力墙后浇连接，窗下采用预制墙板，用拼接的方式形成窗洞口，如图 6-4b 所示。这种拆分方式的外墙现浇混凝土大大减少，可以提高预制率，减少现场作业，窗户采用后安装方式，板的背面有伸出钢筋，不利于流水线的作业。

（3）L 形、T 形立体墙板方式

剪力墙外墙的窗间墙连同边缘构件一起预制，形成 T 形或 L 形预制构件，窗洞口上部预制叠合连梁同剪力墙后浇连接，窗下采用预制墙板，用拼接的方式形成窗洞口，如图 6-4c所示。连接点在横墙边缘构件区域外，现场混凝土量就更少了，剪力墙本身的整体性好，但是制作工艺比较复杂。

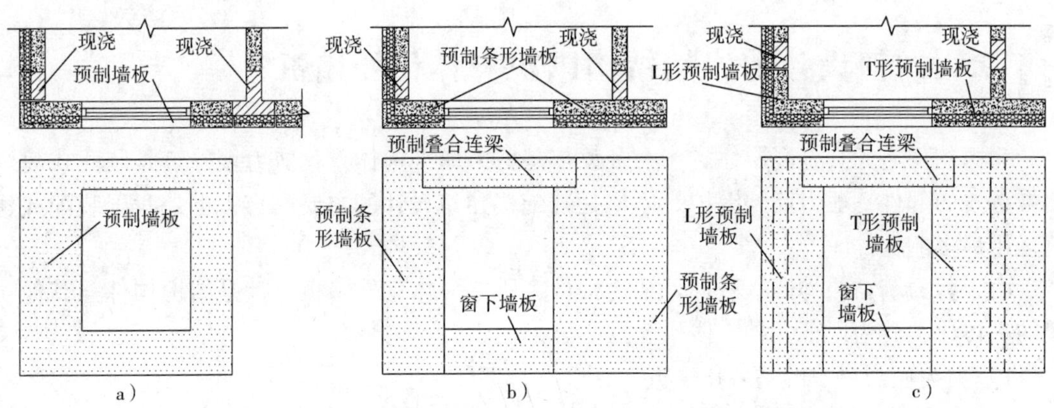

图 6-4　剪力墙拆分方式

a）整间板拆分方式　b）窗间墙板拆分方式　c）立体式墙板拆分方式

100. 剪力墙外墙构件有几种类型？如何设计？

（1）剪力墙外墙构件的类型

1）按剪力墙断面结构可分为：实心墙剪力墙、双面叠合剪力墙和圆孔板剪力墙，使用最多的是实心剪力墙，见图 6-5 ~ 图 6-8。

2）按剪力墙的空间关系可分为：板式剪力墙、T 形剪力墙和 L 形剪力墙，板式剪力墙常用整间板拆分，而 T 形剪力墙和 L 形剪力墙一般用于边缘构件预制的拆分方式。板式剪力又分为无洞口剪力墙、有窗洞的剪力墙和有门洞的剪力墙。

3）从一体化构造考虑可分为：单叶板剪力墙、夹心保温剪力墙、装饰一体化剪力墙，见图 6-9 和图 6-10。

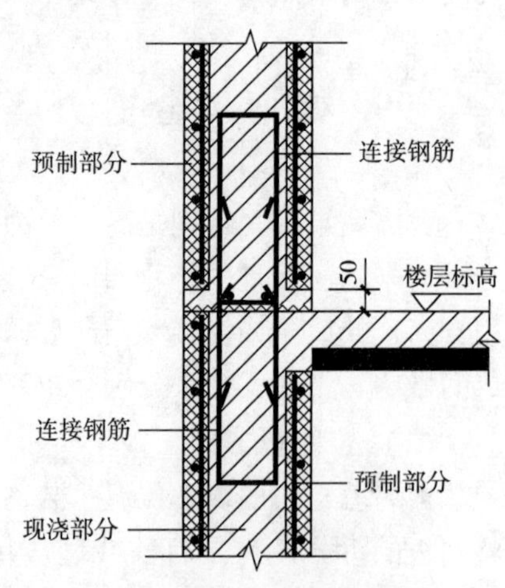

图 6-5　叠合剪力墙板连接示意图

图 6-6 预制叠合剪力墙板

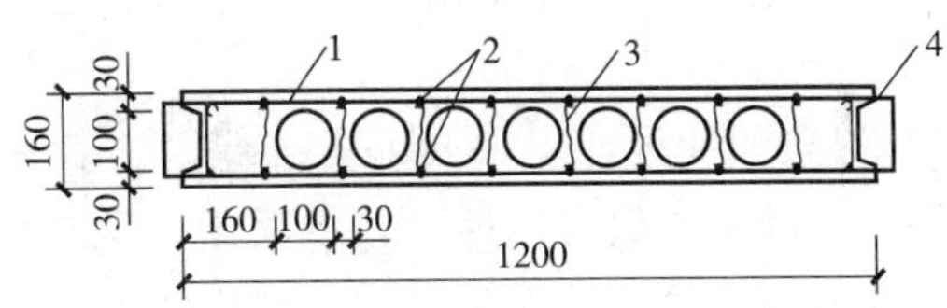

图 6-7 预制圆孔板剪力墙连接示意图

1—横向箍筋 2—竖向分布钢筋 3—拉筋 4—贴模钢筋

图 6-8 预制圆孔剪力墙板

图 6-9 单叶板剪力墙

图 6-10 预制混凝土夹心剪力墙板（三明治）

（2）剪力墙外墙构件设计

1）确定拆分方式。与结构专业及制作、施工单位共同研究确认基本的拆分方式，是整间板还是边缘构件预制的方式。

2）如何进行拆分。确认了拆分方式后进行构件的拆分，考虑构件的分缝及立面如何处理。

3）保温如何设计。是采用夹心保温方式还是采用后期粘挂的方式，若是采用夹心保温，等于要做夹心保温构件；若是采用后期粘挂方式，要利用装配式的优势，提前将粘挂所需要的预埋件等设计在预制剪力墙构件中。

4）外装饰如何处理。是反打瓷砖方式还是清水混凝土，若是选择装饰于一体化的墙板时要提前做出要求，详见本书第 4 章第 50 问。

5）构件的接缝设计。如防水节点设计，详见本章第 109 问。

6）门窗设计。需要提前确认是选择窗户一体化整间板方式还是窗户后安装的方式，窗户与预制剪力墙的节点构造详见本章第 123 问。

101. 如何设计剪力墙外墙板连接节点的建筑构造？

剪力墙外墙板连接节点的构造设计分为以下几种：

（1）夹心保温剪力墙外墙水平缝节点

夹心保温剪力墙外墙的内叶墙是通过套筒灌浆料或浆锚搭接的方式与后浇梁连接的，外叶板有水平缝及其防水构造，见图 6-11。

（2）夹心保温剪力墙外墙竖缝节点

剪力墙外墙的竖缝一般是后浇混凝土区。预制剪力墙的保温层与外叶墙外延，以遮挡后浇区，也作为后浇区混凝土的外模板，见图 6-12。

（3）L 形后浇段构造

剪力墙外墙转角处一般为后浇区，此处构造为：制作与夹心保温剪力墙外墙板的外叶板厚度和质感一样的带保温层的墙板，作为后浇区永久性外模板，表皮与其他墙板一样，见图 6-13。

如图 6-13 所示，构造的竖缝位置可能对建筑立面分格的规律或韵律有影响，也可以采取将预制剪力墙外叶板延伸的做法，竖缝设置在转角处，见图 6-14。

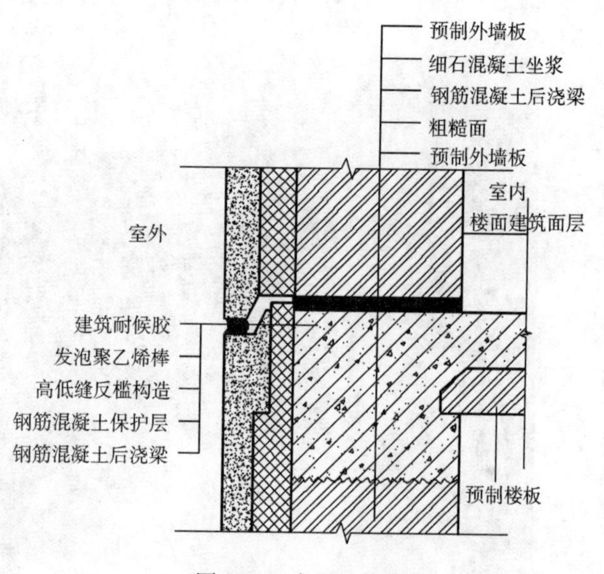

图 6-11　水平缝构造

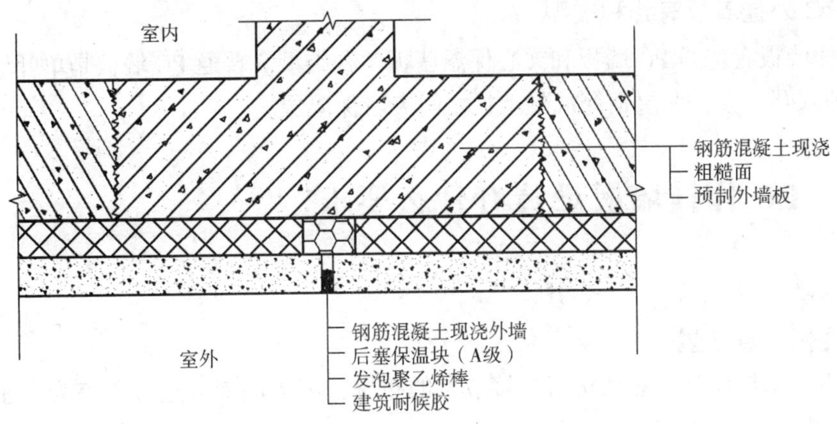

图 6-12　竖缝构造

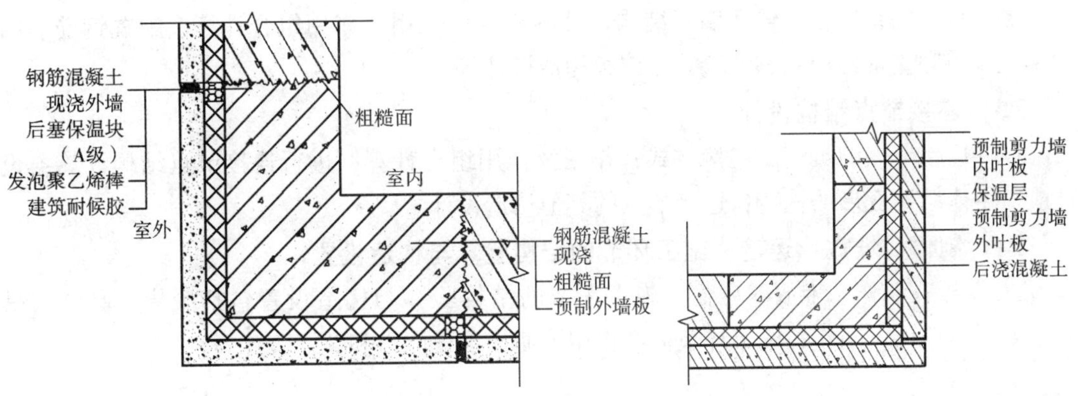

图 6-13　L 形竖向后浇段构造图

图 6-14　转角处预制剪力墙板外叶板延伸构造

102. 什么是 PC 外挂墙板？有几种类型？

(1) 什么是 PC 外挂墙板

安装在主体结构上，起维护、装饰作用的非承重预制混凝土外墙板，简称外挂墙板，见图 6-15。

PC 外挂墙板应用非常广泛。可以组合成 PC 幕墙，也可以局部应用；不仅用于 PC 装配式建筑，也用于现浇混凝土结构建筑。日本还大量用于钢结构建筑。

PC 外挂墙板不属于主体结构构件，是装配在混凝土结构或钢结构上的非承重外围护构件。

图 6-15　外挂墙板

（2）PC 外挂墙板有几种类型

PC 外挂墙板有普通 PC 墙板和夹心保温墙板两种类型。普通 PC 墙板是单叶墙板；夹心保温墙板是双叶墙板，两层钢筋混凝土板之间夹着保温层。

103. PC 外挂墙板设计有什么要求？

PC 外挂墙板设计包括以下内容：

（1）连接节点布置

PC 墙板的结构设计首先要进行连接节点的布置，因为墙板以连接节点为支座，结构设计计算在连接节点确定之后才能进行。

（2）墙板结构设计

墙板自身的结构设计包括墙板结构尺寸的确定、作用及作用组合计算、配置钢筋、结构承载能力和正常使用状态的验算、墙板构造设计等。

（3）连接节点结构设计

设计连接节点的类型、连接方式；作用及作用组合计算；进行连接节点结构计算；设计应对主体结构变形的构造；连接节点的其他构造设计。

（4）制作、堆放、运输、施工环节的结构验算与构造设置

PC 墙板在制作、堆放、运输、施工环节的结构验算与构造设置包括脱模、翻转、吊运、安装预埋件；制作、施工环节荷载作用下墙板承载能力和裂缝验算等。

104. 如何设计外挂墙板造型？

从前面给出的 PC 工程实例，我们知道 PC 墙板可以方便地做成平面板、曲面板、实体板、镂空板。可以实现墙板与窗户一体化，墙板与窗户、保温、装饰一体化等。建筑设计师应尽可能选择一体化设计。

（1）墙板造型

造型是预制混凝土的优势，在进行造型设计时，建筑师应当了解和注意：

1）任何复杂的造型或曲面，只要用参数化技术或算法技术生成数字模型，就可以方便地借助于计算机和数控机床，准确地制作出模具；还可以由雕塑师雕塑模型，再翻制出模具。然后在模具中浇筑混凝土，制作出构件，见图 6-16。

2）有规律、数量多的构件，即使造型复杂，模具成本高，但可以摊在多个构件上。如果个性化构件太多，模具类型和数量就会很多，会大幅度增加成本。

3）构件应避免凸出的锐角造型，在制作、运输和安装过程中容易损坏。

4）构件造型应考虑脱模的便利性。

山崎实设计的詹姆斯馆是一座装配式混凝土建筑，结构和围护构件预制装配而成，清水混凝土质感，正立面窗间墙板有雕塑花饰，见图 6-17。

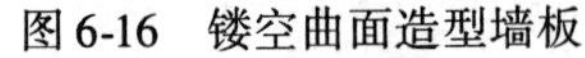

图 6-16　镂空曲面造型墙板

图 6-17　哈佛大学詹姆斯馆窗间墙板

（2）一体化墙板设计

整间板可以实现墙板与窗户、保温、装饰一体化；横向和竖向条形板可以实现保温、装饰一体化；无法实现窗户一体化，应为安装窗户设置预埋木砖等。

105. 如何进行 PC 外挂墙板拆分？须考虑哪些因素？

PC 外挂墙板的拆分设计包括以下内容：

（1）拆分原则

PC 墙板具有整体性，板的尺寸根据层高与开间大小确定。PC 墙板一般用 4 个节点与主体结构连接，宽度小于 1.2m 的板也可以用 3 个节点连接。比较多的方式是一块墙板覆盖一个开间和层高范围，称作整间板。如果层高较高，或开间较大，或质量限制，或建筑风格的要求，墙板也可灵活拆分，但都必须与主体结构连接。有上下连接到梁或楼板上的竖向板；左右连接到柱子上的横向板；也有悬挂在楼板或梁上的横向板。

关于外挂墙板，有“小规格、多组合”的主张，这对 ALC 等规格化墙板是正确的，但对 PC 墙板不合适。PC 墙板的拆分在满足以下条件的情况下，板幅大一些为好。

1）满足建筑风格的要求。

2）安装节点的位置在主体结构上。

3）保证安装作业空间。

4）板的质量和规格符合制作、运输和安装限制条件。

（2）墙板类型

1）整间板。整间板是覆盖一跨和一层楼高的板，安装节点一般设置在梁或楼板上，见图 6-18。

2）横向板。横向板是水平方向的板，安装节点设置在柱子或楼板上，见图 6-19。

3）竖向板。竖向板是竖直方向的板，安装节点设置在柱旁或上下楼板、梁上，见图 6-20。

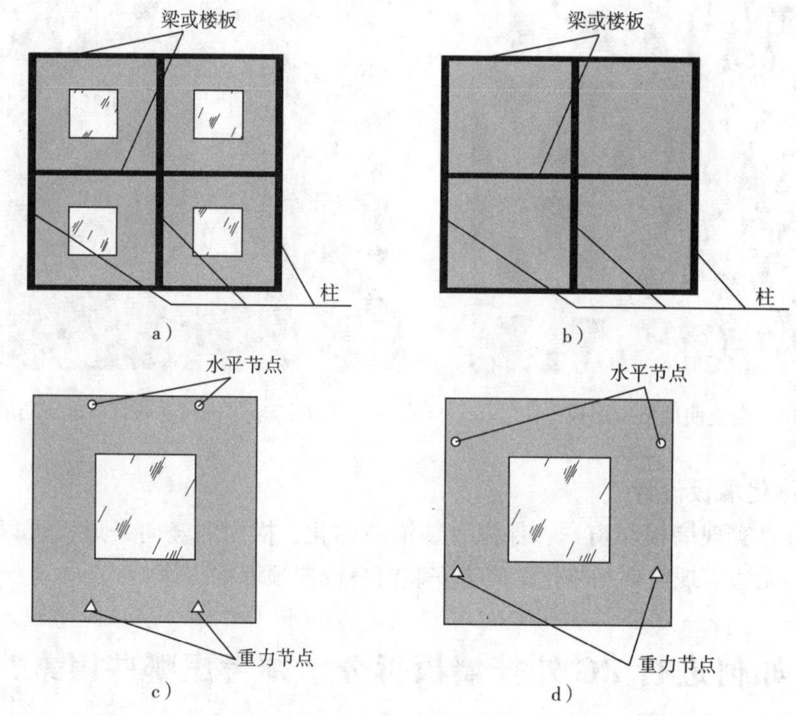

图 6-18　整间板示意图

a）有窗墙板　b）无窗墙板　c）安装在梁或楼板上　d）安装在柱上

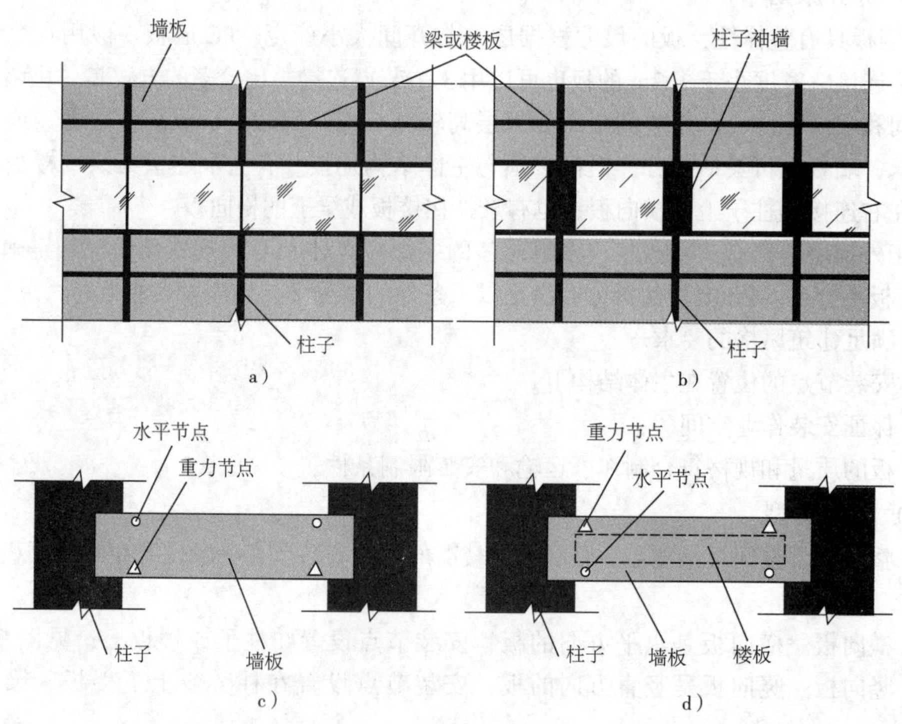

图 6-19　横向板示意图

a）通长玻璃窗　b）不通长玻璃窗　c）墙板安装在柱上　d）墙板安装在楼板上

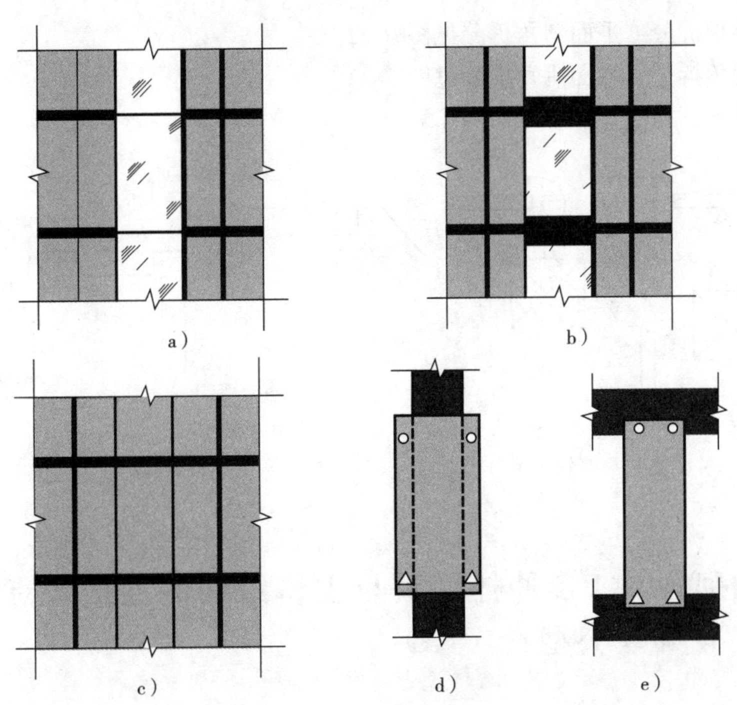

图6-20 竖向板示意图

a）竖向通窗 b）竖向有窗间墙 c）满铺墙板 d）安装在柱上 e）安装在楼板上

(3) 转角拆分

建筑平面的转角有阳角直角、斜角和阴角，拆分时要考虑墙板与柱子的关系，考虑安装作业的空间。

1）平面阳角直角拆分。平面直角板的连接有直角平接、直角折板、直角对接三种方式，见图6-21。

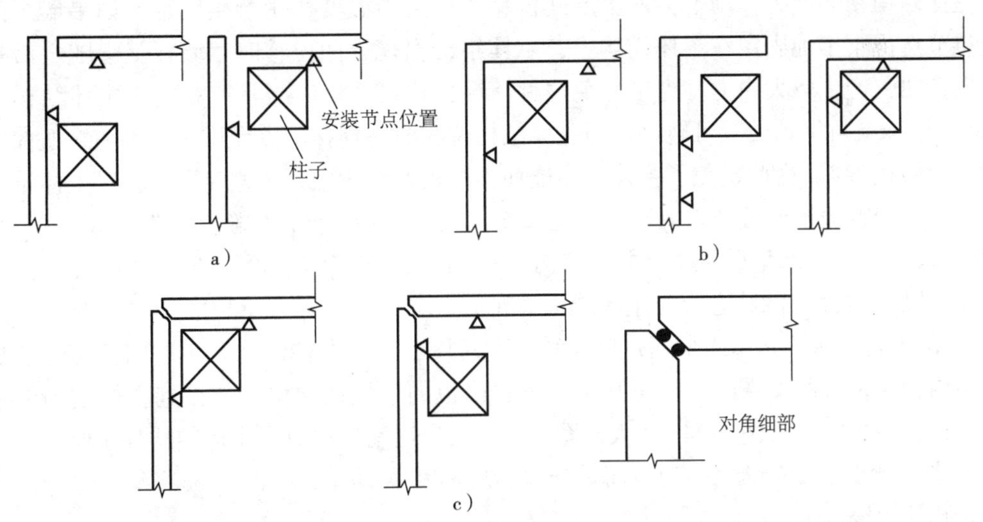

图6-21 平面阳角直角拆分示意图

a）直角平接 b）直角折板 c）直角对接

2）平面斜角拆分。平面斜角拆分见图6-22。

3）平面阴角拆分。平面阴角拆分见图6-23。

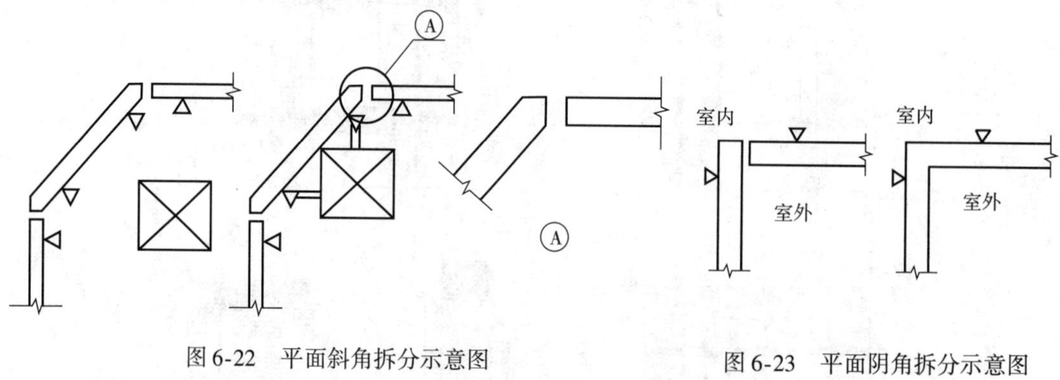

图6-22　平面斜角拆分示意图

图6-23　平面阴角拆分示意图

106. 如何设计PC外挂墙板与主体结构的连接节点？连接节点有哪些类型？

PC外挂墙板与主体结构采用点支承连接时，连接件的滑动孔尺寸，应根据穿孔螺栓的直径、层间位移值和施工误差等确定。只有布置了连接节点，才能够进行墙板和连接节点的结构设计与验算，所以，我们在讨论墙板设计和连接节点设计之前，先讨论连接节点的原理与布置。

（1）连接节点的设计要求

外挂墙板连接节点不仅要有足够的强度和刚度保证墙板与主体结构可靠连接，还要避免主体结构位移作用于墙板形成的内力。

主体结构在侧向力作用下会发生层间位移，或由于温度作用产生变形，如果墙板的每个连接节点都牢牢地固定在主体结构上，主体结构出现层间位移时，墙板就会随之沿板平面方向扭曲，产生较大内力。为了避免这种情况，连接节点应当具有相对于主体结构的可"移动"性，或可滑动，或可转动。当主体结构位移时，连接节点允许墙板不随之扭曲，有相对的"自由度"，由此避免了主体结构施加给墙板的作用力，也避免了墙板对主体结构的反作用。人们普遍把连接节点的这种功能叫作"对主体结构变形的随从性"，这是一个容易引起误解的表述，使墙板相对于主体结构"移动"的连接节点恰恰不是"随从"主体结构，而是以"自由"的状态应对主体结构的变形。

图6-24是墙板连接节点应对层间位移的示意图，即在主体结构发生层间位移时墙板与主体结构相对位置的关系图。在正常情况下，墙板的预埋螺栓位于连接到主体结构上的连接板的长孔的中间。见图6-24a和大样图A；当发生层间位移时，主体结构柱子倾斜，上梁水平位移，但墙板没有随之移动，而是连接板随着梁移动了，这时墙板的预埋螺栓位于连接件长孔的边缘。

我们把对连接节点的设计要求归纳为以下几条：

1）将墙板与主体结构可靠连接。

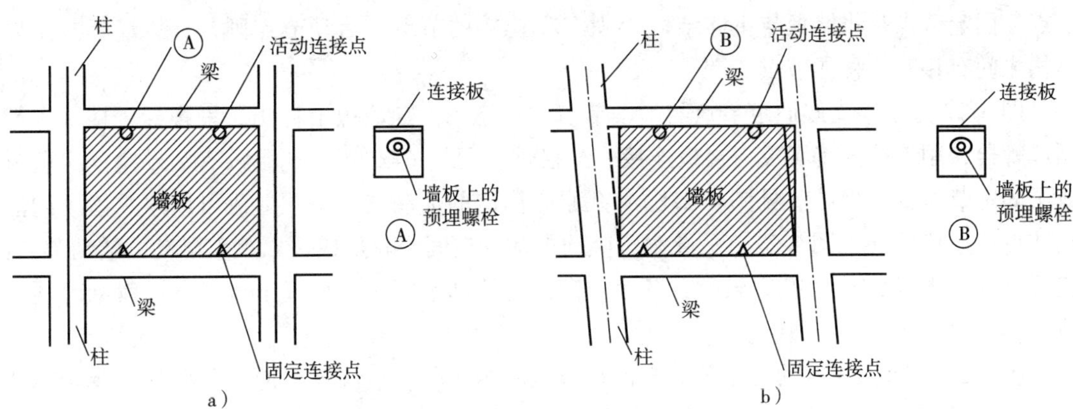

图6-24　墙板与主体结构位移的关系

a）正常状态　b）层间位移发生时

2）保证墙板在自重、风荷载、地震作用下的承载能力和正常使用。

3）在主体结构发生位移时，墙板相对于主体结构可以“移动”。

4）连接节点部件的强度与变形满足使用要求和规范规定。

5）连接节点位置有足够的空间可以放置和锚固连接预埋件。

6）连接节点位置有足够的安装作业空间，安装便利。

（2）连接节点类型

1）水平支座与重力支座。外挂墙板承受水平方向和竖直方向两个方向的荷载与作用，连接节点分为水平支座和重力支座。

水平支座只承受水平作用，包括风荷载、水平地震作用和构件相对于安装节点的偏心形成的水平力，不承受竖向荷载。

重力支座，顾名思义，是承受竖向荷载的支座，承受重力和竖向地震作用。其实重力支座同时也承受水平荷载，但都习惯叫重力支座，是为了强调其主要功能是承受重力作用。

如图6-25所示，外挂墙板的背面，两个预埋螺栓是水平支座，两个带孔的预埋件是重力支座。

如图6-26所示折板形外挂墙板的背面，两个预埋螺栓是水平支座，两个预埋钢板是重力支座。

图6-25　外挂墙板水平支座与重力支座

图6-26　折板形外挂墙板水平支座与重力支座

2）固定连接节点与活动连接节点。连接节点按照是否允许移动又分为固定节点和活动节点。固定节点是将墙板与主体结构“固定”连接的节点；活动节点则是允许墙板与主体结构之间有相对位移的节点。

图 6-27 是水平支座固定节点与活动节点的示意图。在墙板上伸出预埋螺栓，楼板底面预埋螺栓，用连接件将墙板与楼板连接。连接件（见图 6-27a），孔眼没有活动空间，就形成了固定节点；连接件（见图 6-27b），孔眼有横向的活动空间，就形成可以水平滑动的活动节点；连接件（见图 6-27c），孔眼有竖向的活动空间，就形成可以垂直滑动的活动节点；连接件（见图 6-27d），孔眼较大，各个方向都有活动空间，就形成了可以各向滑动的活动节点。

图 6-28 是重力支座的固定节点与活动节点的示意图。在墙板上伸出预埋 L 形钢板，楼板伸出预埋螺栓。L 形钢板（见图 6-28a），孔眼没有活动空间，就形成了固定节点；L 形钢板（见图 6-28b），孔眼有横向的活动空间，就形成可以水平滑动的活动节点。

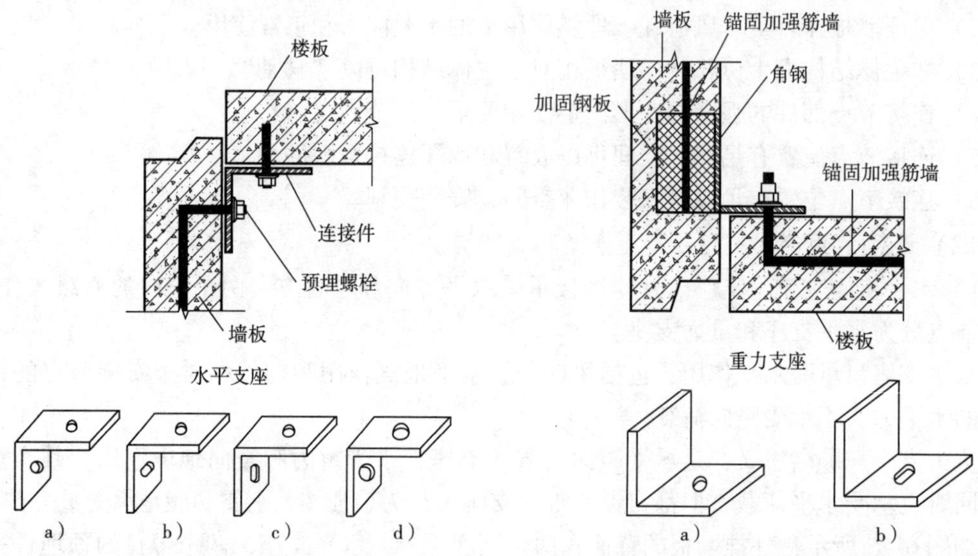

图 6-27　外挂墙板水平支座的固定节点与活动节点示意图

图 6-28　外挂墙板重力支座的固定节点与活动节点示意图

3）滑动节点和转动节点。活动节点中，又分为滑动节点和转动节点。图 6-27 和图 6-28的活动节点都是滑动节点，一般的做法是将连接螺栓的连接件的孔眼在滑动方向加长。允许水平滑动就沿水平方向加长，允许竖直方向滑动就沿竖直方向加长，两个方向都允许滑动，就扩大孔径。

转动节点可以微转动，一般靠支座加橡胶垫实现。

需要强调的是，这里所说的移动是相对于主体结构而言的，实际情况是主体结构在动，活动节点处的墙板没有随之而动。

107. PC 外挂墙板接缝有几种类型？

PC 外挂墙板接缝分为：水平缝、垂直缝斜缝、十字缝、变形缝。

(1) 宽缝与深缝

出于建筑设计效果的考虑，如强调某个方向的线条感，可以采用宽缝或深缝方式。所谓宽缝，是缝的表面宽度加大了，实际缝宽还是按照计算宽度设置。构造示意图见图6-29。

(2) 分隔缝（假缝）构造

在连接缝以外部位从建筑艺术效果考虑设置的墙面分格缝是假缝，在PC构件制作时形成，缝的构造应便于脱模，见图6-30。

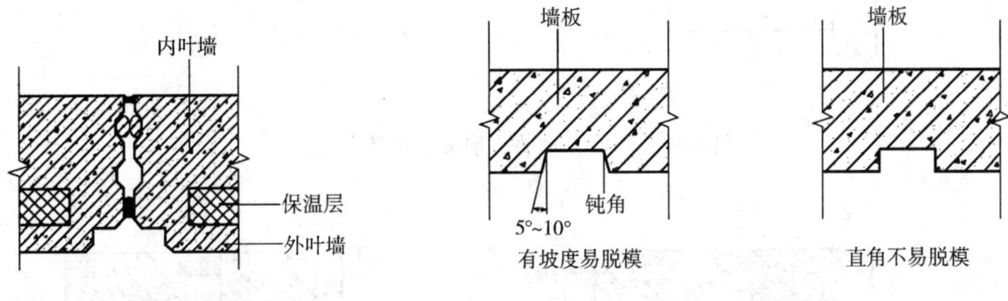

图6-29　宽缝、深缝构造

图6-30　假缝构造

(3) 灌浆料部位凹缝

无保温层或外墙内保温的构件，表面为清水混凝土或涂漆时，连接节点灌浆料部位往往做成凹缝，构造见图6-31。为保证接缝处受力钢筋的保护层厚度达到20mm，堵缝用橡胶条塞入堵缝，灌浆后取出，形成凹缝。

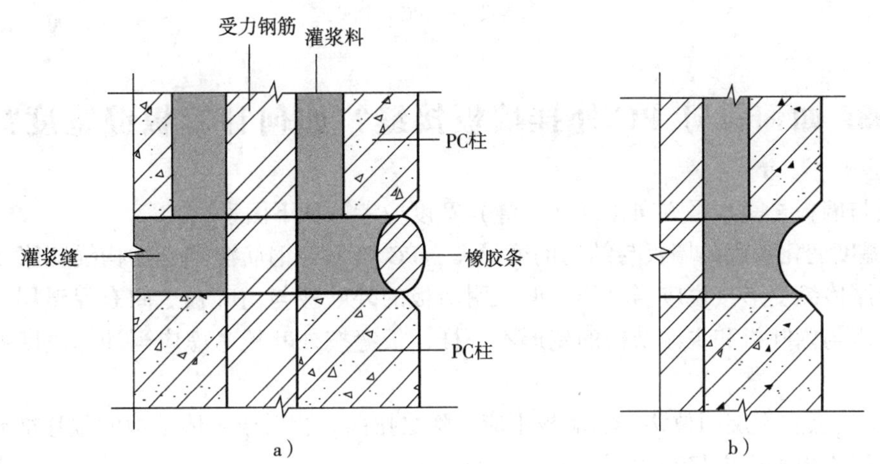

图6-31　灌浆料部位凹缝构造

a) 灌浆时用橡胶条临时堵缝　b) 灌浆后取出橡胶条效果

(4) 腰墙、垂墙、袖墙缝

腰墙、垂墙和袖墙，从结构考虑，与相邻构件之间需要留缝，避免地震时互相作用，见图6-32。缝的构造需要塞填橡胶条和建筑密封胶。

(5) 变形缝

变形缝构造见图6-33。

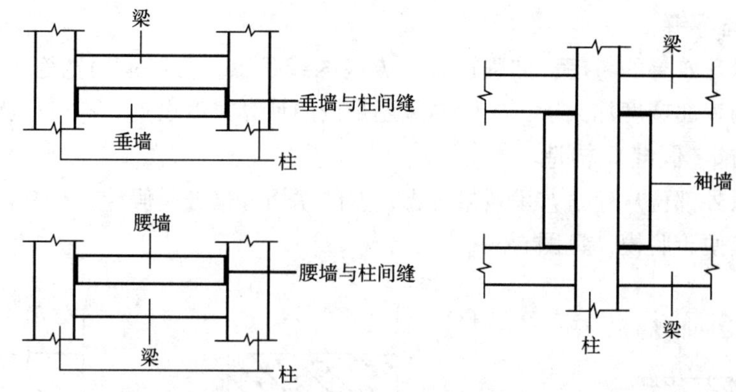

图 6-32 腰墙、垂墙、袖墙缝构造示意图

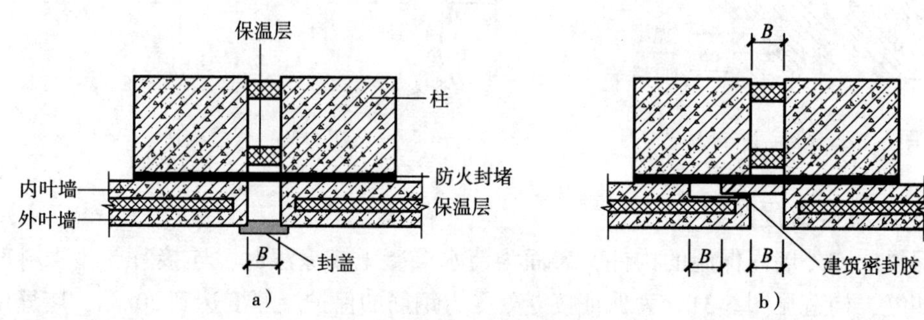

图 6-33 变形缝构造

a) 封盖式 b) PC 板悬壁式

 108. 如何设计 PC 外挂墙板接缝？如何计算板缝宽度？

墙板与墙板之间水平方向接缝（竖缝）宽度应考虑如下因素：

1）温度变化引起的墙板与结构的变形差；PC 墙板与钢筋混凝土结构线膨胀系数是一样的，热胀冷缩变形按说应当一样。但三明治板的外叶板与内叶板之间有保温层，有温度差，外叶板与内叶板和主体结构的变形不一样，板缝按外叶板考虑应当计算温度差导致的变形差。

2）结构会发生层间位移时，墙板不应当随之扭曲。相对于主体结构的位移被允许，如此接缝要留出板平面内移动的预留量。

3）密封胶或胶条可压缩空间比率，温度变形和地震位移要求的是净空间，所以，密封胶或胶条压缩后的空间才是有效的。

4）安装允许误差。

5）留有一定余量。

竖缝宽度计算公式见式（6-1）。

$$W_s = (\Delta L_t + \Delta L_E)/\delta + d_c + d_f \quad (6\text{-}1)$$

式中 W_s——板与板之间接缝宽度；

ΔL_t——温度变化引起的变形；

ΔL_E——地震时平面内位移预留量；

δ——密封胶或胶条可压缩空间比率，如果两者同时用，取较小者；

d_c——施工允许误差，3mm；

d_f——富余量，3mm。

①ΔL_t

$$\Delta L_t = \alpha \Delta T_L \tag{6-2}$$

式中 α——线膨胀系数，$\alpha=(1.0\sim2.0)\times10^{-5}/℃$；

ΔT——温差，取墙板与结构之间的相对温差，两者线膨胀系数一样，因有保温层的缘故，存在温差，与保温层厚度有关；

L——计算竖缝时取构件长度；计算横缝时取构件高度。

②ΔL_E。ΔL_E只在竖缝计算中考虑，横缝不需考虑。幕墙规范规定，幕墙构件平面内变形预留量应当是结构层间位移的 3 倍。

$$\Delta L_E = 3\Delta \tag{6-3}$$

式中 ΔL_E——平面内变形预留量；

Δ——层间位移。

$$\Delta = \beta h \tag{6-4}$$

式中 β——层间位移角；

h——板高。

层间位移角可以从表 6-1 中查到。

表 6-1 主体结构楼层最大弹性层间位移角

结构类型		建筑高度 H/m		
		$H\leqslant150$	$150<H\leqslant250$	$H>250$
钢筋混凝土结构	框架	1/550	—	—
	板柱-剪力墙	1/800	—	—
	框架-剪力墙、框架-核心筒	1/800	线性插值	—
	筒中筒	1/1000	线性插值	1/500
	剪力墙	1/1000	线性插值	—
	框支层	1/1000	—	—
多、高层钢结构		1/300		

注：1. 表中弹性层间位移角—Δ/h，Δ为最大弹性层间位移量，h为层高。

2. 线性插值系指建筑高度在 150 ~ 250m，层间位移角取 1/800（1/1000）与 1/500 线性插值。

③δ。δ是密封胶与胶条压缩后的比率。

$$\delta = \Delta W/W \tag{6-5}$$

式中 δ——密封胶或胶条可压缩的空间比率；

ΔW——可压缩的宽度，或压缩后空隙宽度；

W——压缩前宽度。

密封胶压缩后的比率是指固化后的压缩比率。密封胶厂家提供试验数据，一般在

25% ~50%。如果密封胶与胶条同时使用，选其中较小者。

只打密封胶不用胶条，只计算密封胶的压缩后的比率。对于不打胶的敞开缝，此项不须考虑。

通过以上计算的竖缝宽度如果小于20mm，应按20mm设定。

横缝宽度可参照式（6-3）计算，没有地震位移，计算结果小于竖缝宽度。如果没有通过缝宽变化强调横向或竖向线条的建筑艺术方面的考虑，横缝可与竖缝宽度一样。

109. 如何设计防水构造?

（1）装配式建筑国家标准《装标》中提出预制外墙接缝应符合下列规定

1）接缝位置宜与建筑立面分格相对应。

2）竖缝宜采用平口或槽口构造；水平缝宜采用企口构造。

3）当板缝空腔需设置导水管排水时，板缝内侧应增设密封构造。

4）宜避免接缝跨越防火分区；当接缝跨越防火分区时，接缝内侧应采用耐火材料封堵。

（2）接缝构造

1）无保温墙板接缝构造。PC墙板水平缝防水设置包括密封胶、橡胶条和企口构造。竖缝防水设置为密封胶、橡胶条和排水槽，见图6-34。

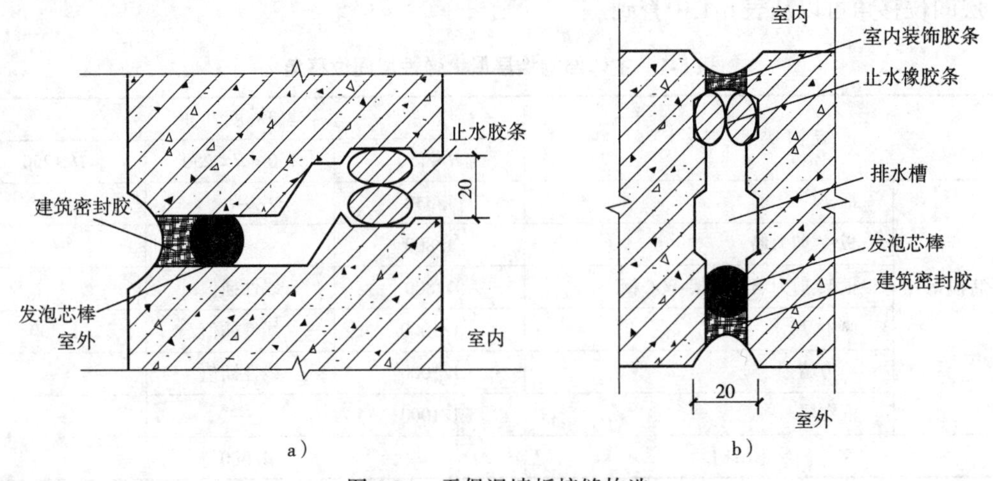

图6-34　无保温墙板接缝构造

a）水平缝　b）竖向缝

2）夹心保温板接缝构造。夹心保温板接缝构造详见本章第113问。

110. 外墙板接缝密封材料须满足哪些性能要求？如何选用?

（1）外墙板接缝密封材料须满足哪些性能要求

装配式建筑行业标准《装规》4.3.1条，外墙板接缝处的密封材料应符合下列规定：

1）外墙板接缝处的密封材料应与混凝土具有相容性，以及规定的抗剪切和伸缩变形能力；密封胶尚应具有防霉、防水、防火、耐候等性能。

2）硅酮、聚氨酯、聚硫建筑密封胶应分别符合国家现行标准《硅酮建筑密封胶》GB/T 14683、《聚氨酯建筑密封胶》JC/T 482、《聚硫建筑密封胶》JC/T 483 的规定。

3）夹心外墙板接缝处填充用保温材料的燃烧性能应满足国家标准《建筑材料及制品燃烧性能分级》GB 8624—2012 中 A 级的要求。

（2）外墙板接缝密封材料如何选用

防水构造所用密封胶和橡胶条材质要求严格按照规范要求选用。需要强调的是：

1）密封胶必须是适于混凝土的。

2）密封胶除了具有好的密封性、耐久性外，还应当具有较好的弹性和高压缩率。

3）止水橡胶条必须是空心的，除了有好的密封、耐久性外，还应当具有较好的弹性和高压缩率。

目前装配式建筑预制外墙板接缝常用的密封材料是 MS 密封胶，MS 密封胶是以“MS Polymer”为原料生产出来的胶粘剂的统称。“MS Polymer”是一种液态状的树脂，在 1972 年由日本 KANEKA 发明，MS 密封胶性能符合各项国内标准，详见表 6-2。

表 6-2 MS 密封胶性能表

项 目		技术指标（25LM）	典 型 值
下垂度（N 形）/mm	垂直	≤3	0
	水平	≤3	0
弹性恢复率（%）		≥80	91
拉伸模量/MPa	23℃	≤0.4	0.23
	-20℃	≤0.6	0.26
定伸黏接性		无破坏	合格
浸水后定伸黏接性		无破坏	合格
热压、冷压后黏接性		无破坏	合格
质量损失（%）		≤10	3.5

1）对混凝土、PCa 表面以及金属都有着良好的黏接性。

2）可以长期保持材料性能不受影响。

3）在低温条件下有着非常优越的操作施工性。

4）能够长期维持弹性（橡胶的自身性能）。

5）发挥对环境稳定的固化性能。

6）耐污染性好；MS 密封胶在实际工程的无污染效果和应用详见图 6-35、图 6-36。

7）MS 密封胶对地震以及部件带来的活动所造成的位移能够长期保持其追随性（应力缓和等）。

图6-35 MS 密封胶无污染细部效果（幕墙）

图6-36 日本电气（NEC）总公司大厦 MS 密封胶的应用

111. 剪力墙外墙板和 PC 外挂墙板板缝如何进行防火设计？

（1）装配式建筑国家标准《装标》关于预制混凝土外挂墙板的防火要求如下

1）露明的金属支撑构件及墙板内侧与主体结构的调整间隙，应采用燃烧性能等级为 A 级的材料进行封堵，封堵构造的耐火极限不得低于墙体的耐火极限，封堵材料在耐火极限内不得开裂、脱落（6.2.2）。

2）防火性能应按非承重外墙的要求执行，当夹心保温材料的燃烧性能为 B_1 或 B_2 级时，内、外叶墙板应采用不燃材料且厚度均不应小于 50mm（6.2.3）。

（2）PC 外挂墙板板缝防火构造详见本章 117 问。

112. PC 夹心保温板如何设计？如何设计保温一体化？

对于外墙外保温而言，PC 建筑常用的保温方式是夹心保温板（“三明治板”），这也是欧美装配式建筑常用的保温方式。

日本 PC 建筑大多采用外墙内保温方式，“三明治板”在日本很少用。

我们先看看目前国内外墙外保温方式存在的问题，然后讨论夹心保温构件，再介绍一下我国有关研究单位和企业研发的 PC 外墙保温新方式。

（1）夹心保温构件

夹心保温板国外叫作“三明治板”，由钢筋混凝土外叶板、保温层和钢筋混凝土内叶板组成，是建筑、结构、保温、装饰一体化墙板，见图 6-37。

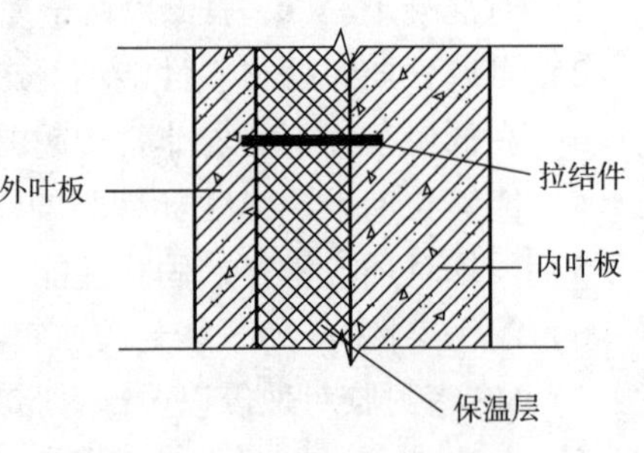

图 6-37 夹心保温板构造

1）外围柱梁也可以做夹心保温。沈阳万科春河里住宅的柱梁就是夹心保温柱梁。所以，我们这里用“夹心保温构件”的概念，包括夹心保温剪力墙外墙板、夹心保温外挂墙板、夹心保温柱、夹心保温梁等。

2）夹心保温构件的外叶板最小厚度50mm，一般是60mm，外叶板用可靠的拉结件与内叶构件连接，不会像薄层灰浆那样裂缝脱落，保温层也不会脱落，防火性能也大大提高。

3）外叶板可以直接做成装饰层或作为装饰面层的基层。

4）夹心保温构件的保温材料可用XPS板，即挤塑式聚苯乙烯板。不能用EPS板，即可发性聚苯乙烯板，因为EPS板强度低、颗粒松散，拉结件穿过时容易破损，会形成热桥；浇筑混凝土时也容易压缩变形，特别是柱梁构件。

5）夹心保温构件比粘贴保温层抹薄灰浆的方式增加了外叶板质量和成本，也增加了无使用效能的建筑面积。但这不能看作是装配式导致的成本增加，而是提高建筑保温安全性（防止脱落，提高防火性能）所增加的成本。

6）PC建筑外墙外保温也可以沿用传统的粘贴保温层抹薄灰浆的做法，目前国内一些装配式建筑也这样做。但这样做没有借装配式以提高保温层的安全性和可靠性，还削弱了装配式的优势，属于为了装配式而装配式的应付做法。

(2) 有空气层的夹心保温构件

外墙外保温构造中没有空气层，结露区在保温层内，时间长了会导致保温效能下降。

夹心保温板内叶板和外叶板是用拉结件连接的，与保温层黏接没有关系，因此，外叶板内壁可以做成槽形，在保温板与外叶板之间形成空气层，以结露排水，这是夹心保温板的升级做法，对长期保证保温效果非常有利。

(3)《装规》第4.3.2条规定

夹心外墙板中的保温材料，其导热系数不宜大于0.040W/(m·K)，体积比吸水率不宜大于0.3%，燃烧性能不应低于国家标准《建筑材料及制品燃烧性能分级》GB 8624—2012中B2级的要求。

夹心保温板的内外叶板主要靠拉结件连接，而目前实际工程中拉结件存在许多问题。有的拉结件直接用钢筋作业，未做防锈处理，耐久性得不到保障；还有用普通钢筋塑料做拉结件，而钢筋塑料不是耐碱玻纤材料，只能用于临时建筑，不能用于永久性建筑；有的拉结件施工工艺和工艺顺序存在问题，拉结件在混凝土中未能锚固，容易使外叶板脱落。

因此，在夹心保温板设计过程中要对拉结件提出要求，所选用的拉结件不仅要保证力学性能、耐久性和减少冷桥，还要保证拉结件的布置和锚固方法安全可靠。国家规定，拉结件的选用要做试验验证，保证拉结件能在墙体中锚固牢固。具体设计详见本系列丛书的结构册。

113. PC夹心保温板接缝如何设计？

PC夹心保温板的接缝设计如下：

(1) 夹心保温板接缝构造

夹心保温板接缝有两种方案，见图6-38。

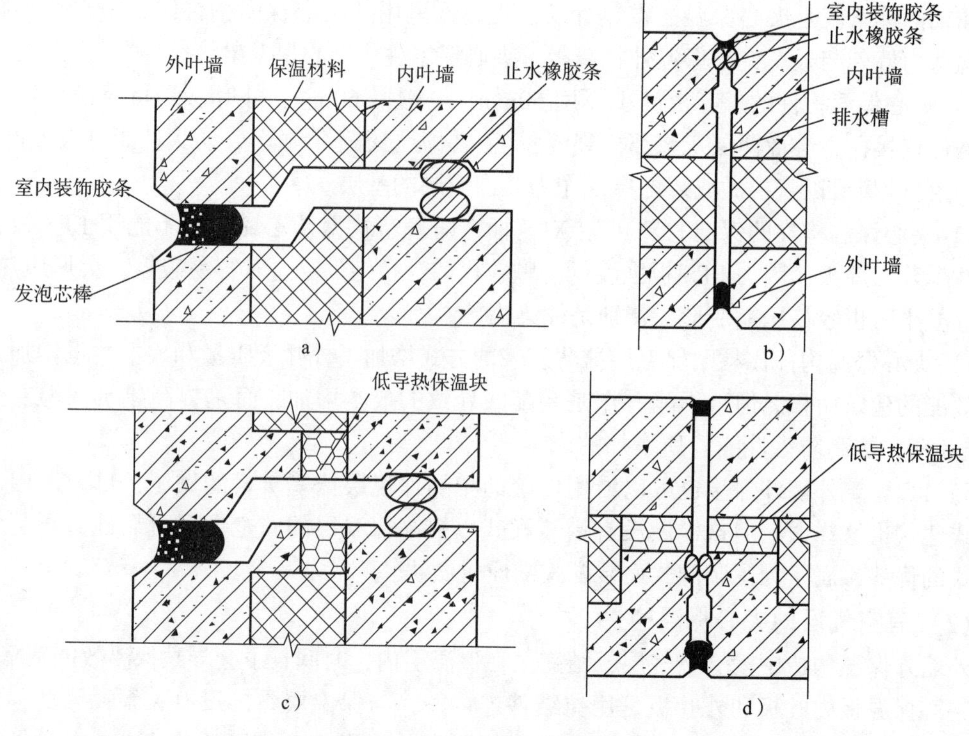

图 6-38　夹心保温板接缝构造

a）水平缝　b）竖直缝　c）水平缝　d）竖直缝

1）A 方案，防水构造分别设置在外叶板和内叶板上。此方案的优点是便于制作，但保温层防水措施只有一道密封胶，一旦密封胶防水失效，会影响保温效果。

2）B 方案，将密封胶、橡胶条和企口都设置在外叶板上，对保温层有防水保护。但外叶板端部需要加宽，端部保温层厚度变小，为保证隔热效果，局部可采用低导热系数的保温材料。

（2）夹心保温板外叶板端部封头构造

夹心保温板接缝在柱子处，且夹心保温层厚度不大的情况下，外叶板端部可做封头处理。见图 6-39。

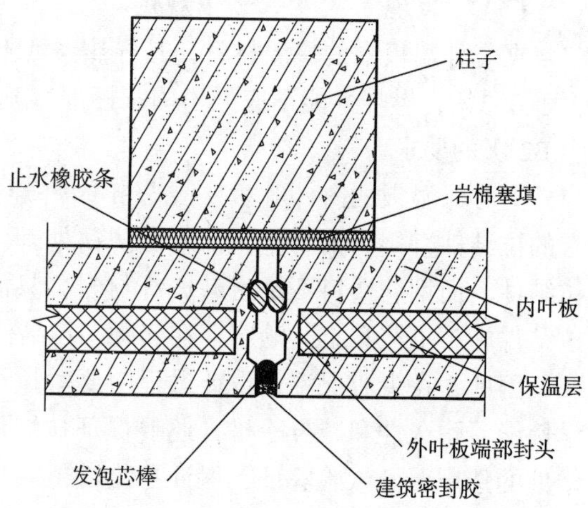

图 6-39　外叶板封头的夹心保温板接缝构造

 114. 如何设计装饰一体化 PC 墙板？

装饰一体化的 PC 墙板是指在 PC 墙板的表面层将装饰层一体化制作，关于建筑表皮的具体做法详见第 4 章第 50 问。

（1）装配式建筑行业标准《装规》关于装饰一体化 PC 墙板有如下规定

外墙饰面宜采用耐久、不易污染的材料。采用反打一次成型的外墙饰面材料，其规格尺寸、材质类别、连接构造等应进行工艺试验验证（5.3.2）。工艺试验是指为考查摸索工艺、工艺参数的可行性或材料的可加工性等而进行的试验。

（2）装饰一体化 PC 墙板的设计

1）石材反打，建筑师给出准确的石材饰面厚度，石材背面采用不锈钢卡件与混凝土实现机械锚固，石材的质量及连接件固定数量应满足设计要求，同时应采取防泛碱、泛锈迹的措施。

2）面砖反打，建筑师须给出排砖的详细布置图，分为有缝和无缝两种。面砖供货商按照图样配置瓷砖，有些特殊规格的瓷砖，如转角瓷砖，须特殊加工。

3）细部构造要给出详细设计，详见 134 问。

115. 蒸压加气混凝土板材系统有什么特性？

蒸压加气混凝土板材简称 ALC 板，是由经过防锈处理的钢筋网片增强，经过高温、高压、蒸汽养护而成的一种性能优越的新型轻质建筑材料。装配式建筑经常用于外围护结构的墙板的材料，它具有以下的特性：

1）保温隔热性：它的自保温外围系统，有效解决结构的冷、热桥问题，大大降低了建筑物的使用耗能，不用再做其他保温措施，大大降低工程造价。

2）耐热阻燃性：15cm 厚墙板既能达到 4 小时以上的防火性能，且绝不会产生任何放射性物质和有害气体，因此被广泛应用于对翻过要求较高的钢结构厂房。

3）优良的抗震性：轻质高强的 ALC 自保温外墙板结合专业节点设计和安装方法，保证建筑物维护结构具有较强的抗震性能，因此，在日本等地震高发地带被广泛应用。

4）防腐耐久性：主要材料均为无机材质，抗侵蚀、抗冻融、抗老化、耐久性好，无玻镁屋面板易吸潮返卤、变形、腐蚀钢材等弊端，使用年限 50 年，与建筑物同寿。

5）抗风抗雪性：设计荷载安全，抗负风压强，不怕积雪，避免了彩钢的各种缺陷。

6）轻质高强性：与普通混凝土相比，相同强度的轻骨料混凝土的质量是普通混凝土的 60% ~70%；采用纤维增强混凝土使之具有相对高的抗拉与抗弯极限强度，提高了韧性和承载力。

7）施工便捷性：ALC 自保温外墙板多采用干式施工法，施工工艺简便，有效地缩短建设工期，降低了工程造价。

116. 如何设计蒸压加气混凝土板材系统？与主体结构如何连接？

关于 ALC 板本章第 95 问外围护体系中已经介绍了此种板，日本可以用于 6 层楼以下建筑和用于高层凹入式阳台的外墙，也常用于室内楼梯间、走廊的隔墙，见图 6-40、图 6-41。

图 6-40　ALC 板走廊

图 6-41　ALC 外墙板

1）蒸压加气混凝土板材根据结构构造要求，在加气混凝土内配置经防腐处理的不同数量钢筋网片。蒸压加气混凝土制成的板材，可分为屋面板、外墙板、隔墙板和楼板。

2）蒸压加气混凝土板用于外墙时，分为内嵌和外包两种形式，适用于框架及框-剪结构的各种使用功能建筑，可根据安装方式需要分为横装和竖装两种，见图 6-42 和图 6-43。板材的使用应符合《蒸压加气混凝土建筑应用技术规程》（JGJ/T 17—2008）的相关规定。

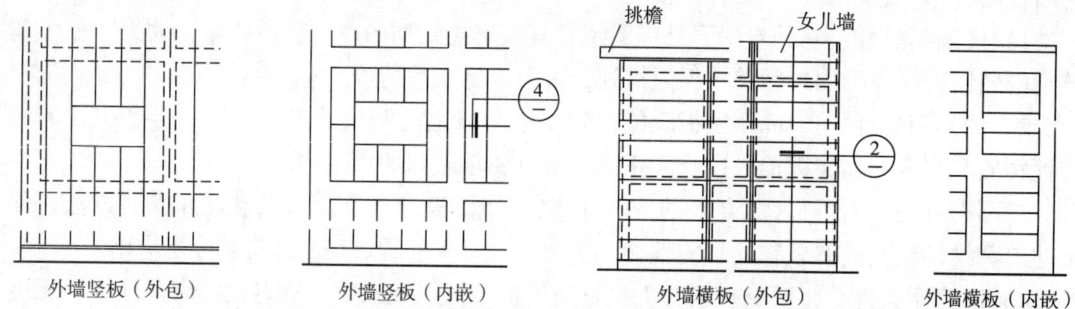

图 6-42　ALC 外墙板立面示意图

（《蒸压加气混凝土砌块、板材构造》13J104）

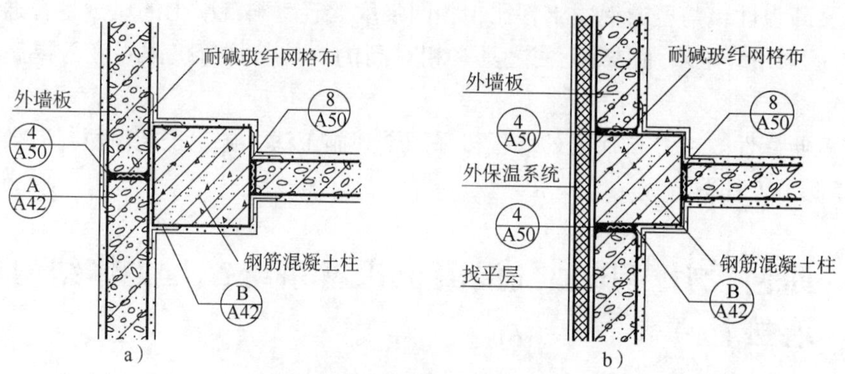

图 6-43　ALC 外墙板安装示意图

（《蒸压加气混凝土砌块、板材构造》13J104）

a）外挂式 ALC 外墙板　b）内嵌式 ALC 外墙板

3）内墙板一般选用竖板（过梁板除外），安装方式见图6-44。

4）蒸压加气混凝土板接缝设计。

①ALC墙板侧边及顶部与混凝土柱、梁、板等主体结构连接时应预留10～20mm缝隙，缝宽满足结构计算要求，缝宽计算方法详见本章第108问。

②墙体与主体之间宜采用柔性连接，宜采用弹性材料填缝，有防火要求时应采用防火材料填缝（如岩棉、玻璃棉），地震区应有卡固措施。

③外门、窗框与墙体之间应采取保温及防水措施。

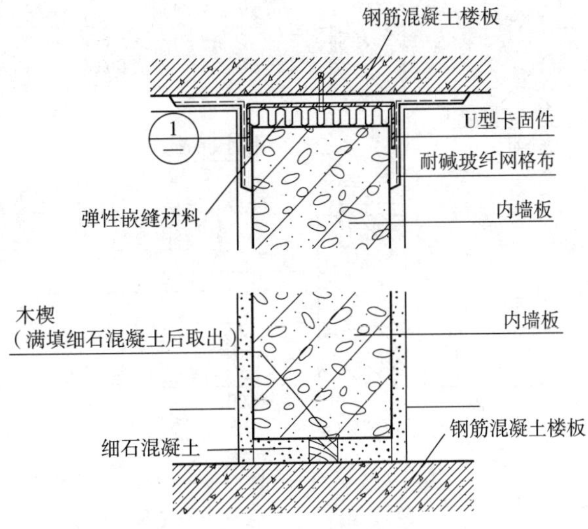

图6-44　ALC内墙板安装示意图

（《蒸压加气混凝土砌块、板材构造》13J104）

5）装配式建筑国家标准《装标》中规定了蒸压加气混凝土外墙板的设计要求，要求性能、连接构造、板缝构造等应符合现行行业标准《蒸压加气混凝土建筑应用技术规程》JGJ/T 17的有关规定，并符合下列规定（6.2.6）：

①可采用大板、横条板、竖条板的构造形式。

②当外围护结构需同时满足保温、隔热要求时，板厚应满足保温或隔热要求的较大值。

③可根据技术条件选择钩头螺栓法、滑动螺栓法、内置锚法、摇摆型工法等安装方式。

④外墙室外侧板面及有防潮要求的外墙室内侧板面应用专用防水界面剂进行封闭处理。

现阶段，国内工程钩头螺栓法应用普遍，其特点是施工方便、造价低，缺点是损伤板材，连接点不属于真正意义上的柔性节点，属于半刚性连接节点，应用多层建筑外墙是可行的；对高层建筑外墙宜选用内置锚法、摇摆型工法，见图6-45。

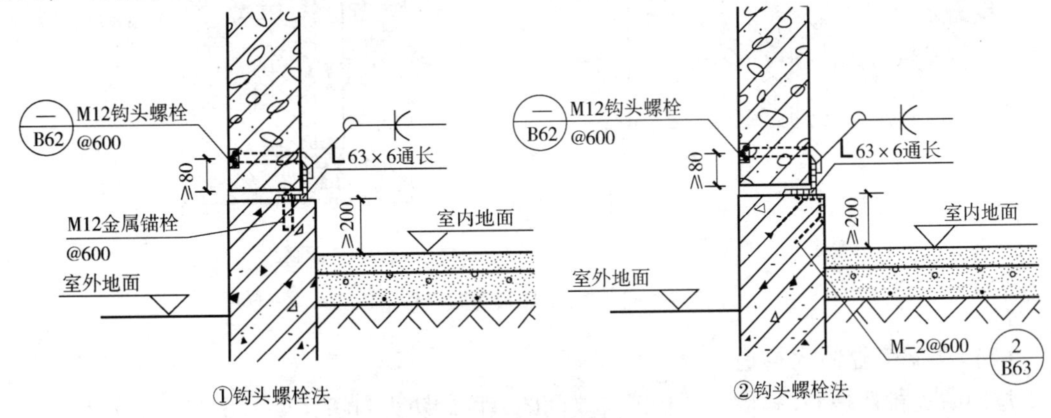

图6-45　ALC外墙板安装示意图

（《蒸压加气混凝土砌块、板材构造》13J104）

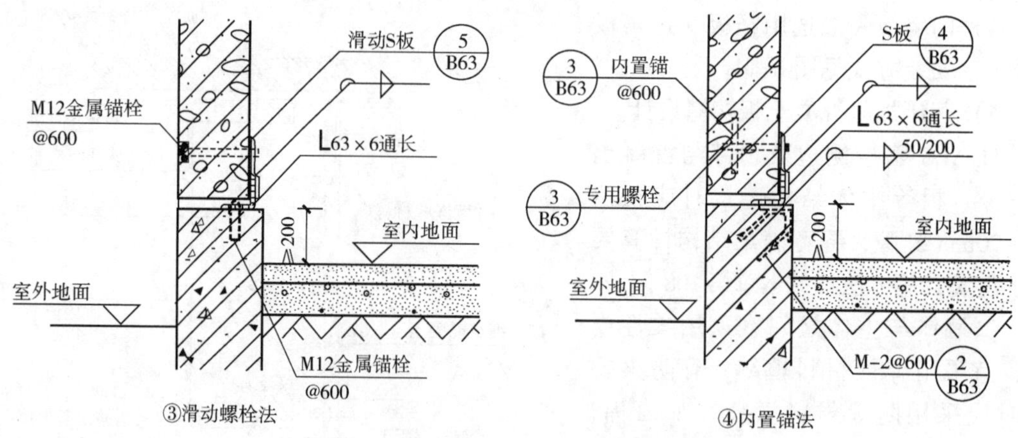

图 6-45　ALC 外墙板安装示意图（续）

（《蒸压加气混凝土砌块、板材构造》13J104）

117. 如何设计 PC 外挂墙板防火构造?

PC 幕墙防火构造的三个部位是：有防火要求的板缝、层间缝隙和板柱缝隙。

（1）板缝防火构造

板缝防火构造是板缝之间塞填防火材料，见图 6-46。板缝塞填防火材料的长度 L_{fh} 与耐火极限的要求和缝的宽度有关，需要通过计算确定。

在有防火要求的板缝，墙板保温材料的边缘应当用 A 级防火等级保温材料。

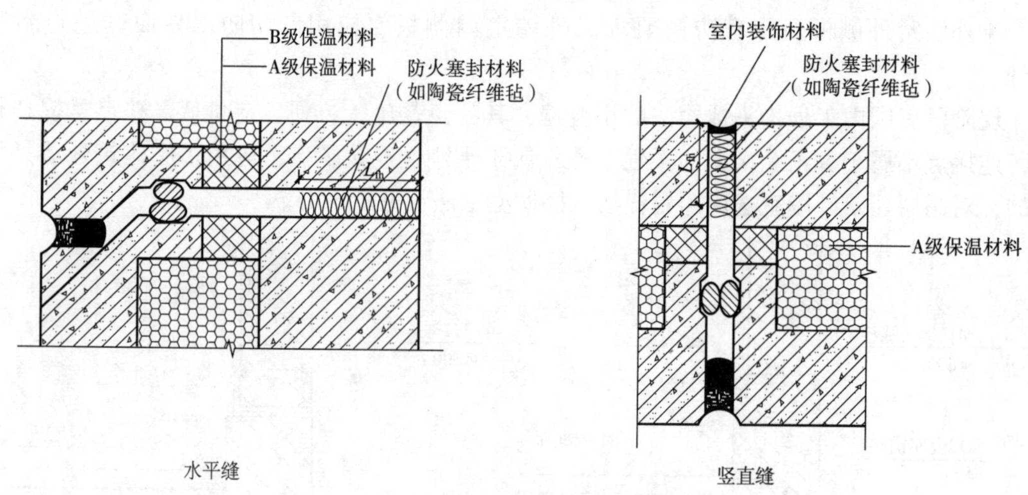

图 6-46　PC 幕墙板缝防火构造

（2）层间缝隙防火构造

层间防火构造是 PC 幕墙与楼板或梁之间的缝隙的防火封堵，见图 6-47。

（3）板柱缝隙防火构造

板柱缝隙防火构造是 PC 幕墙与柱或内墙之间缝隙的防火构造，见图 6-48。

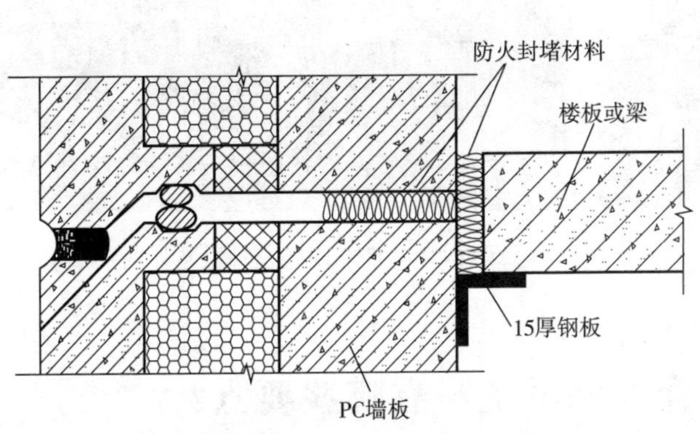

图 6-47　PC 幕墙与楼板或梁之间缝隙防火构造

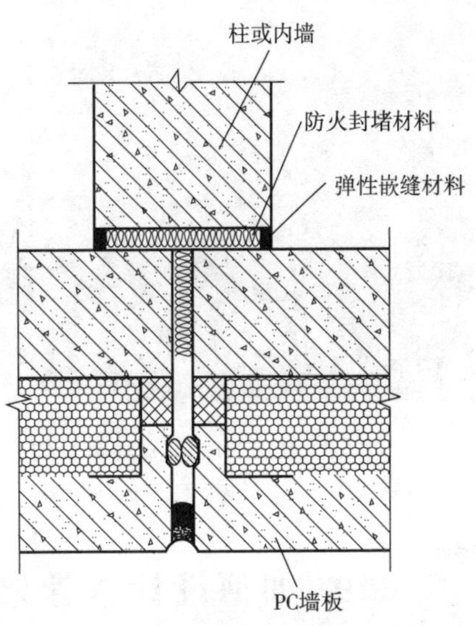

图 6-48　PC 幕墙与柱或内墙之间缝隙的防火构造

118. 如何设计现场组装骨架外墙系统？

现场组装骨架外墙系统是指在现场制作组装骨架，然后在骨架外部安装墙面板，并可在骨架构件之间的空隙填充保温隔热及隔声材料而构成的非承重墙体，见图 6-49。装配式建筑国家标准《装标》关于现场组装骨架外墙系统设计有下列规定：

1）骨架应具有足够的承载能力刚度和稳定性，并应与主体结构有可靠连接；骨架应进行整体及连接节点验算（6.3.1）。

2）墙内敷设电气线路时，应对其进行穿管保护（6.3.2）。

3）金属骨架组合外墙应符合下列规定（6.3.4）：

①金属骨架应设置有效的防腐蚀措施。

②骨架外部、中部和内部可分别设置防护层、隔离层、保温隔汽层和内饰层，并根据使用条件设置防水透气材料、空气间层、反射材料、结构蒙皮材料和隔汽材料等。

在国外常应用于小建筑的外墙，如主体结构是钢结构的别墅，骨架是轻钢龙骨骨架，外墙则采用蒸汽养护的纤维水泥板，见图 6-50、图 6-51。

图 6-49　现场组装轻钢骨架

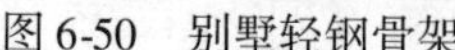
图 6-50　别墅轻钢骨架

图 6-51　日本现场龙骨组装外墙别墅

119. 如何设计木骨架组合外墙系统？有哪些要点？

装配式建筑国家标准《装标》关于木骨架组合外墙系统设计有下列规定（6.3.5）：

1）材料种类、连接构造、板缝构造、内外面层做法等要求应符合现行国家标准《木骨架组合墙体技术规范》GB/T 50361 的有关规定。

2）木骨架组合外墙与主体结构之间应采用金属连接件进行连接。

3）内侧墙面材料宜采用普通型、耐火型或防潮型纸面石膏板，外侧墙面材料宜采用防潮型纸面石膏板或水泥纤维板材等材料。

4）保温隔热材料宜采用岩棉或玻璃棉等。

5）隔声吸声材料宜采用岩棉、玻璃棉或石膏板材。

6）填充材料的燃烧性能应为 A 级。

木骨架组合外墙系统的特点包括以下几个方面：

1）自重：木结构自重是同等混凝土建筑的 1/7，在地震中，自重越轻所受的地震力及建筑产生的晃动惯性就越小。

2）木剪力墙抗侧性能：由密布的木龙骨及定向结构板（OSB）组成的木剪力墙具有极佳的抗侧力，能够使木结构墙体不会出现混凝土墙地震中出现的 X 形裂缝。

3）柔性结构耗能性：木材和金属连接件形成的节点具有弹性和一定的变形能力，而木材天然柔韧性能有效吸收和消耗外力，通过自身变形使地震力被有效消耗，从而确保建筑框架的整体安全性。

非承重木骨架组合外墙从室内到室外，主要由以下各层材料构成（详见图 6-52、图 6-53）：

1）内墙面板：耐火石膏板，厚度通常为 12mm，主要满足防火要求，并作为墙体的内饰面。

2）隔汽层：在严寒地区一般可使用聚乙烯薄膜，厚度 0.15mm，用来控制水蒸气从室内居住空间向墙体内部渗透。如果把薄膜之间的缝隙以及和混凝土之间的缝隙粘好并密封住，这层薄膜还可以起到气密层的作用。

3）墙骨柱（内填保温棉）：起结构支撑和保温隔热的作用。墙骨柱通常采用 2×6 规格材。

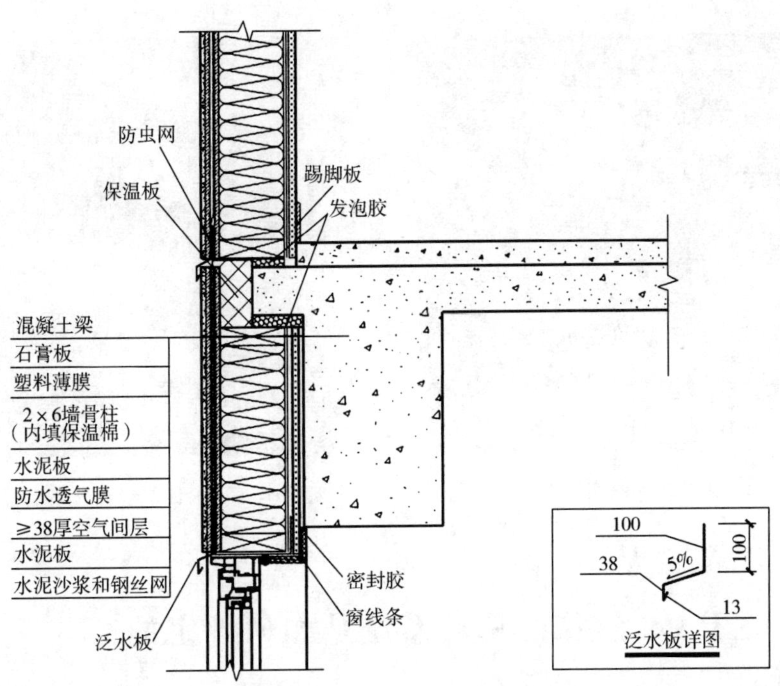

图 6-52　标准墙体构造

4）外墙面板：安装在木框架外侧，用来支撑外墙防水层以及安装外饰面等。可使用厚度为 12mm 的防水石膏板，或者类似厚度的水泥纤维板，以加强墙体构件的防火性能。

5）防水层：有时称为防潮层，一般为具有防水透气性能的油纸或薄膜，俗称呼吸纸，主要用来防止雨水从外面渗透到木结构墙体中。

6）防雨幕墙外饰面：建筑外饰面对外墙内部构件起到防护作用。有排水、通风功能的外饰面系统即防雨幕墙，可以通过阻隔毛细作用，减小防雨幕墙空腔内和外部环境的压差，提供良好的排水和通风途径，从而提高外墙的耐久性。

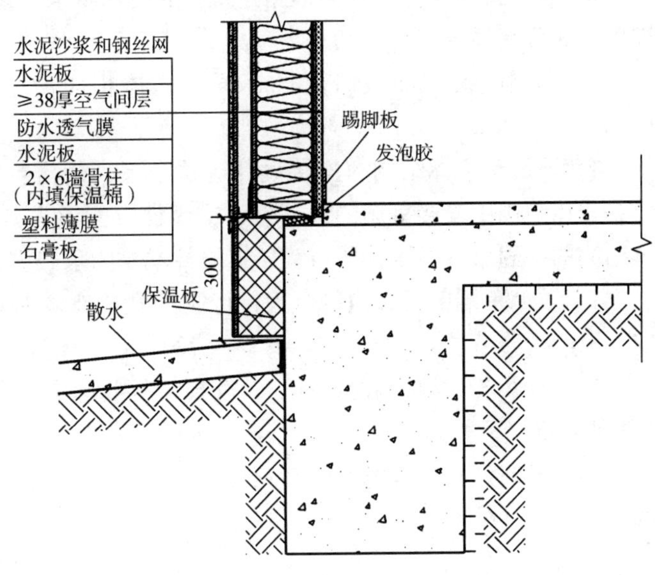

图 6-53　底层外墙构造

此外木骨架组合外墙适用范围还应参照现行《建筑设计防火规范》（GB 50016—2014）规定：建筑高度不大于 18m 的住宅建筑、建筑高度不大于 24m 的办公建筑和丁、戊类厂房（库房）的房间隔墙和非承重外墙可采用木骨架组合墙体。图 6-54 和图 6-55 是木骨架组合外墙板及墙板的现场安装照片。

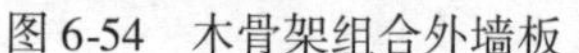

图 6-54　木骨架组合外墙板

图 6-55　木骨架组合外墙板现场安装

120. 关于 PC 建筑的幕墙系统是如何规定的?

关于装配式建筑的幕墙系统设计国家标准《装标》6.4 节专门做出下列规定:

1）装配式混凝土建筑应根据建筑物的使用要求、建筑造型，合理选择幕墙形式，宜采用单元式幕墙系统（6.4.1）。

2）幕墙应根据面板材料的不同，选择相应的幕墙结构、配套材料和构造方式等（6.4.2）。

3）幕墙与主体结构的连接设计应符合下列规定：应具有适应主体结构层间变形的能力；主体结构中连接幕墙的预埋件、锚固件应能承受幕墙传递的荷载和作用，连接件与主体结构的锚固承载力设计值应大于连接件本身的承载力设计值（6.4.3）。

4）玻璃幕墙的设计应符合现行行业标准《玻璃幕墙工程技术规范》JGJ 102 的相关规定（6.4.4）。

5）金属与石材幕墙的设计应符合现行行业标准《金属与石材幕墙工程技术规范》JGJ 133 的规定（6.4.5）。

6）人造板材幕墙的设计应符合现行行业标准《人造板材幕墙工程技术规范》JGJ 336 的相关规定（6.4.6）。

121. 幕墙连接设计须满足哪些要求?

我们在第 119 问中已经介绍了关于装配式建筑幕墙的相关要求，对于装配式建筑幕墙宜采用单元式幕墙，其他要求与现浇混凝土建筑没有什么区别，没有反映出装配式混凝土的特点。

装配式混凝土建筑的一大特点就是墙、梁等都是预制构件，尺寸精度比较高，由于 PC

构件表面平整，幕墙所需预埋件可以通过在PC构件中预埋内置螺母等方式来实现，免去了为了找平用的幕墙龙骨，为施工安装提供了便利性并降低了成本。

对于柱梁体系可以选用单元式的整间板组合安装，对于剪力墙体系可选用无龙骨幕墙。装配式建筑混凝土可采用玻璃纤维增强混凝土（见图6-56）、超高性能混凝土这种轻质的，用背负龙骨做成整间板整体式的装配式板，获得更好的适宜性，国外土耳其钢结构住宅采用了较多的这种形式的板。

图6-56　旅顺现代化高中教学楼外墙采用玻璃纤维增强混凝土板

122. 幕墙构造设计须满足哪些要求？

幕墙构造设计包括以下内容：

（1）接缝设计

接缝设计包括缝宽设计和接缝构造设计。大多数幕墙和构件接缝有防水、防渗要求，有的幕墙有设置防鸟网的要求。关于缝宽计算，详见本章第108问。

缝的类型：构件连接缝有平缝、凹槽平缝、搭接缝、企口缝等，详见图6-57。

（2）缝的防水构造

1）幕墙板和构件接缝应有可靠防水构造。

2）防水构造包括接缝构造和填塞止水密封材料。

3）填塞止水密封材料有两种方式：止水橡胶条和建筑密封胶，其中以建筑密封胶为主。

4）墙板或构件背后保温层未做防水保护时，宜用止水胶条和建筑密封胶双重设防，详见图6-58。

5）设计应明确提出建筑密封材料的性能要求，应当使用防水性、耐候性、耐久性、弹性、黏接性好的无污染的密封材料。建筑密封胶应当与水泥基材料有很好的相容性和抗紫外线能力。

6）密封胶的颜色、凹入缝深度、打胶面平整度对美观影响较大，设计应明确要求。

7）当构件有滴水构造时，设计应当要求构件接缝处的密封胶也打出滴水构造，避免水痕污染。

8）接缝设计使用止水胶条应是空心胶条，其外径尺寸大于缝宽，应当提出要求：在构件就位合缝之前将止水胶条粘贴到一侧构件上。

9）敞开缝构造。有的幕墙工程，GRC幕墙在保温防水层之外，缝不需做封堵和防水处理，属于敞开构造。对于敞开缝，如果需要遮挡视线，不让人看到板后构造，可采用高折边构造或转角折边构造，见图6-59。

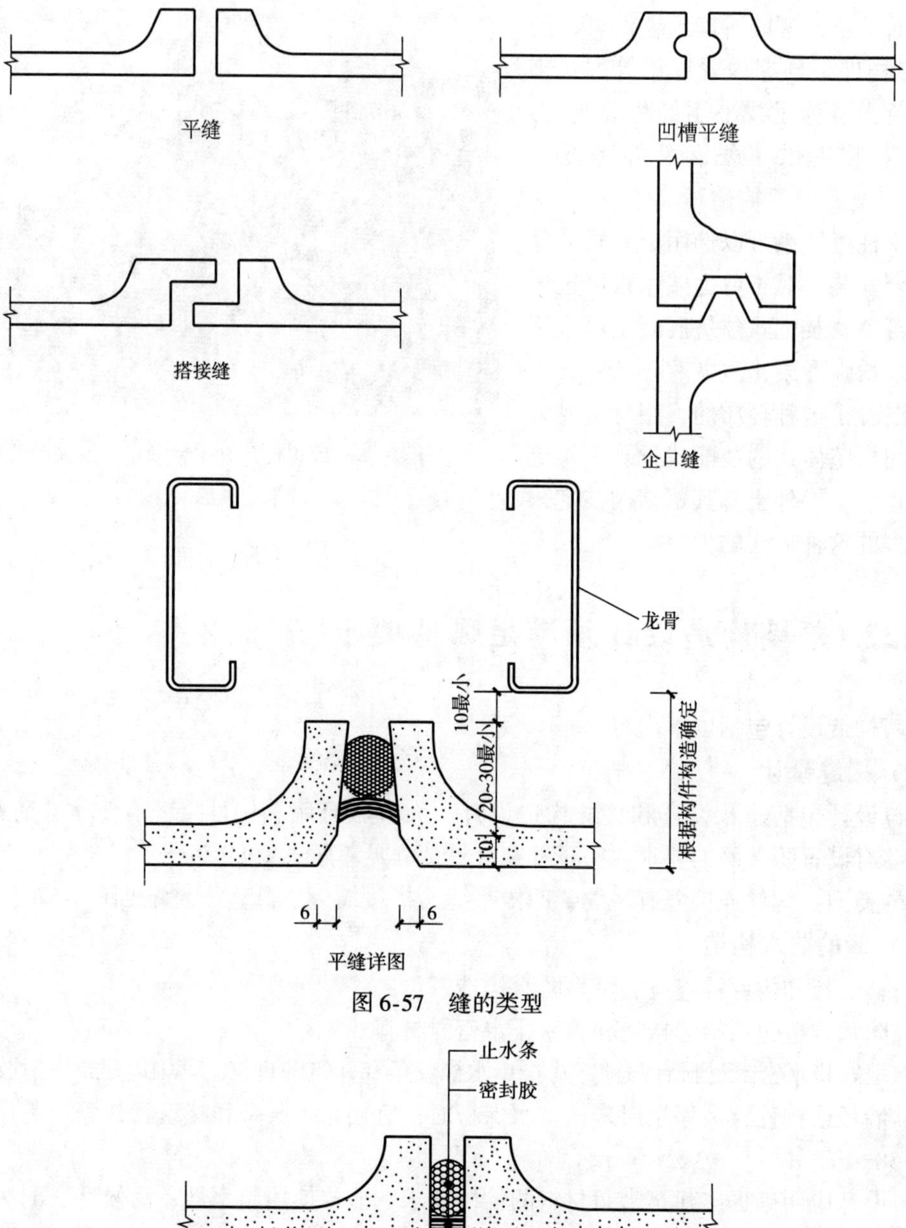

图 6-57　缝的类型

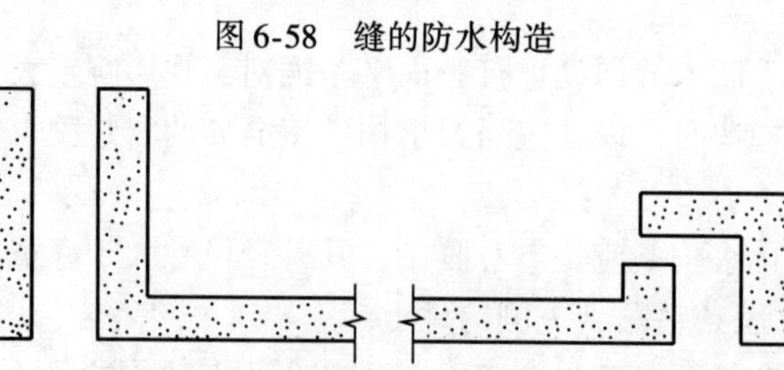

图 6-58　缝的防水构造

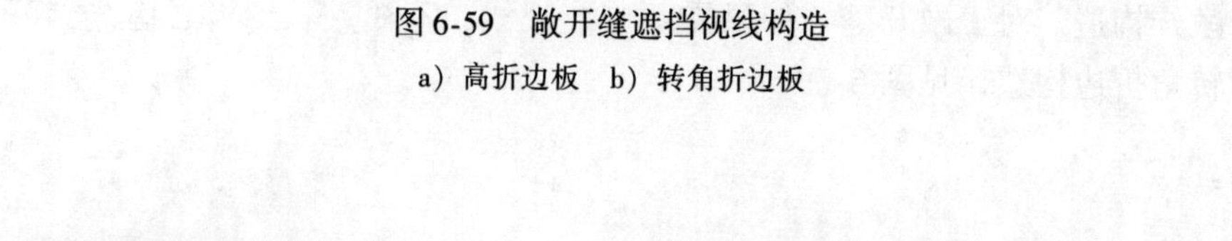

图 6-59　敞开缝遮挡视线构造

a）高折边板　b）转角折边板

10）防鸟网构造。敞开缝比较宽，如40mm以上，为避免飞鸟、老鼠进入幕墙后面破坏保温防水层，应设立金属防鸟网，见图6-60。

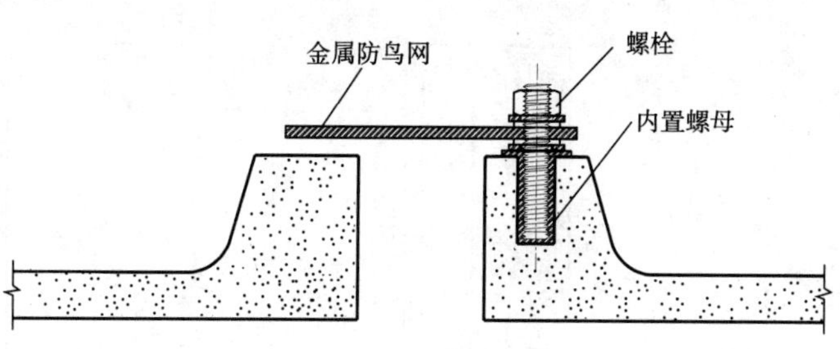

图6-60　防鸟网构造

（3）边缘构件构造设计

边缘构件是指墙转角处、女儿墙、挑檐板、门窗口、墙脚处等幕墙板或构件，构造设计需要考虑。

1）转角。悬挑较大的构件在转角处悬挑更大，须与结构设计确认可行性，见图6-61。

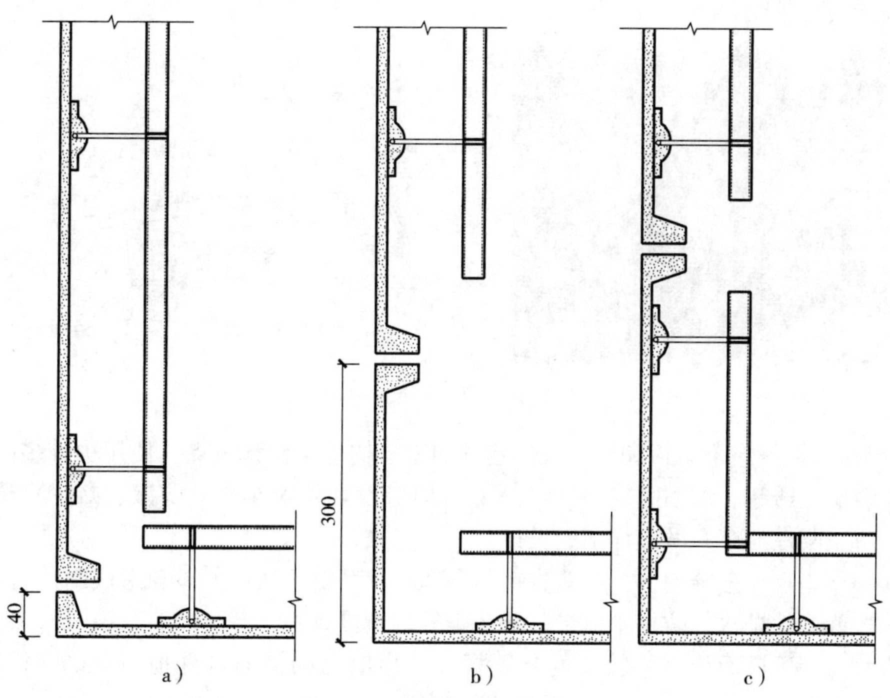

图6-61　转角构件折边高度

a）可以　b）可以　c）太高了，制作困难且容易形成刚性约束

2）女儿墙，见图6-62和图6-63。

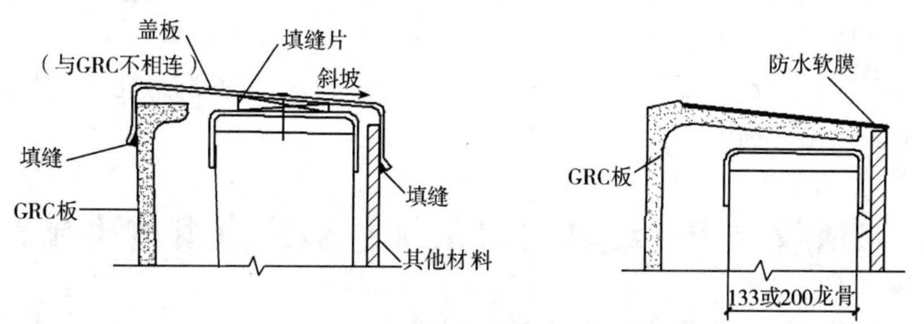

图6-62　有龙骨构件女儿墙构造

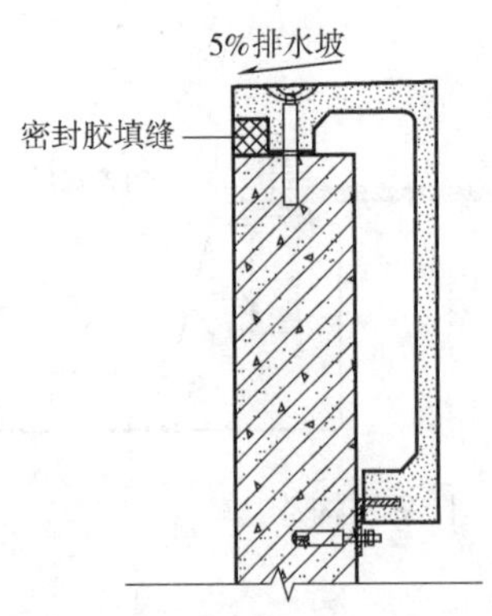

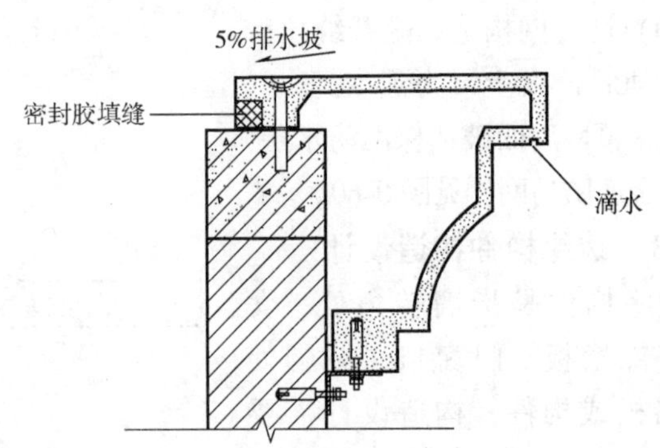

图 6-63 无龙骨构件女儿墙构造

3）挑檐板，见图 6-64。

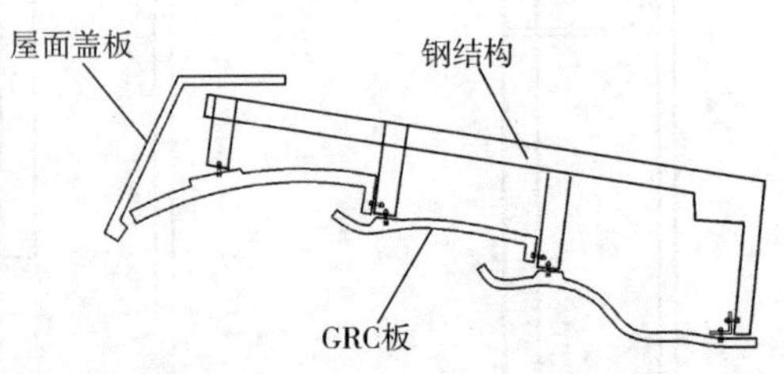

图 6-64 GRC 挑檐板构造

4）门窗口。带窗幕墙板和环窗装饰构件的窗口构造是设计重点，使用中许多问题出在这里，如渗漏、透寒、窗框固定不牢等。窗口构造设计须对排水、防渗、减少冷桥，门窗框固定、防止刚性约束等做出详细的设计。

窗框必须固定在钢结构上，不能直接与幕墙板及其折边接触，以免形成刚性约束。

幕墙板或构件排水、防止水痕、防止污染等构造设计。

①排水。用于屋面或水平放置的幕墙板和凸出墙面的横向构件顶面应确定排水方向，排水坡度不小于3%，宜5%以上。横向构件顶板的排水坡度应当在构件设计中给出。

②防止水渍。门窗上口构件和横向凸出墙面的构件要有防止水痕污染的滴水构造。应当在其外探部位的顶部设置滴水槽，尽可能避免设计无法消除水痕的构件。

③防止污染。一些非线性建筑屋顶构件或水平放置的构件有积灰的可能。如果构件是仰斜的，积灰污染就会在人们的视线以内，会大大影响建筑物的形象。

水平或仰斜的构件不宜做成粗糙质感，以平滑为宜。且表面应做防污染处理，如使用憎水效果好的表面保护剂等。

 123. 如何设计 PC 建筑门窗系统？须注意哪些事项？

(1) PC 门窗设计国家标准《装标》的规定

1）外门窗应采用在工厂生产的标准化系列产品，并应采用带有批水板等的外门窗配套系列部品（6.5.1）。

2）预制外墙中外门窗宜采用企口或预埋件等方法固定，外门窗可采用预装法或后装法设计，并应满足下列要求（6.5.3）：

①采用预装法时，外门窗框应在工厂与预制外墙整体成型。

②采用后装法时，预制外墙的门窗洞口应设置预埋件。

（2）外墙门窗的安装方式

PC建筑的窗户节点设计与窗户是否与PC墙板一体化制作有关，也与外墙保温的做法有关。

PC建筑外墙门窗有两种安装方式，一种是与PC墙板一体化制作；一种是在PC墙板做好或就位后安装，见图6-65。

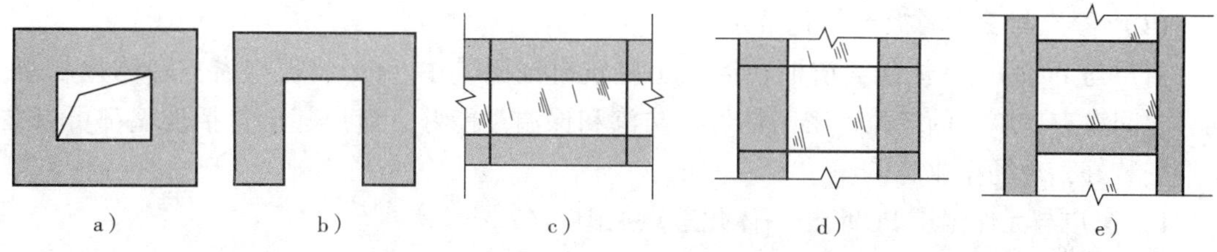

图6-65 外墙门窗类型与安装方式的关系

窗洞开在整块墙板上（见图6-65a），窗户才有可能与PC墙板一体化制作，包括带窗洞的外挂墙板和剪力墙外墙整间板。当然，也可以采用后安装的方法。

开在整块墙板上的阳台门和落地窗（见图6-65b）理论上可以与墙板一体化制作，但由于墙板有一边是敞口的，运输吊装过程板的受力和变形情况复杂，不宜一体化制作门窗，一般是构件安装后再安装门窗。

窗户由两个以上构件围成，如PC幕墙上下横向板之间的窗户（见图6-65c）、左右竖向板之间的窗户（见图6-65d）、柱、梁构件围成的窗户（见图6-65e）等，不能与PC构件一体化制作，只能在构件安装后安装窗户。

（3）飘窗

一些地区喜欢“飘窗”——探出墙体的窗，有的地方甚至没有飘窗的住宅会影响销售。尽管装配式建筑不大适合里出外进的构件，但装配式应当服从市场所要求的建筑功能。

剪力墙结构的飘窗可以整体预制，图6-66是上海保利装配式建筑的整体式飘窗。

飘窗的外探宽度应当尽可能克制。

图6-66 剪力墙结构整体式飘窗

（4）保护要求

PC 墙板窗户与 PC 一体化制作，或虽采用后装法但在工厂将窗户装配好，需要采取保护措施，设计需要提出保护要求。

未安装玻璃时，可在窗框表面套上塑料保护套。安装玻璃时，应有防止碰撞玻璃的措施。

124. PC 外墙构件上的门窗有哪些固定方法？如何进行构造设计？

PC 建筑外墙门窗有两种安装方式：一种是与 PC 墙板一体化制作；一种是在 PC 墙板做好或就位后安装。

（1）窗户与 PC 墙板一体化节点

窗户与 PC 墙板一体化，窗框在混凝土浇筑时锚固其中。PC 墙板与窗户一体化制作，两者之间没有后填塞的缝隙，密闭性好，防渗和保温性能好，窗户甚至包括玻璃都可以在工厂安装好，现场作业简单。

1）窗户与无保温层 PC 墙板一体化节点见图 6-67。

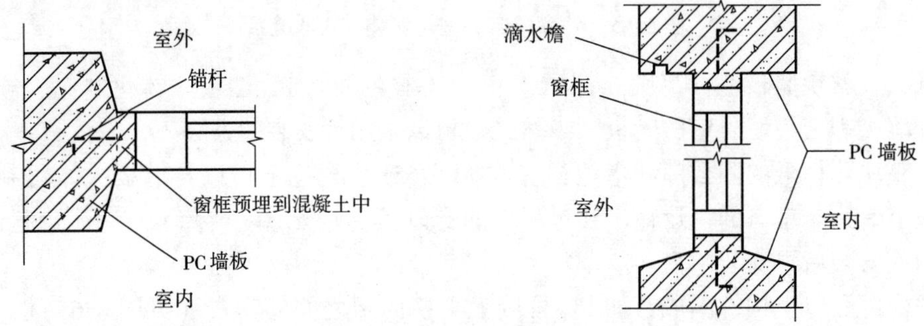

图 6-67　窗户与无保温层 PC 墙板一体化节点

2）窗户与夹心保温墙板一体化节点见图 6-68。

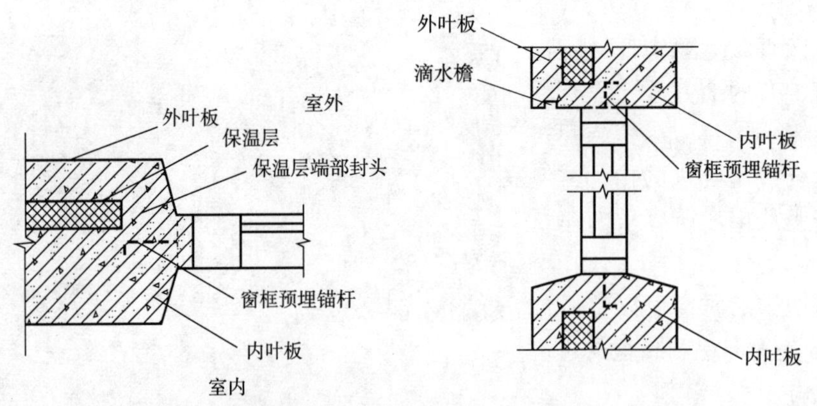

图 6-68　窗户与夹心保温墙板一体化节点

（2）窗户后安装节点

1）窗户后安装节点，对于没有保温层或外墙内保温构件，做法与现浇混凝土建筑窗户安装做法一样。在 PC 构件预制时需要预埋安装窗框的木砖，见图 6-69。

2）对于夹心保温构件，窗户安装节点与现浇混凝土结构不一样，窗框位置有在保温层处和保温层里侧位置的情况，下面分别介绍。

①窗框位置在保温层处节点。后安装窗户的 PC 夹心保温墙板，窗户位置一般在保温层处，带翼缘的夹心保温柱、梁和窗户位置，靠外的夹心保温柱、梁的窗户位置也在保温层处，见图 6-70。

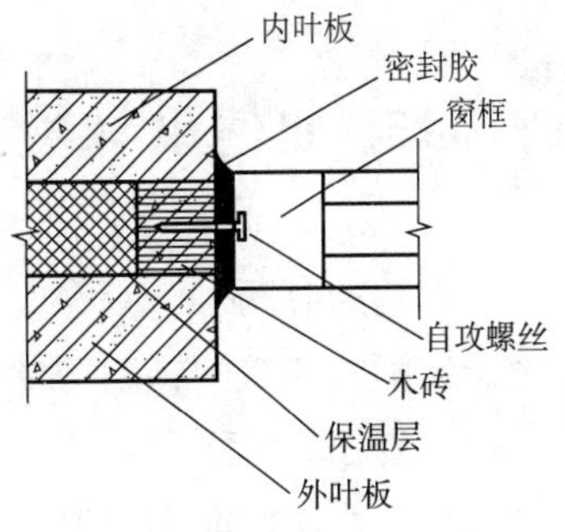

图 6-69 夹心保温 PC 构件窗户后装法节点

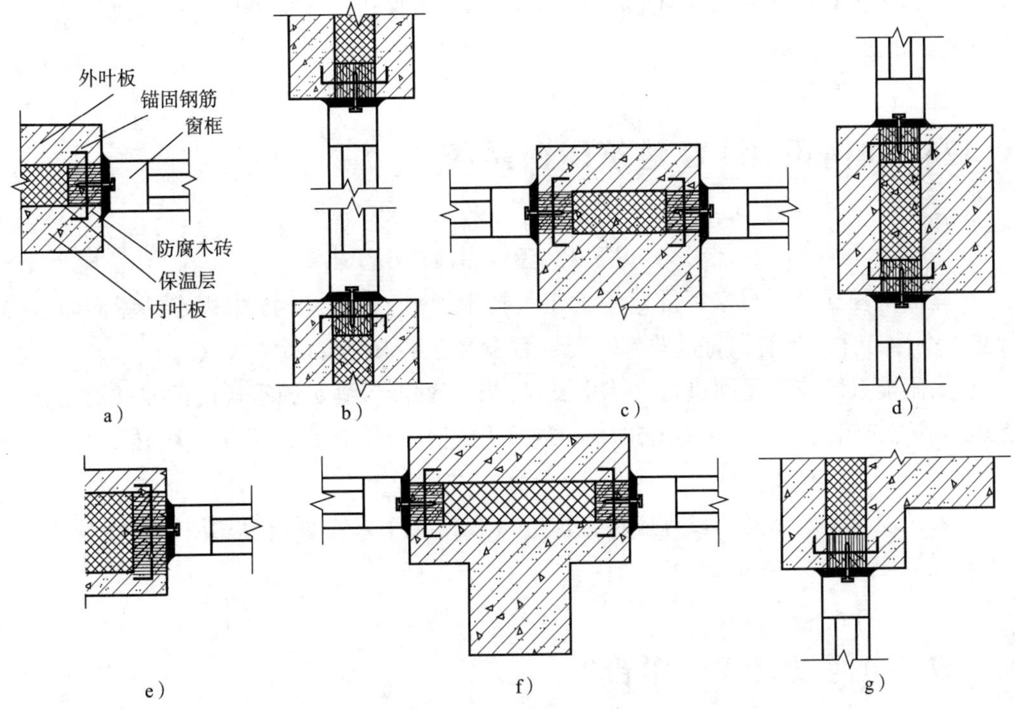

图 6-70 窗户后安装窗框位置在保温层处安装节点

a）夹心保温板平剖面 b）夹心保温板立剖面 c）夹心保温柱 d）夹心保温梁 e）保温层厚度大于窗框 f）带翼缘柱 g）带翼缘梁

②窗户凹入柱梁的节点。有的建筑师喜欢窗户凹入柱梁，夹心保温柱窗户节点参见图 6-71。

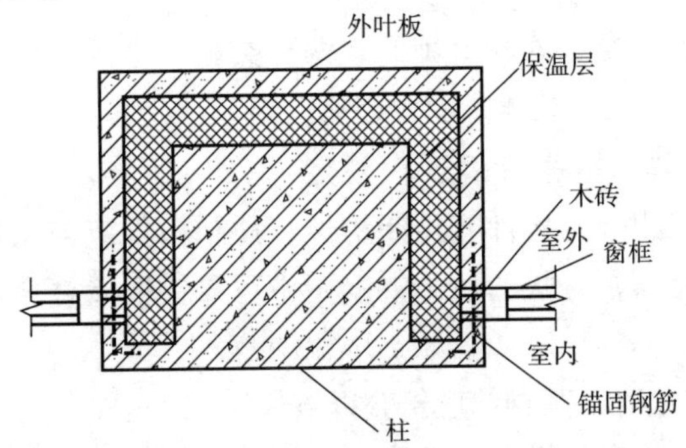

图 6-71 窗户凹入时夹心保温柱后装法窗户安装节点

125. 如何设计墙板门窗洞口缝隙防水构造?

防水构造有两种，一种是整间板；一种是后安装，防水构造与现浇混凝土建筑一样，但由于装配式建筑的预制构件精度会高一些，防水性能会更好。

1）装配式国家标准《装标》要求外门窗应可靠连接，门窗洞口与外门窗框接缝处的气密性能、水密性能和保温性能不应低于外门窗的有关性能（6.5.2）。

2）窗台坡度在预制时就形成。

3）窗户上沿板的滴水槽在预制时采用硅胶条模具形成，或埋设塑料槽，具体做法详见本章第124问和133问。

126. 如何设计PC建筑屋面系统?

装配式建筑国家标准《装标》关于PC建筑屋面提出要求：

1）屋面应根据现行国家标准《屋面工程技术规范》GB 50345中规定的屋面防水等级进行防水设计，并应具有良好的排水功能，宜设置有组织排水系统（6.6.1）。

2）太阳能系统应与屋面进行一体化设计，电气性能应满足国家现行标准《民用建筑太阳能热水系统应用技术规范》GB 50364、《民用建筑太阳能光伏系统应用技术规范》JGJ 203的相关规定（6.6.2）。

3）采光顶与金属屋面的设计应符合现行行业标准《采光顶与金属屋面技术规程》JGJ 255的相关规定（6.6.3）。

127. 如何设计PC阳台?

装配式预制阳台的坡度、排水等与现浇基本相同，但是要有防雷构造，预制阳台板内需设置防雷引下线。

(1) 阳台类型

阳台为悬挑板式构件有叠合式和全预制式两种类型，全预制由分作全预制板式和全预制梁式（见图6-72）。瓷砖反打整体式阳台详见图6-73。

(2) 关于阳台板、等悬挑板《装规》规定

阳台板、空调板宜采用叠合构件或预制构件。预制构件应与主体结构可靠连接；叠合构件的负弯矩钢筋应在相邻叠合板的后浇混凝土中可靠锚固，叠合构件中预制板底钢筋的锚固应符合下列规定：

1）当板底为构造配筋时，其钢筋应符合以下规定：

叠合板支座处，预制板内的纵向受力钢筋宜从板端伸出并锚入支承梁或墙的后浇混凝土中，锚固长度不应小于 $5d$（d 为纵向受力钢筋直径），且宜过支座中心线。

2）当板底为计算要求配筋时，钢筋应满足受拉钢筋的锚固要求。

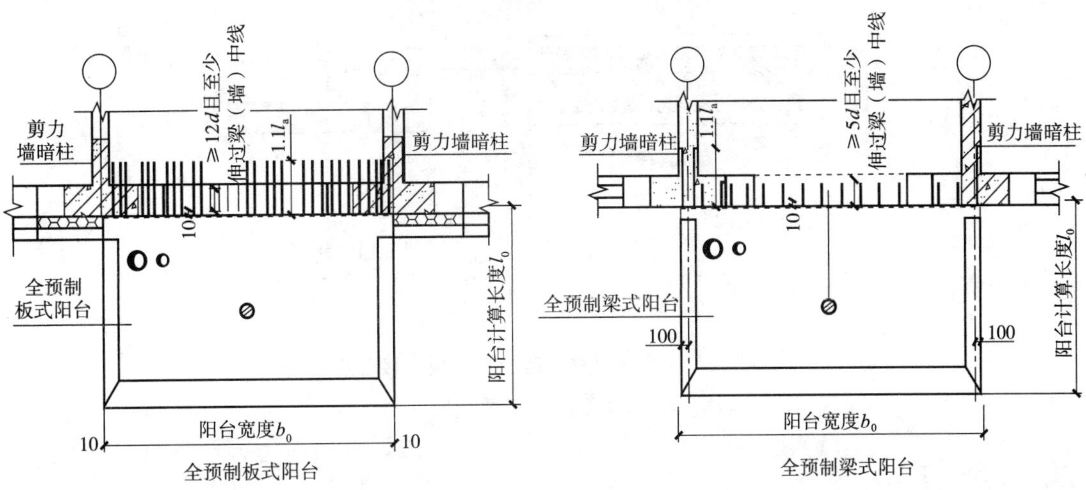

图 6-72 阳台类型（国标图集 15G368—1）

受拉钢筋基本锚固长度也叫非抗震锚固长度 L_{ab}，一般来说，在非抗震构件（或四级抗震条件）中（如基础筏板、基础梁等）用到它，表示为 L_a 或 L_{ab}。

通常说的锚固长度是指的抗震锚固长度 L_{aE}，该数值以基本锚固长度乘以相应的系数 ζ_{aE} 得到。ζ_{aE} 在一、二级抗震时取 1.15，三级抗震时取 1.05，四级为 1.00，可参见国标图集 11G101—1。

图 6-73 瓷砖反打整体式阳台

128. 如何设计 PC 空调板？

PC 空调板分为两种情况：

1）一种是建筑三面出墙，PC 空调板是直接放置在墙上部的。

2）另一种是挑出的，PC 空调板整块预制，伸出支座钢筋，钢筋锚固伸入现浇圈梁、楼板内，详见图 6-74 和图 6-75。

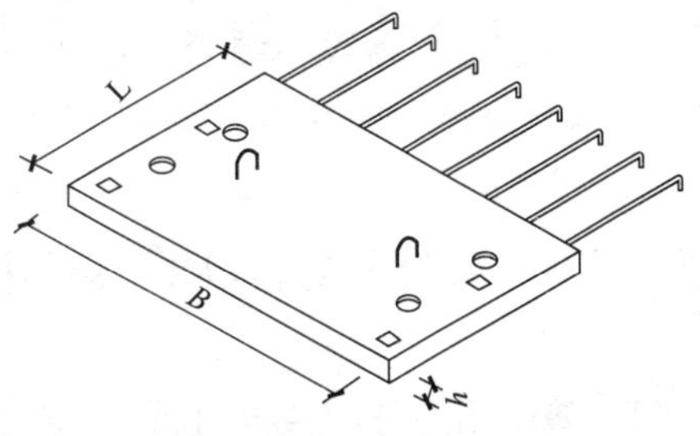

图 6-74 预制钢筋混凝土空调板结构示意图（国标图集 15G368—1）

另外装配式建筑行业标准《装规》规定：空调板宜集中布置，并与阳台合并设置（5.3.6）。

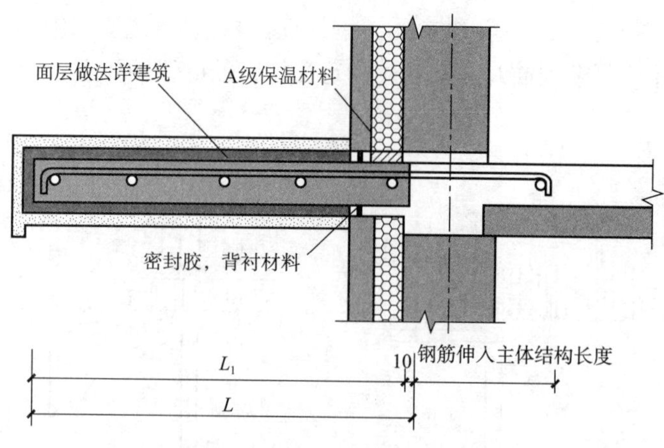

图 6-75　预制钢筋混凝土空调板连接节点
（国标图集 15G368—1）

129. 如何设计 PC 遮阳、挑檐板？

PC 遮阳、挑檐板分为两种情况：

1）一种是剪力墙结构的挑檐板，在构件中预留钢筋，钢筋锚固进入叠合楼板，采用后浇混凝土的方式与主体结构连接。

2）另一种是主梁结构体系的挑檐板，一般会采用挑檐板与梁或楼板组合为一体预制。

挑檐板与阳台板同属于悬挑式板式构件，计算简图与节点构造与阳台板一样。

图 6-76 中的 PC 遮阳板，不是单纯的让它起到遮阳作用，而是把它作为一种艺术元素结合在一起，将功能性的构件与艺术元素相结合，成为一种建筑美学的表达。

图 6-76　PC 遮阳板

130. 如何设计 PC 遮阳雨篷？

PC 遮阳雨篷与阳台板同属于悬挑式板式构件，计算简图与节点构造与阳台板一样。

1）PC 遮阳雨篷可以整块预制，伸出支座钢筋，钢筋锚固进入叠合楼板现浇层内。

2）PC 遮阳雨篷的结构布置原则是同一高度必须有现浇混凝土层。

131. 如何设计 PC 女儿墙？

1）装配式建筑行业标准《装规》中规定女儿墙内侧在要求的泛水高度处应设凹槽、挑檐或其他泛水收头等构造（5.3.7）。

2）PC 女儿墙有三种方案：一是 PC 外挂墙板顶部附加 PC 压顶板；一是 PC 外挂墙板顶部做成向内的折板；一是在 PC 外挂墙板与屋面腰板墙上盖金属盖板（见图 6-77）。

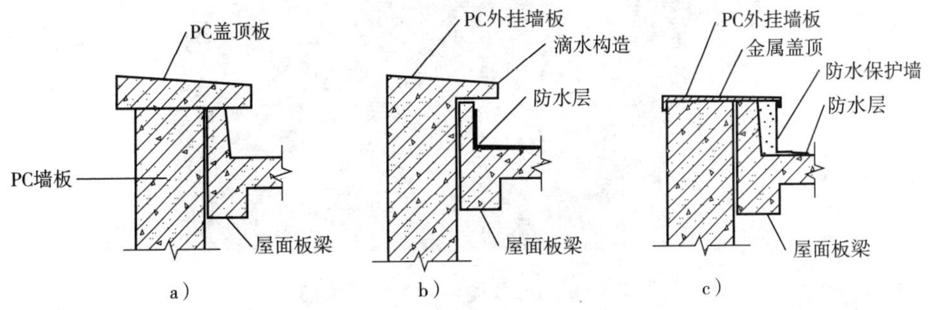

图 6-77　PC 女儿墙构造

a）PC 盖顶板　b）PC 折板盖顶　c）金属盖顶

①PC 墙板折板盖顶方案，顶盖的坡度、泛水和滴水细部构造等都要在 PC 构件中实现，构件制作图须给出详细做法。

②金属顶盖方案，PC 板和楼板的腰板要预埋固定金属顶盖的预埋件，固定节点应设计可靠的防水措施。

在日本看到一座 PC 建筑，把屋顶做成观景平台，“女儿墙”做成玻璃墙，也是一种风格，见图 6-78。

图 6-78　PC 建筑屋顶做成观景台

132. 如何设计 PC 建筑墙角构造？

1）PC 幕墙墙脚处常见做法见图 6-79。

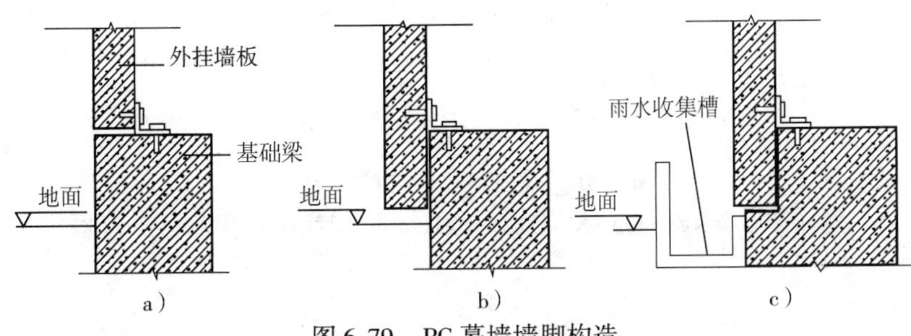

图 6-79　PC 幕墙墙脚构造

2）图 6-80 是搜集雨水的墙脚做法。

图 6-80　PC 幕墙墙脚搜集雨水槽

133. 如何设计 PC 构件的滴水、泛水、排水构造？

由于 PC 建筑外墙构件不需要抹灰，以往在抹灰阶段形成的防止水渍、积灰和积冰污染的滴水构造与排水坡度，防止渗漏的女儿墙和飘窗的泛水构造等，必须在 PC 构件制作时形成。

（1）滴水

须设置滴水的构件包括窗上口的梁或墙、挑檐板、阳台、飘窗顶板、空调板、遮阳板等水平方向悬挑构件。

PC 构件的滴水构造宜用滴水槽，不适宜用鹰嘴构造。滴水槽或采用硅胶条模具形成，或埋设塑料槽，见图 6-81。

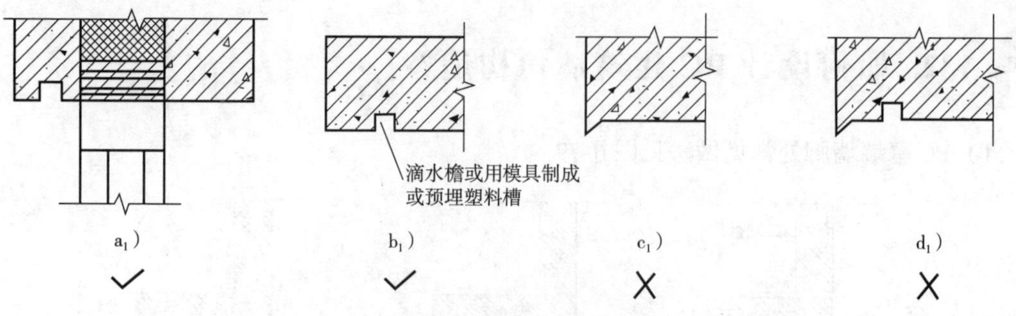

图 6-81a　悬挑 PC 构件滴水构造

a_1）窗顶墙板滴水檐　b_1）水平构件滴水檐　c_1）鹰嘴滴水　d_1）鹰嘴加滴水檐

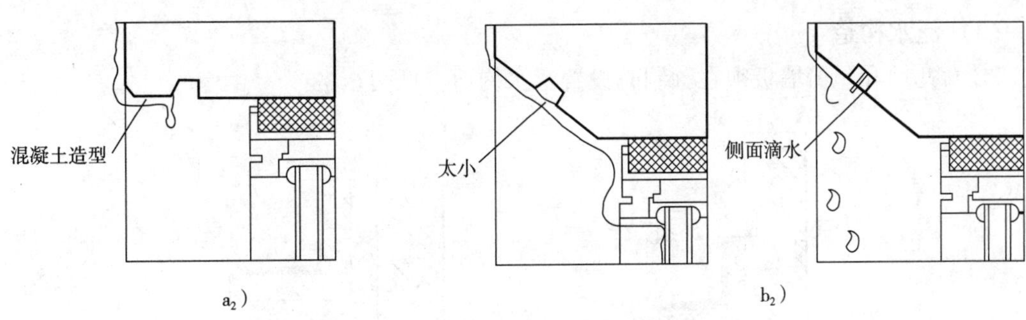

图 6-81b　欧洲 PC 构件滴水构造

a_2）窗顶梁墙水平滴水檐　b_2）窗顶梁墙斜面滴水檐

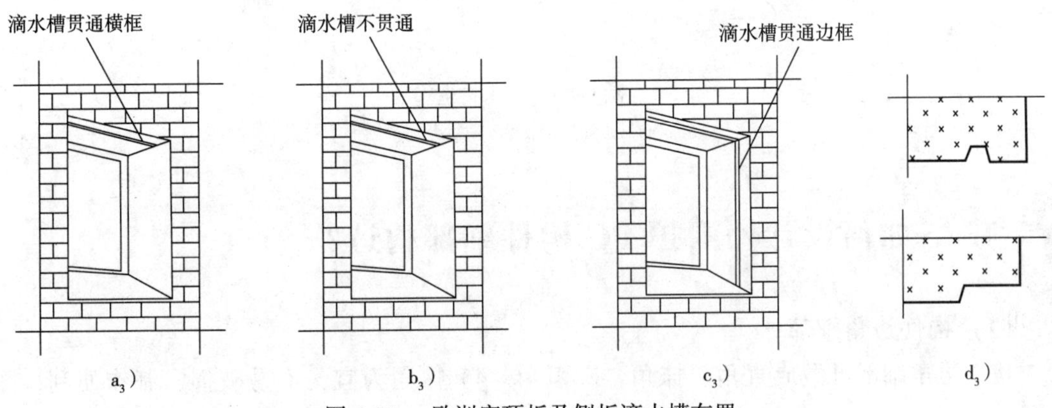

图 6-81c　欧洲窗顶板及侧板滴水槽布置

a_3）滴水槽贯通横框　b_3）滴水槽不贯通横框　c_3）滴水槽贯通边框　d_3）滴水槽细部构造

（2）排水构造

挑檐板、阳台、飘窗顶板、空调板、遮阳板等水平方向悬挑构件的排水构造主要是排水坡度，对于叠合悬挑构件，排水坡度在后浇混凝土时形成；对于全预制构件，排水坡度在工厂预制时形成。

阳台板还需要设置落水管孔和地漏孔，见图 6-82。

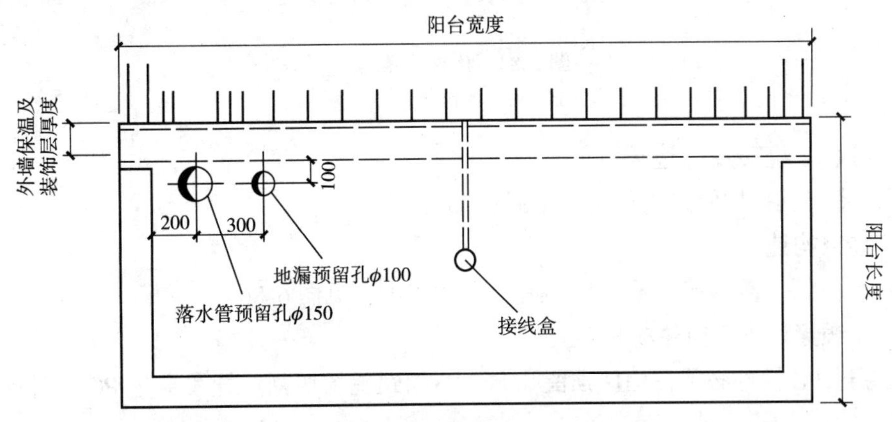

图 6-82　阳台板水落管孔、接线盒和地漏孔

（选自标准图集 15G368—1）

(3) 泛水构造

PC 女儿墙和飘窗墙板须在预制时设置泛水构造，见图 6-83。

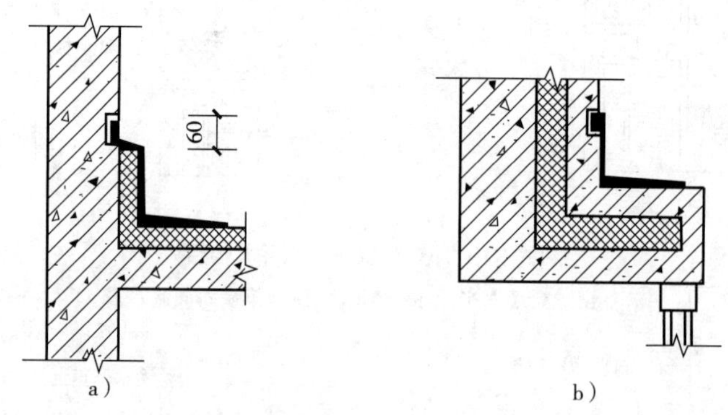

图 6-83　泛水构造

a）屋顶女儿墙　b）飘窗顶

134. 如何设计外围护 PC 构件细部构造？

(1) 构件边角细部

构件边角细部可做成直角、抹角、圆弧角。45°抹角为宜，不易破损，制作便利，图 6-84。

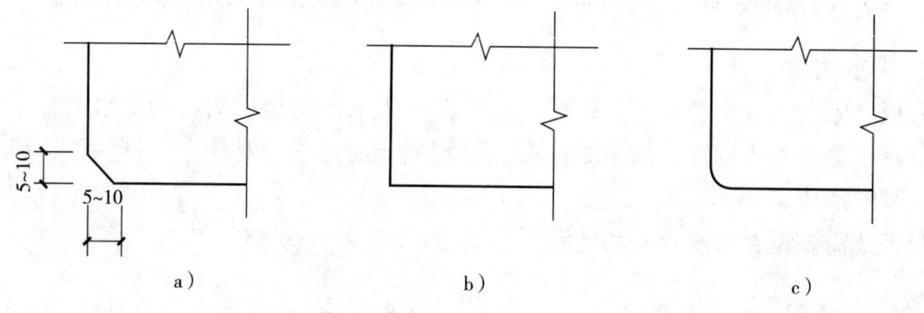

图 6-84　构件边角构造

a）45°折角　b）直角　c）弧角

(2) 石材、瓷砖反打边角

石材、瓷砖反打构件的边角构造见图 6-85。

(3) 镂空构造

镂空 PC 构件，为脱模方便，应当有一定的斜度，见图 6-86。

(4) 管线穿过 PC 构件的构造

管线穿过 PC 构件必须在构件预留孔洞，不能到现场切割。管线穿过 PC 构件的构造见图 6-87。

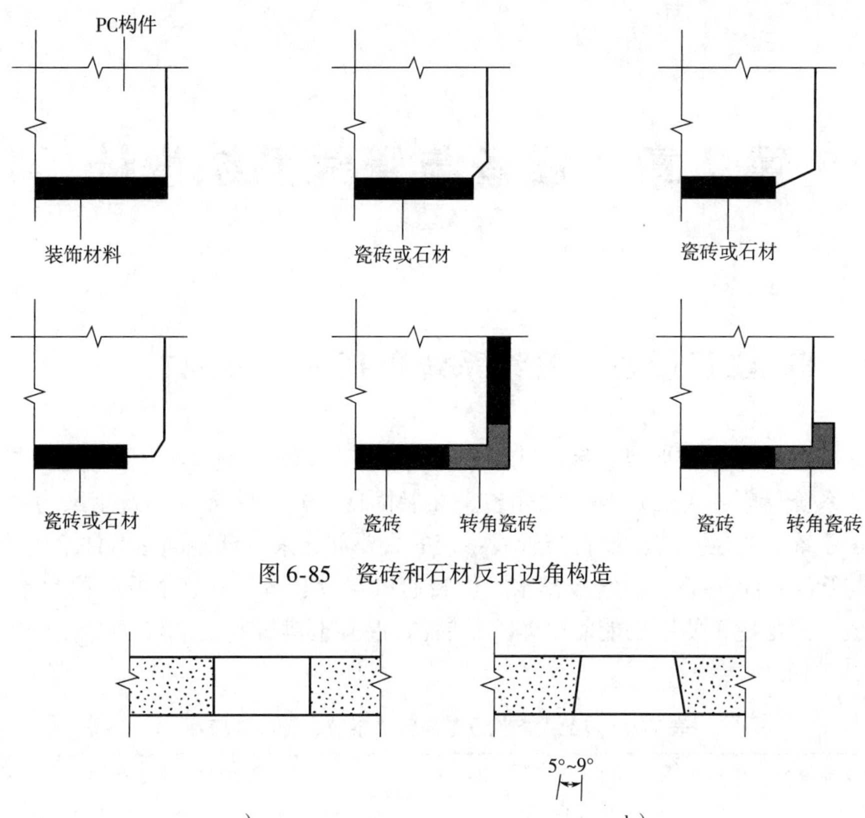

图 6-85　瓷砖和石材反打边角构造

图 6-86　镂空构造

a）直角，不易脱模　b）斜角，容易脱模

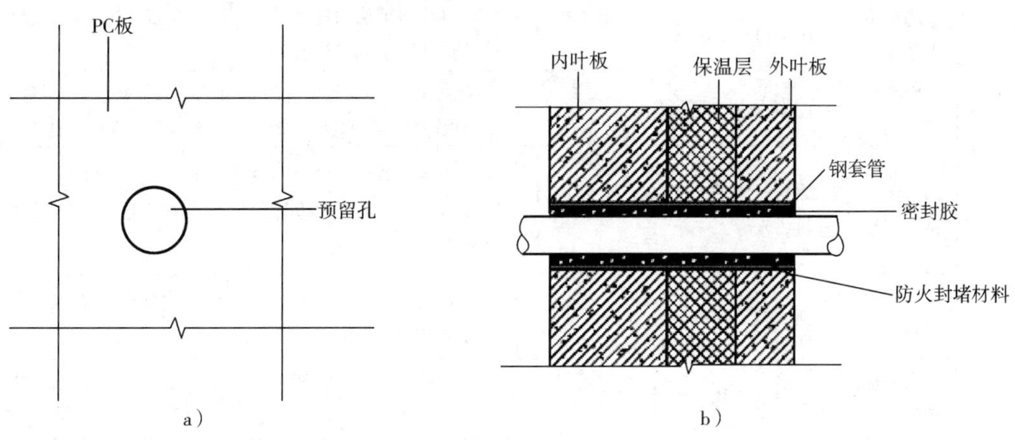

图 6-87　管线穿过 PC 构件的构造

a）立面　b）剖面

第 7 章　设备与管线系统设计

135. PC 建筑设备与管线系统包括哪些专业?

国家标准《装标》中要求，装配式混凝土建筑应将结构系统、外围护系统、内装系统、设备与管线系统集成，实现建筑功能完整、性能优良。并把装配式建筑定义为：“结构系统、外围护系统、内装系统、设备与管线系统的主要部分采用预制部品部件集成的建筑。”

设备与管线系统是指“由给水排水、供暖通风空调、电气和智能化、燃气等设备与管线组合而成，满足建筑使用功能的整体。”装配式混凝土建筑的设备与管线系统设计，各专业具体见表 7-1。

表 7-1　装配式建筑设备与管线系统设计内容概略

专业	分系统	具体内容	装配式建筑设计内容
给水排水	自来水给水系统	厨房给水、卫生间给水、阳台洗衣机给水、设备阳台给水	1. 管线与结构构件协同设计；2. 集成式厨房接口设计；3. 集成式卫生间接口设计；4. 管线与内装协同设计
	中水给水系统	卫生间冲洗	1. 管线与结构构件协同设计；2. 集成式卫生间接口设计
	热水给水系统	洗浴热水、厨房热水	1. 管线与结构构件协同设计；2. 集成式厨房接口设计；3. 集成式卫生间接口设计
	雨水排水系统	屋面排水、水落管	1. 室外排水管与外围护系统的协同设计；2. 阳台板、空调板内外机排水协同设计；3. 雨水回收系统设计
	污废水排水系统	厨房、卫生间排水，空调内外挂机排水	1. 管线与结构构件协同设计；2. 集成式厨房接口设计；3. 集成式卫生间接口设计；4. 同层排水设计；5. 管线与内装协同设计
	消防水系统	消火栓、喷淋等	1. 管线、消防栓与结构构件协同设计；2. 管线、喷淋口与内装协同设计
	太阳能系统	太阳能集热、发电	1. 太阳能设备、管线与结构协同设计；2. 太阳能热水系统与集成式卫生间接口设计
供暖通风与空调	暖气系统	楼道、客厅、餐厅、卫生间、卧室的暖气片或地暖和供回水管	1. 管线与结构构件协同设计；2. 集成式卫生间接口设计；3. 暖气片或地暖、管线与内装协同设计
	空调通风系统	客厅、餐厅、卫生间、卧室新风、排风	1. 管线与结构构件协同设计；2. 集成式卫生间接口设计；3. 风口、管线与内装协同设计
	防排烟系统	楼梯前室、电梯前室正压送风、走道排烟	1. 管线与结构构件协同设计；2. 风口与内装协同设计

（续）

专业	分系统	具体内容	装配式建筑设计内容
强电	电力系统	插座、设备阳台、空调	1. 管线与结构构件协同设计；2. 集成式厨房接口设计；3. 集成式卫生间接口设计；4. 管线、开关、面板与内装协同设计
	照明系统	照明、疏散指示、应急照明、电井等电位，卫生间局部等电位	1. 管线等电位接地与结构构件协同设计；2. 集成式厨房接口设计；3. 集成式卫生间接口设计；4. 管线、灯具、面板与内装协同设计
	防雷接地	屋顶、侧面阳台拉杆、门窗	引下线与结构构件协同设计
弱电	通信设施系统	网络线、电话线、有线电视线	1. 管线与结构构件协同设计；2. 管线、面板与内装协同设计
	消防电系统	火灾自动报警、消防广播、电气火灾监控	1. 管线与结构构件协同设计；2. 管线、探测器、面板与内装协同设计
	安防系统	门禁、可视门铃、红外防盗	1. 管线与结构构件协同设计；2. 管线、探测器、面板与内装协同设计
	智能化系统	智能照明、智能窗帘	1. 管线与结构构件协同设计；2. 管线、面板与内装协同设计
燃气	厨房燃气系统	厨房燃气、热水器燃气	1. 管线与结构构件协同设计；2. 集成式厨房接口设计

136. PC 建筑设备与管线系统设计有什么规定？

装配式混凝土建筑的国家标准和行业标准，关于装配式混凝土建筑设备与管线系统设计的规定如下：

（1）关于集成化

国家标准《装标》7.1.2 条规定：“装配式混凝土建筑的设备与管线宜采用集成化技术，标准化设计，当采用集成化新技术、新产品时应有可靠依据。”

该条规定的条文说明还要求：“竖向管线宜集中设于管道井中，且布置在现浇楼板处。”

（2）关于管线分离

1）国家标准《装标》7.1.1 条规定：“装配式混凝土建筑的设备与管线宜与主体结构相分离，应方便维修更换，且不应影响主体结构安全。”

该条的条文说明指出：“目前建筑设计，尤其是住宅建筑的设计，一般均将设备管线埋在楼板现浇混凝土或墙体中，把使用年限不同的主体结构和管线设备混在一起建造。若干年后，大量的建筑虽然主体结构尚可，但装修和设备早已老化，改造更新困难，甚至不得不拆除重建，缩短了建筑使用寿命。因此提倡采用主体结构构件、内装修部品和设备管线三部分装配化集成技术，实现设备管线与主体结构的分离。”

2）国家标准《装标》7.1.7 条规定：“装配式混凝土建筑的设备与管线宜在架空层或

吊顶内设置。”

国家标准关于设备与管线分离的提倡非常有意义，将管线与混凝土结构构件混在一起，是发达国家早就抛弃了的做法。但落实这些要求，并不是设备与管线专业本身的事。国外实现分离有几个很重要的因素，他们的建筑地面有架空层、顶棚有吊顶，既考虑了隔声和舒适度，又有利于管线分离，有了放置管线的空间。但管线分离并不是设计者所能决定的，架空吊顶会增加层高，增加造价，必须经建设单位决定才能实行。

（3）关于同层排水

1）国家标准《装标》7.2.3条规定：“装配式混凝土建筑的排水系统宜采用同层排水技术，同层排水管道敷设在架空层时，宜设积水排出措施。”

2）行业标准《装规》5.4.5条规定：“建筑宜采用同层排水设计，并应结合房间净高、楼板跨度、设备管线等因素来确定降板方案。”

国家标准和行业标准关于同层排水的要求，对提升住宅标准、质量与耐久性非常重要。同层排水的原理和技术并不复杂，但排水管道坡度需要空间高度，对此，可采用局部降楼板的办法解决。如果排水距离较远，降板高度不够，就需要考虑地面架空，如此，或降低了房间净高，或需要增加建筑层高，这不仅需要给水排水专业与建筑专业、结构专业综合考虑，由于涉及建筑成本的增加，还需要建设单位同意。

（4）关于设备与管线的选型、布置

1）国家标准《装标》7.1.3条规定：“装配式混凝土建筑的设备与管线应合理选型，准确定位。”

2）国家标准《装标》7.1.8条规定：“公共管线、阀门、检查口、计量仪表、电表箱、配电箱、智能化配线箱等，应统一集中设置在公共区域。”

3）行业标准《装规》5.4.3条规定：“设备管线应进行综合设计，减少平面交叉；竖向管线宜集中布置，并应满足维修更换的要求。”

（5）关于协同设计与标准化

1）国家标准《装标》规定：

①装配式混凝土建筑的设备和管线设计应与建筑设计同步进行，预留预埋应满足结构专业相关要求，不得在安装完成后的预制构件上剔凿沟槽、打孔开洞等。穿越楼板管线较多且集中的区域可采用现浇楼板（7.1.4）。

条文说明指出：预制构件上为管线、设备及其吊挂配件预留的孔洞，沟槽宜选择对构件受力影响最小的部位，并应确保受力钢筋不受破坏。设计过程中设备专业应与建筑和结构专业密切沟通，防止遗漏，以避免后期对预制构件凿剔。

②装配式混凝土建筑的部品与配管连接、配管与主管道连接及部品间连接应采用标准化接口，且应方便安装使用维护（7.1.6）。

③装配式混凝土的设备与管线穿越楼板和墙体时，应采取防水、防火、隔声、密封等措施，防火封堵应符合现行国家标准《建筑设计防火规范》GB 50016的有关规定（7.1.9）。

条文说明指出：当受条件所限必须暗埋或穿越时，横向布置的设备及管线可结合建筑垫层进行设计，也可在预制墙、楼板内预留孔洞或套管；竖向布置的设备及管线需在预制墙、楼板中预留沟槽、孔洞或套管。

2）行业标准《装规》规定：

①建筑的部件之间、部件与设备之间的连接采用标准化接口（5.4.2）。

②预制构件中电气接口及吊挂配件的孔洞、沟槽应根据装修和设备要求预留（5.4.4）。

③竖向电气管线宜统一设置在预制板内或装饰墙面内。墙板内竖向电气管线布置应保持安全间距（5.4.6）。

条文说明指出："预制构件的接缝，包括水平接缝和竖向接缝，是装配式结构的关键部位。为保证水平接缝和竖向接缝有足够的传递内力的能力，竖向电气管线不应设置在预制柱内，且不宜设置在预制剪力墙内。当竖向电气管线设置在预制剪力墙或非承重预制墙板内时，应避开剪力墙的边缘构件范围，并应进行统一设计，将预留管线表示在预制墙板深化图上。在预制剪力墙中的竖向电气管线宜设置钢套管。"

④隔墙内预留有电气设备时，应采取有效措施满足隔声及防火的要求（5.4.7）。

⑤设备管线穿过楼板的部位，应采取防水、防火、隔声等措施（5.4.8）。

⑥设备管线宜与预制构件上的预埋件可靠连接（5.4.9）。

⑦当采用地面辐射供暖时，地面和楼板的设计应符合现行行业标准《地面辐射供暖技术规程》JGJ 142 的规定（5.4.10）。

以上规定非常重要，特别是不得在完成的预制构件上砸洞、砸槽的规定更为重要。以前设计完了在现场浇筑前将管线、孔洞、套管、埋件等进行预留预埋，出现问题由专业人员现场处理解决，设计出一个设计变更就行了，这在装配式建筑中完全不行，一旦出现问题，非常难处理，所以，这些预埋都要由建筑、结构、构件设计人员协同考虑，而且精准定位，并以 mm 为单位。

还有连接问题：由于结构的拆分组装，部品集成化等，以前现浇混凝土建筑不需要考虑的连接接口成为重要的设计内容，例如，防雷引下线等的连接接头的设计。

（6）关于抗震

国家标准《装标》7.1.10 条规定：装配式混凝土建筑的设备与管线的抗震设计应符合现行国家标准《建筑机电工程抗震设计规范》GB 50981 的有关规定。

（7）关于 BIM

国家标准《装标》7.1.5 条规定：装配式混凝土建筑的设备与管线设计宜采用建筑信息模型（BIM）技术，当进行碰撞检查时，应明确被检测模型的精细度、碰撞检测范围及规则。

137. 与现浇混凝土建筑比较 PC 建筑设备与管线系统设计增加了哪些内容？出图和说明有什么增加或变化？

PC 建筑设备与管线系统除按现浇混凝土建筑设计外，增加了一些内容，出图或增加或有些变化，设计说明也有变化，简述如下：

（1）增加的工作内容

1）预制部品选型。进行或参与与设备管线各个专业有关的预制部品选型，包括：

①集成式厨房。

②集成式卫生间。

③集成式箱柜。

④其他集成部品。

2）集成化设计。预制部品的选型是集成化设计的重要内容，此外，还有以下设计工作：

①预制部件的固定方式与接口设计。

②设备管线系统的集约式布置。

3）预制构件埋设物设计。

①竖向管线穿过楼板的埋设物的布置与构造设计。

②横向管线穿过结构梁、墙的布置与构造设计。

③设有吊顶时，在预制楼板上固定管线和设备的预埋件的布置与构造设计。

④无吊顶时，叠合楼板后浇混凝土层管线埋设布置与构造设计。

⑤梁柱结构体系墙体管线敷设与设备固定的预埋件构造设计。

⑥剪力墙结构墙体管线敷设与设备固定预埋件的布置与构造设计。

⑦有架空层时地面管线敷设的布置与构造设计。

⑧无架空层时地面管线敷设的布置与构造设计。

4）全装修协同设计。与装修工程有关的设备管线各专业与装修设计师协同设计。

5）同层排水设计。协同建筑、结构专业进行降板或架空设计，布置同层排水竖向管线和横向管线，设计横向管线坡度等。

6）防雷接地的设计。防雷引下线布置、在预制构件中埋置构造和构件间连接节点设计。

7）运用BIM技术。参与建立模型，运用BIM进行管线综合设计，避免碰撞和遗漏。

（2）设计图的增加与变化

1）各专业管线与集成部件的接口位置、构造和连接图。

2）各专业需要在预制构件中埋设的预埋件位置图及其承载力要求。

3）各专业需要在预制构件中预留孔洞的位置图和构造要求。

4）埋设在构件中的电气管线、灯线盒位置与构造图。

5）防雷引下线布置、构造和连接图。

6）埋设在外墙构件上的水落管预埋件布置与构造设计等。

（3）须增加的设计说明

1）装配式材料、配件的要求。

2）集成式部品允许误差。

3）集成式部品安装连接要求。

4）集成式部品总表。

5）装配式部件安装连接要求。

138. PC建筑设备与管线系统设计有什么特点？

PC建筑与现浇混凝土建筑相比有其自身的特殊性，设备与管线设计也有其特点，简述如下：

（1）精细化

装配式建筑设备与管线设计应精细化。例如，在 PC 构件中埋设的预埋物、预埋件和穿过预制构件的管线预留孔的位置要精确；预制部品的尺寸和安装接口要给出允许误差等。

（2）集成化

1）集成式预制部品的设计或选用。如集成式厨房、集成式卫生间、集成式电器箱柜的设计或选用。

2）不同专业相关要素的一体化组合与识别。如各种立管集中的管道井设计；再比如，通过颜色区分不同功能的管线。

（3）协同化

1）设备管线系统内各个专业之间的协同设计。

2）设备管线系统与建筑系统、结构系统、外围护系统和内装系统的协同设计。

3）设备管线系统与部品制作厂家、施工安装企业的协同。

（4）标准化

1）按照标准化、模数化的要求进行设计。

2）选用标准化产品与配件。

（5）BIM 化

采用 BIM 技术手段进行三维管线综合设计，消除管线碰撞，对各专业管线在预制构件上预留的套管、开孔、开槽位置尺寸进行综合及优化，形成标准化方案，并做好精细设计以及定位，避免错漏碰缺，降低生产及施工成本，减少现场返工。

139. 为什么 PC 建筑设备与管线必须与建筑、结构专业协同？协同设计包括哪些内容？

由于 PC 建筑很多结构构件是预制的，设备与管线的水、电、暖各个专业对结构有诸如“穿过”“埋设”或“固定于其上”的要求，这些要求都必须准确地在建筑、结构和构件图上表达出来。

PC 建筑除了叠合板现浇层内可能需要埋置强弱电线管外，其他结构部位和电气以外的管线都不能在施工现场进行“埋设”作业，不能砸墙凿洞，不能随意打膨胀螺栓。其实，现浇混凝土结构建筑也不应当砸墙凿洞或随意打膨胀螺栓，只是多年来设计没有认真协同、设计不到位、设计不精确和房主自己搞装修，导致养成了恶习。这个恶习会带来安全隐患，在 PC 建筑中必须杜绝。这就是为什么 PC 建筑设备与管线强调必须与建筑、结构专业搞好协同设计的原因。

PC 建筑设备与管线所需的预留预埋应满足结构专业相关要求，预制构件是工厂生产完成的，预留套管的高低影响到装修吊顶高度，不应在预制构件安装后凿剔沟、槽、孔、洞等。另外，在装配式混凝土建筑设计过程中，机电与建筑结构系统之间、机电与建筑内装系统之间、机电本身的各专业设计之间、机电与生产建造过程各阶段之间的设计都有关联，协调要一致。因此，只有通过协同设计，使装配式混凝土建筑的剖面设计，能结合建筑功能考虑主体结构、设备管线、装饰装修的要求，确定合理的层高、净高尺寸等，再通过各专业“会图”或BIM模拟从而避免不协调或者碰撞等一系列问题。协同设计还能保证装配式混凝土建筑设计的完整性和系统性；满足建筑设计、构件设计以及生产施工运营维护综合性设计的要求。

总之，在PC建筑设计中，水、电、暖各专业须根据设计规范进行设计，与建筑、结构、构件设计以及装饰设计进行协同互动，将各专业与装配式有关的要求和节点构造，准确、定量、清楚地表达在建筑、结构和构件图上，具体事项主要包括以下内容（不限于）：

1）竖向管线穿过楼板。

2）横向管线穿过结构梁、墙。

3）有吊顶时固定管线和设备的楼板预埋件。

4）无吊顶时叠合楼板后浇混凝土层管线埋设。

5）梁柱结构体系墙体管线敷设与设备固定。

6）剪力墙结构墙体管线敷设与设备固定。

7）有架空层时地面管线敷设。

8）无架空层时地面管线敷设。

9）整体浴室的尺寸、定位、荷载、固定等。

10）整体厨房的尺寸、定位、荷载、固定等。

11）防雷设置及等电位接地。

12）墙体、屋面同雨水斗、雨水管的连接与固定。

13）墙面同燃气管线的敷设与固定。

14）其他。

140. PC建筑给水设计有什么规定？如何设计？

(1)《装标》关于PC建筑给水设计的规定

1）装配式混凝土建筑冲厕宜采用非传统水源，水质应符合现行国家标准《城市污水再生利用 城市杂用水水质》GB/T 18920的有关规定（7.2.1）。

2）装配式混凝土建筑的给水系统设计应符合下列规定（7.2.2）：

①给水系统配水管道与部品的接口形式及位置应便于检修更换，并应采取措施避免结构或温度变形对给水管道接口产生影响。

②给水分水器与用水器具的管道接口应一对一连接，在架空层或吊顶内敷设时，中间不得有连接配件，分水器设置位置应便于检修，并宜有排水措施。

③宜采用装配式的管线及其配件连接。

④敷设在吊顶或楼地面架空层的给水管道应采取防腐蚀、隔声减噪和防结露等措施。

(2) PC建筑如何进行给水设计

1）设计卫生间马桶选用再生水源（中水管道）时，在设计说明中要求施工做标色，明确非饮用水标志；中水管道上不应安装取水龙头。

2）有地面架空层时的给水设计。

①冷热水供水系统采用分水器供水时，供水管线与用水器具一对一设计，中间不得有连接配件，宜将给水分水器设置在架空地板层内或隔墙架空层内便于维修的位置，并设置检修口，给水管线用半柔性管材连接。

②冷热水供水系统不采用分水器时，供水管路中间可用连接配件。

③冷热水供水系统布置在地板架空层内的给水管、热水管、中水管应采用不同颜色外套管并应作汉字标记或进行特殊标识进行区分。

这里给出了日本在地面架空层内敷设给水管线的做法（见图 7-1）。

3）没有地面架空层时的给水设计。

①没有地面架空层时给水设计不采用分水器供水，目的是减少管线。

②水平支管沿顶棚、墙面或吊顶敷设，引下支管敷设在装饰隔层或预制墙板预留墙槽内（见图 7-2），预留墙槽的位置和构造要求应给出详细设计。

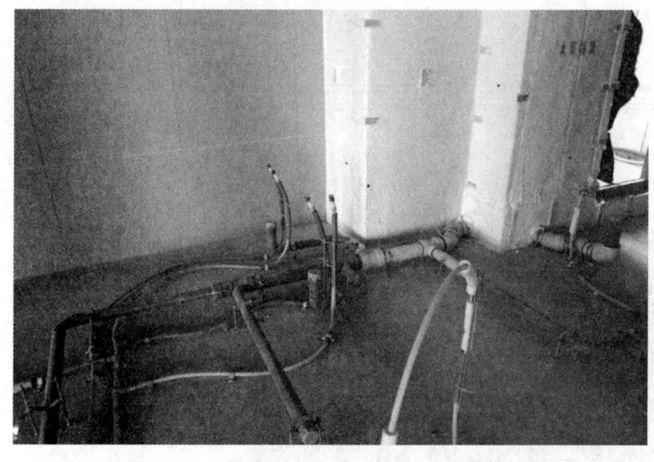

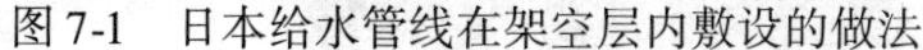

图 7-1　日本给水管线在架空层内敷设的做法

图 7-2　给水管敷设在顶棚、墙槽的做法

③给水支管设计穿梁或悬挂敷设在预制构件上或需要在预制构件预留墙槽时，给水设计者须提供给结构构件设计者清晰准确的要求，要求其在预制构件制作图上详细反映出来，避免遗漏和出错。

4）给水立管与预制部品水平管道的接口宜设置内螺纹活接；为便于日后管道维修拆卸，给水立管与预制部品配水管道的接口宜设置内螺纹活接。如果不采用活接头，在遇到有拆卸管路要求的检修时，只能采取断管措施，会给维修带来很大的麻烦。

5）给水系统管材一般采用钢塑复合管、非金属管、包塑不锈钢管，有隔声降噪和防结露要求时，选用橡塑保温材料。

6）选用集成式部品时，应对其给水系统及其接口设计进行复核，并应对实物样品进行通水运行检查。

7）当采用集成式厨房时需提供冷热水接口，集成式卫生间需提供中水（没有中水时用冷水）接口和冷热水接口，其管径应与部品管线相匹配，见图 7-3、图 7-4。

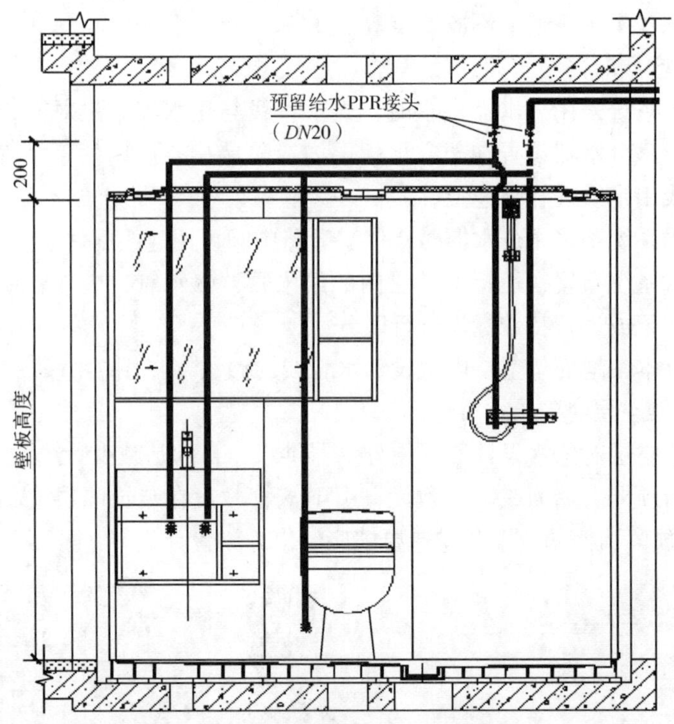

图 7-3　集成式卫生间在顶部预留冷水、热水接口示意图

图 7-4　集成式卫生间在侧向预留冷水、热水接口示意图（吉博力）

 141. PC 建筑排水设计有什么规定？如何设计？

(1)《装标》关于排水设计的规定

国家标准《装标》7.2.3 条规定，装配式混凝土建筑的排水系统宜采用同层排水技术，同层排水管道敷设在架空层时，宜设积水排出措施。

（2）PC 建筑排水如何设计

1）同层排水设计。

①同层排水高度设计。同层排水所需要的高度按式（7-1）计算。

$$H = D + iL + 40\text{mm} \tag{7-1}$$

式中　H——同层排水所需要的高度（mm），或为降板深度，或为架空高度，或两者之和；

D——排水管管径（mm）；

i——排水管坡度，排水管道标准坡度和最小坡度见表 7-2；

L——管线长度（mm）；

40mm——常量，预留的管底和管顶间隙。

表 7-2　排水管道标准坡度和最小坡度

管径/mm	铸　铁　管		塑　料　管
	标准坡度 i	最小坡度 i	最小坡度 i
50	0.035	0.025	0.012
75	0.025	0.015	0.007
100	0.02	0.012	0.004
150	0.01	0.007	0.002

同层排水需要的空间高度有两种解决方法：一是地面架空层，二是局部结构降板（见图 7-5 和本书第 4 章中图 4-41），或两种方法同时采用。架空或降板高度一般不超过 30cm。降板内需要做防水处理。

图 7-5　排水管布置在降板内做法

②同层排水路径设计。同层排水路径有两种：第一种是用排水集水器集水，各排水点通过排水管连接到排水集水器上，汇集后排放。排水集水器宜设置检查维修口。排水集水器见图 7-6。

第二种是不用排水集水器，排水路径是：排水点——排水支管——排水干管——排水立管排出。

同层排水管线的末端一般须留有清扫口，以便于疏通。

2）架空层积水排出措施。排水管敷设在架空层内，为防止架空层内排水管维修时出现积水，一种是采取临时清扫的办法去解决，另一种是在管井内单独设置排水立管，在立管上留出三通，再用 D50 排水管接到墙面，装上侧排地漏。

3）当采用集成式厨房时需提供排水接口，集成式卫生间需提供排水接口，其管径应与部品管线相匹配，见图 7-7。

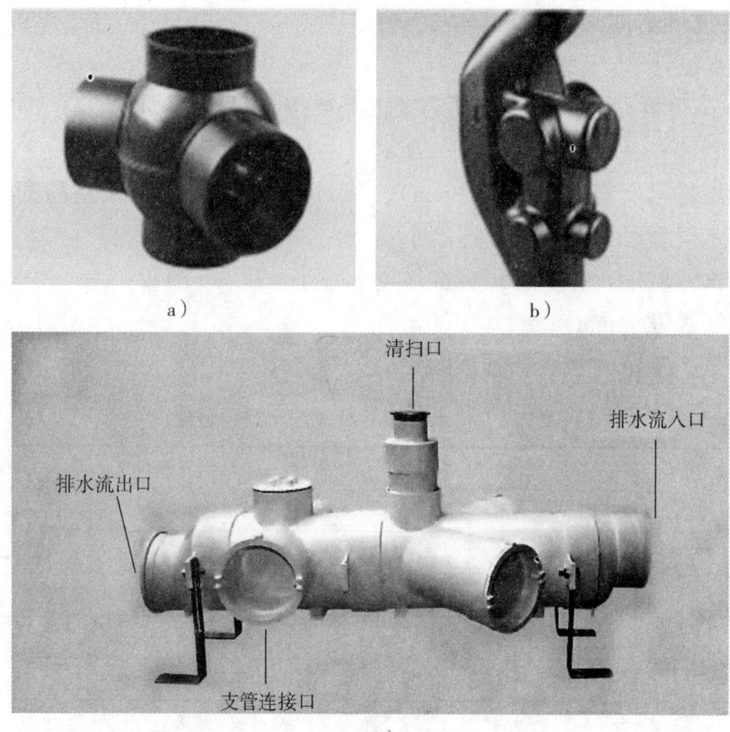

a）　　b）　　c）

图 7-6　排水集水器

a）吉博力的球通　b）吉博力的苏维托　c）日本前泽化成的集水器

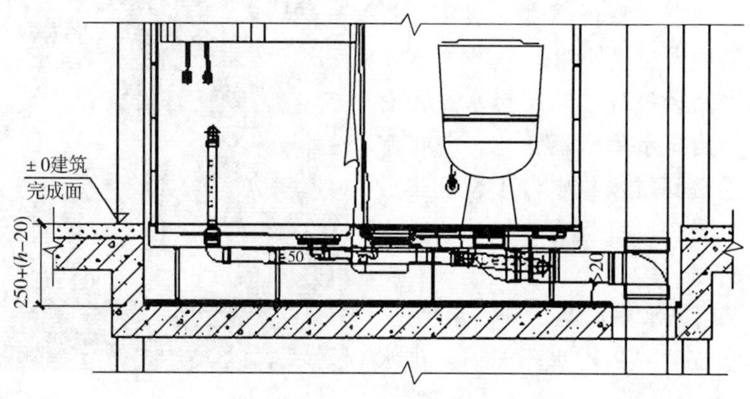

图 7-7　集成式卫生间排水接口示意图

4）雨水排水。装配式混凝土建筑的雨水排水包括屋面排水、水平悬挑构件（挑檐板、阳台、飘窗顶板、空调板、遮阳板）排水，也包括室外空调外机冷凝水排水等。

悬挑构件的雨水排水需要在构件表面形成排水坡度。对于叠合悬挑构件，排水坡度可在后浇混凝土时形成；对于全预制构件，排水坡度应在工厂预制时形成。阳台板还需要设置落水管孔和地漏孔（见图 7-8）。

预制构件雨水排水构造应当在建筑设计时一同进行，并与内装协同，所有预留预埋孔洞、套管、固定件预埋物均需要在图样中体现出来，必须精准反映到图上，不能遗漏。

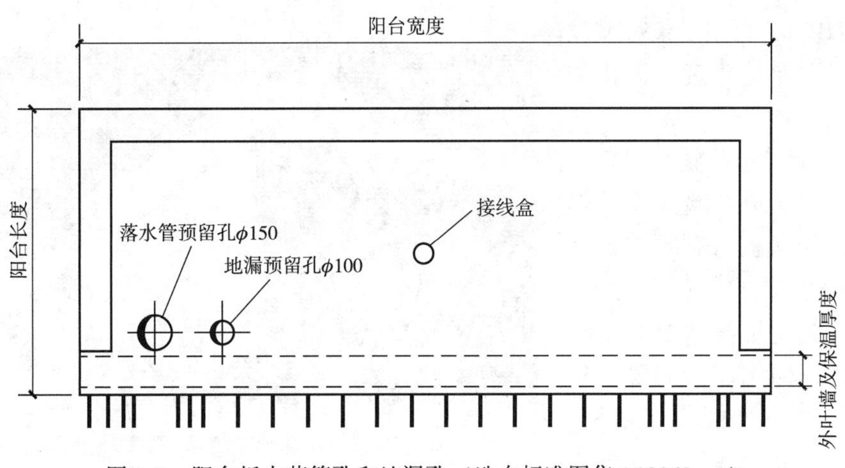

图 7-8 阳台板水落管孔和地漏孔（选自标准图集 15G368—1）

雨水管与建筑外墙一体化设计，如外墙雨水管设置在外墙板凹槽内（见第 5 章中图 5-3），外墙板凹槽内需要埋设固定用的长螺栓。

142. PC 建筑太阳能设计有什么要求？如何设计？

（1）国家标准规定

国家标准《装标》7. 2. 4 条规定：装配式混凝土建筑的太阳能热水系统应与建筑一体化设计。

（2）装配式建筑太阳能设计

PC 建筑由于外围护系统可以预制化，进行太阳能一体化设计比较便利，可将太阳能采集设施与预制外围护构件有机结合，将节能与建筑艺术有机结合。

1）采集太阳能的界面。

①屋面。太阳能采集装置设置在屋面上（见图 7-9），与屋面系统一体化设计，多用于多层和低层建筑。这种做法欧洲和日本低层装配式建筑应用较多，不仅利用太阳能集热，还利用太阳能发电。日本已经建造了零耗能装配式低层建筑，全部耗能采用太阳能。

图 7-9 太阳能与屋面一体设计实体

②外墙。由于多层和高层建筑屋面面积相对较小，仅仅靠屋顶采集的太阳能非常有限，由此可以将太阳能采集装置设置在外墙系统上，或利用阳台围栏或利用窗间墙作为采集界

面（见图7-10），可用于集热或发电。这是太阳能与建筑一体化的方向。

2）太阳能采集装置与建筑艺术的融合。在屋顶和墙面安装热水集热器或光伏板，需要考虑其对建筑立面效果的影响，为此，需要进行节能建筑美学的创新尝试。太阳能一体化设计需要建筑师与机电设备设计师密切协同，使太阳能设施成为建筑艺术的表达要素，成为建筑艺术的构成，见图7-10。

图7-10　太阳能与墙面一体设计实体

利用墙体安装太阳能需要解决太阳能采集装置光照吸收角度影响采集效率的问题，可以考虑小斜角设置，进一步可考虑自动调节角度系统。

3）太阳能采集装置、管线与结构构件的集合。将太阳能采集装置安装在外围护构件上，在PC构件上设置、安装预埋件或挑耳，方便太阳能设施的安装。已经有企业对此做了尝试，见本书第3章图3-5。

4）太阳能储水、蓄电和管线系统的布置及其对结构构件的要求。布置太阳能储水或蓄电设备及其管线，设计安装敷设方式，如果需要在PC构件上设置预埋件和预留孔洞，须进行详细设计，提供给结构构件设计者。

5）当采用集成式厨房、集成式卫生间时，太阳能的热水应与部品的热水接口能相互衔接。

6）太阳能设备选型。应会同建筑师进行设备选型，须对其产品性能和连接方式进行详细审核。

（3）装配式建筑与被动式太阳能

欧洲，特别是德国，较多采用被动式太阳能方式，即不用太阳能采集设备，而是在建筑表皮强化吸热功能，在墙内设置蓄热体，提供采暖功能。

装配式建筑由于外围护构件是预制的，可将其设计成吸热蓄热功能强的被动式太阳能一体化构件，可以便利地实现被动式太阳能。被动式太阳能可用于工业厂房、低层建筑，特别是农村低层建筑。

被动式太阳能外围护系统的设计需要太阳能设计师与建筑、结构设计师协同设计。图7-11给出了被动式太阳能墙板原理图。

（4）太阳能副作用设防

太阳能的副作用主要是日晒，特别是炎热地区夏日。对此，可采用两个办法。一个是建筑的办法，设置遮阳板；另一个是设备的办法，采用可自动调节的防日晒系统。

美国凤凰城图书馆是一座著名的装配式建筑，其运用可自动调节的防日晒系统是一个典型范例。建筑师和设备设计师把防日晒装置设计成风帆型，可随日照方向的变化自动调

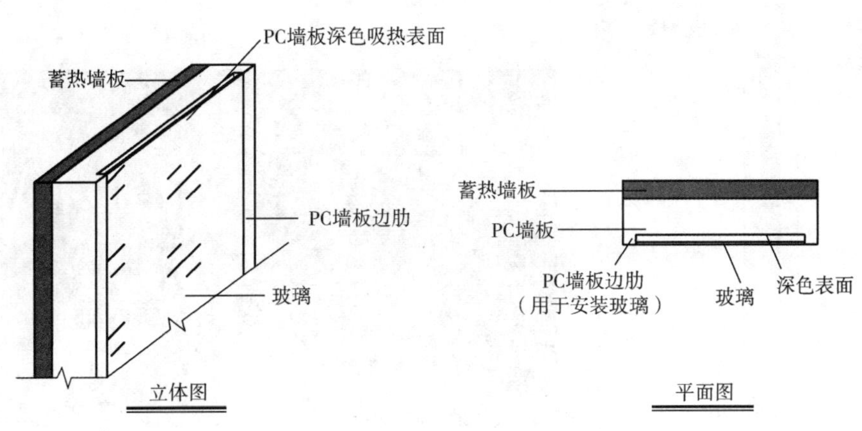

图 7-11　被动式太阳能墙板原理图

节角度，不仅防日晒效果好，可大量节约空调能耗，还有非常好的艺术效果，是建筑节能美学的经典作品，见本书第 4 章图 4-6 和图 4-45。

143. PC 建筑设计给水排水宜选择什么管材？

（1）国家标准的有关规定

国家标准《装标》7.2.5 条规定：装配式混凝土建筑应选用耐腐蚀、使用寿命长、降噪性能好、便于安装及维修的管材、管件，以及连接可靠、密封性能好的管道阀门设备。

（2）给水排水设计对管材管件阀门的选用

国家标准《装标》中关于给水排水设计管材管件阀门的选用规定中，只给出了选用的原则，没有具体的各类名称和种类，因此，选用时要结合《建筑给水排水设计规范》（GB 50015—2009）选用，同时还要看国家发布的产品更新目录，哪些是可以使用，哪些是已被明令禁止淘汰产品和落后的产品。管材选用要和管件相匹配。比如，架空地板内用分水器，给水管线选用半硬塑料管施工比较方便，避免了中间接口，也符合给水设计标准的要求。

给水管线应选用耐腐蚀和安装连接方便、可靠的管材。目前普遍采用塑料给水管、铜管、不锈钢管、钢塑复合管。生活给水管材应符合现行的国家标准《生活饮用水卫生标准》（GB 5749—2006）的要求。

给水管道上使用各类阀门材质宜与给水管材材质相对应，也可根据管径大小和承受压力的等级及使用温度，采用全铜、全不锈钢、全塑料或钢塑复合的阀门。

排水管材采用建筑排水塑料管及管件或柔性接口机制排水铸铁管及相应管件。楼内立管一般采用螺旋或静音塑料排水管材、管件，（见图 7-12）排水横管应采用内壁光滑的排水管道。

图 7-13 给出了日本一座装配式高层建筑集中式布置阀门的照片，其阀门选用了不锈钢材质。集中式布置阀门也成了一道景致。

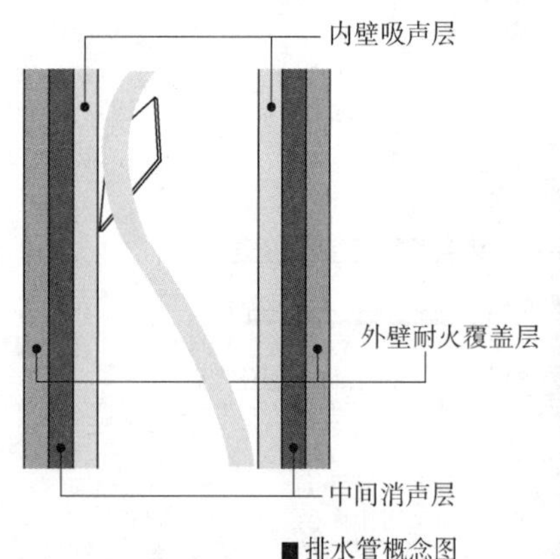

图 7-12　静音塑料排水管结构示意图

图 7-13　日本装配式建筑集中式布置的阀门

144. PC 建筑供暖、通风、空调设计有什么规定？如何设计？

（1）《装标》的规定

国家标准《装标》对 PC 建筑供暖、通风、空调设计有如下规定：

①装配式混凝土建筑的室内通风设计应符合国家现行标准《民用建筑供暖通风与空气调节设计规范》GB 50736 和《建筑通风效果测试与评价标准》JGJ/T 309 的有关规定（7.3.1）。

②装配式混凝土建筑应采用适宜的节能技术，维持良好的热舒适性，降低建筑能耗，减少环境污染，并充分利用自然通风（7.3.2）。

③装配式混凝土建筑的通风、供暖和空调等设备均应选用能效比高的节能型产品，以降低能耗（7.3.3）。

④供暖系统宜采用适宜于干式工法施工的低温地板辐射供暖产品（7.3.4）。

⑤当墙板或楼板上安装供暖与空调设备时，其连接处应采取加强措施（7.3.5）。

⑥采用集成式卫生间或采用同层排水架空地板时，不宜采用低温地板辐射供暖系统（7.3.6）。

⑦装配式混凝土建筑的暖通空调、防排烟设备及管线系统应协同设计，并应可靠连接（7.3.7）。

（2）PC 建筑供暖设计

1）散热器和管线布置。采用散热器方式时，散热器管线沿墙敷设，采用吊架固定，固定于墙板或梁上，预制墙板或梁须埋设预埋件或内置螺母。暖气选用落地式，固定于地面。预埋件和穿墙孔洞的构造设计见本章 153、154、155 问。

当有吊顶、墙体架空层或墙体是轻质内隔墙时，采暖管线敷设在吊顶、架空层或轻质隔墙内，在轻质隔墙内的固定须作加固处理。

当无吊顶和墙体架空层，也不是轻质隔墙时，采暖管线也可沿墙面底部敷设，穿越门口时地面敷设，地面上预留地槽。

散热器宜选用落地式，固定于地面。当采用挂式散热器时，预制墙板须埋置预埋件。

埋设件和穿墙、梁的孔洞与埋件设计见本章第 153、154、155 问。

2）无架空层地面的地暖设计。无架空层地面的地暖设计，可选用干法施工的电热地暖，电热地暖直接敷设在结构层上面，完成后再铺热惰性好的地板，详见本章第 159 问图 7-63。也可选用传统的湿作业施工的低温热水地暖，地暖厚度在 100mm 内，楼层净高会降低 50mm，设计与做法详见本章图 7-66、图 7-67。

3）有架空层地面的地暖设计。有架空层地面的地暖设计，可选用干法施工的电热地暖，电热地暖直接敷设在结构层上面，完成后再铺热惰性好的地板，详见本章图 7-63。也可选用干法施工的低温热水地暖，先在结构层上铺设反光层、专用隔热层，盘管敷设在专用隔热层的凹槽内，然后再铺热惰性好的地板，详见本章图 7-64。

4）集成式卫生间采暖与接口。集成式卫生间采暖设计采用暖气片，暖气片的接口一般在工厂就设置好了，现场接口留在顶棚内，这时需要与工厂进行协同确认，接口的大小应与部品接口相匹配。

5）集成式厨房采暖与接口。集成式厨房采暖设计采用暖气片时，一般在工厂就设置好了，接口留在下部橱柜内，这里需要与工厂进行协同确认，接口的大小应与部品接口相匹配。设计采用地暖时，需要考虑地暖敷设的位置，确保不影响地暖散热，也需要与建筑、结构、工厂进行协同。

（3）PC 建筑通风设计

1）厨房通风、集成式厨房通风及其接口。厨房通风主要是排油烟，通风设计同传统一样，但需要在厨房建筑风道上留有接口。油烟机需要提前选型、定型，这样可以确定固定埋件的位置、数量，与建筑、结构师进行协同并落到构件制作上。

集成式厨房的通风及其接口在工厂就设置好了，需要与建筑师、结构师、工厂进行协同，现场在顶棚内预留接口，接口的大小应与部品接口相匹配。

2）卫生间通风、集成式卫生间通风。卫生间内的通风主要是排风，排风设计多层直接排到室外，各层在外墙上留置套管，外接风帽罩。高层设计专用卫生排风井，各层都留有接口。集成式卫生间通风接口一般在工厂提前设置好，这就需要与工厂进行协同，接口的大小应与部品接口相匹配。

3）集成式卫生间干燥器。集成式卫生间设置干燥器（暖风机）时，需要在结构上预留吊设备固定埋设件和留有专用的电气线路接口设备安装与顶面紧密。图 7-14 为干燥器安装后的卫生间照片。

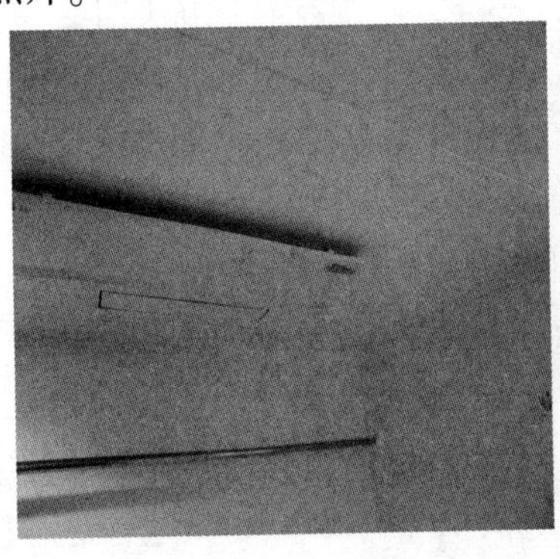

图 7-14　卫生间干燥器（暖风机）

4）起居室卧室新风系统。当起居室卧室设计新风系统时，与传统设计一样，风管用PVC管或不锈钢软管敷设，管径大小由计算确定，新风机或新风换气机吊在卫生间或储藏室顶棚上，设备高度在300～500mm内，见图7-15。这里需要注意的是固定设备的吊点、穿梁的孔洞需要预留预埋，详见本章第153、154、155问，见图7-16。

图7-15　新风换气机的设置、吊点埋设与固定实例

日本住宅在没有新风系统设置时，在墙面上设置独立的新风口，平时关闭，需要时按下可打开，自然进风，见图7-17。

图7-16　固定设备管线布置及吊点、穿梁的孔洞做法

图7-17　按钮式独立自然进风口

（4）PC建筑空调设计

1）中央空调设计。中央空调设计同传统设计基本一样，（见图7-14）需要有冷热源、新风机（或新风换气机）、空调机组、风机盘管、风管、水管（冷媒管）等。装配式建筑需要在预制楼板、预制墙板或预制梁等构件中埋设套管、预埋件、预埋螺母等，暖通专业设计师需要与建筑、结构、内装设计师协同设计。

2）分体式空调设计。内机布置同传统布置一样，一般挂在内隔墙上，具体根据建筑的平面图进行设计与布置。挂在内隔墙上，内隔墙上需埋设固定件。当内机需要挂置在外墙内侧时，一种是用专用胶粘贴固定螺栓，固定内机。另一种是内侧墙上设置架空层，对架空层龙骨挂内机的地方加固处理。

分体式空调的管线是一供一回的冷媒管和内机产生的冷凝水排水管，一般明敷与电源线一起用阻燃型塑料带绑扎，穿过外墙接到空调外机设备井内。当有内隔墙架空层时管线设置在架空层内，引致室外设备井内。

室外机搁置设备井的空调平台上，井的外侧用格栅遮挡。安装维护时移开。

145. PC 建筑燃气设计有什么规定？如何设计？

（1）国家标准《装标》的规定

《装标》7.3.8 条规定：装配式混凝土建筑的燃气系统设计应符合现行国家标准《城镇燃气设计规范》GB 50028 的有关规定。

（2）PC 建筑燃气的设计

PC 建筑燃气设计与现浇混凝土建筑燃气设计没有大的区别，都必须符合国家标准《城镇燃气设计规范》的要求。由于 PC 建筑有预制结构构件，也可能采用集成式厨房和集成式卫生间，所以燃气设计会有些不同之处。

1）与燃气公司的协同设计。燃气设计大都是由燃气公司设计院承担，不允许别的设计部门设计，以便于设计、施工、维护方便。在装配式建筑中，由于管线穿过孔洞、管线敷设等所用预埋件都必须预先设计到构件制作图中，就需要设备管线、建筑、结构多个专业与燃气设计方密切协同，以避免遗漏和错误。

2）集成式部品燃气设备的选型与接口设计。集成式厨房燃气灶与燃气热水器的选型以及与燃气管线的接口设计，需要建筑专业、结构专业、设备管线专业、部品制作厂家与燃气设计方协同设计。

集成式部品所用燃气管材、管件、阀门等，应经过燃气设计方同意，部品与管线的燃气接口应选用燃气专用标准化产品，一般预留在整体收纳橱柜中，便于安装对接与维修。

集成式卫生间用的燃气热水器不得布置在集成式卫生间内，须布置在自然通风条件好的部位。

146. PC 建筑电气及智能化设计有什么规定？如何设计？

（1）国家标准《装标》的规定

1）装配式混凝土建筑的电气和智能化设备与管线的设计，应满足预制构件工厂化生产、施工安装及使用维护的要求（7.4.1）。

2）装配式混凝土建筑的电气和智能化设备与管线设置及安装应符合下列规定（7.4.2）：

①电气和智能化系统的竖向主干线应在公共区域的电气竖井内设置。

②配电箱、智能化配线箱不宜安装在预制构件上。

③当大型灯具、桥架、母线、配电设备等安装在预制构件上时，应采用预留预埋件固定。

④设置在预制构件上的接线盒、连接管等应做预留，出线口和接线盒应准确定位。

⑤不应在预制构件受力部位和节点连接区域设置孔洞及接线盒，隔墙两侧的电气和智能化设备不应直接连通设置。

（2）PC 建筑电气及智能化设计

目前，我国大多数住宅的强弱电管线和箱盒埋设在混凝土结构中，《装标》关于实行管线分离的要求，就是针对强弱电管线的。因为给排水、暖通管线已经实现分离了。

《装标》关于管线分离的要求用了“宜”字，所以，是否实现管线分离主要取决于开发商，因为这涉及吊顶、层高变化和内墙架空，会导致成本提高。这里分别讨论不实行管线分离和实现管线分离两种情况下PC建筑电气与智能化设计。

1）不实行管线分离的设计。不实行管线分离，PC建筑电气及智能化设计须考虑：

①与建筑师、结构设计师协同布置电气管线竖井。

②外墙构件（包括剪力墙和外挂墙板）上不埋设管线、插座盒之类的埋设物，防止雨水渗漏。而对于室内山墙或平面凸出部分的侧墙，按照使用功能有布置管线的要求时，应考虑设置架空层，管线布置在架空层内。

③配电箱和智能化配线箱不埋设在预制构件内，也不在边缘构件现浇混凝土中埋设。应在内隔墙或边缘区域以外的现浇混凝土中埋设。

④电源、有线电视插座的位置须避开结构构件连接区域，如图7-18所示。

⑤墙板内埋设的管线、插座、弱点接口、开关、接线盒等必须准确设计到构件制作图中，电气设计师须向建筑师和结构工程师提供图样与要求。

⑥外墙板不埋设电气管线。

⑦在预制墙体上设置的电气开关、插座、接线盒、连接管线等均应进行预留预埋。

⑧叠合板内预埋深盒，叠合层现浇部位内可采用线管直埋。

⑨在剪力墙与楼板之间线管连接处要留有过渡接头洞100mm×150mm，钢筋不能截断，如图7-19所示。

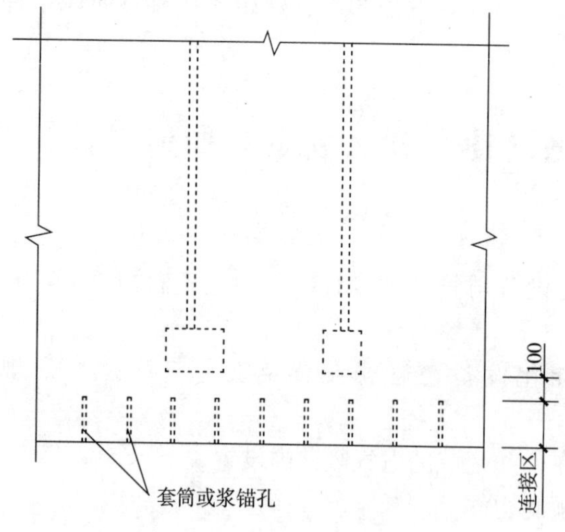

图7-18　避开结构构件连接区域示意图

图7-19　过渡接头洞100mm×150mm

⑩楼板、阳台板等预制构件需要埋设照明灯的线盒，如图7-20所示。

⑪叠合板后浇混凝土层埋设管线，由此，后浇层厚度不应小于80mm，对此应向建筑专业和结构专业设计师提出，楼板设计厚度须满足此要求。

⑫集成式厨房电气接口的要求。

⑬集成式卫生间电气接口的要求。

2）实行管线分离的设计。实行管线分离，电气管线等不需要埋设在混凝土构件和现浇混凝土中，集成式部品电气接口与不实行管线分离一样，须满足以下两点：

①电气管线悬挂在顶棚板上，进行布线设计，预埋件埋设在预制叠合楼板里，如图7-21所示。

②墙体管线，或布置在隔墙区域，或在架空层内。

图7-20　叠合楼板与现浇层线盒做法

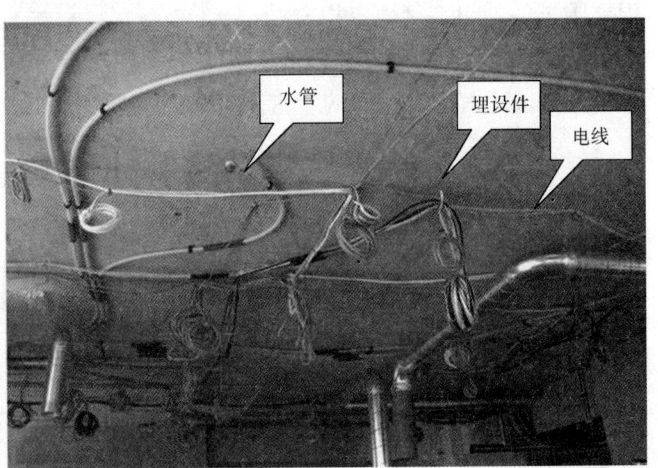

图7-21　顶棚板上布线与预埋件

 147. PC建筑防雷设计有什么规定？如何设计？

（1）国家标准《装标》的规定

《装标》7.4.3条要求装配式混凝土建筑的防雷设计应符合下列规定：

1）当利用预制剪力墙、预制柱内的部分钢筋作为防雷引下线时，预制构件内作为防雷引下线的钢筋，应在构件接缝处作可靠的电气连接，并在构件接缝处预留施工空间及条件，连接部位应有永久性明显标记。

2）建筑外墙上的金属管道、栏杆、门窗等金属物需要与防雷装置连接时，应与相关预制构件内部的金属件连接成电气通路。

3）设置等电位连接的场所，各构件内的钢筋应作可靠的电气连接，并与等电位连接箱连通。

（2）PC建筑防雷的设计

1）对于现浇混凝土柱与剪力墙，可按传统方式，直接利用混凝土内的纵向钢筋作为防雷引下线。

2）当剪力墙结构拆分设计将外墙与内墙交接处的T字形边缘构件区域和外墙转角处的L形边缘构件区域设定为后浇混凝土区域时，此区域内可用2根Φ16钢筋作为防雷引下线。

3）当剪力墙结构拆分设计将外墙与内墙交接处的T字形边缘构件区域和外墙转角处的

L形边缘构件区域设定为预制混凝土构件时，这些部位的预制构件须埋设防雷引下线并连接。

4）框架结构和框-剪结构的预制混凝土柱，须埋设防雷引下线并连接。

5）楼层阳台、门窗、整体飘窗的防雷与三层以上侧向防雷，须设置均压环连接。均压环可利用叠合现浇层外圈2根Φ12钢筋作为防雷装置或直接埋设镀锌扁钢25mm×4mm沿四周一圈与各处引下接地点相连接。

6）外墙为预制构件须预留引出连接钢筋与建筑外墙上的金属管道、栏杆、门窗等，金属物连接成电气通路（详见148问防雷连接构造设计）。

7）局部等电位设计，须利用钢筋与均压环连通。

以上与预制有关的防雷设计都必须落在结构构件详图上。

148. 如何设计PC构件中的防雷引下线及其连接构造？

（1）防雷引下线设计

框架柱由于PC结构受力钢筋的连接，无论是套筒连接还是浆锚连接，都不能确保连接的连续性，因此不能用钢筋作防雷引下线，目前一般设计为镀锌扁钢作防雷引下线，镀锌扁钢尺寸不小于25mm×4mm，在埋置防雷引下线的柱子或墙板的构件制作图中给出详细的位置和探出接头长度，引下线在现场焊接连成一体，焊接点要进行防锈蚀处理，如图7-22所示。

剪力墙设计成PC构件，设计埋设镀锌扁钢不小于25mm×4mm作为防雷引下线，构件制作图中给出详细的位置和探出接头长度，如图7-23、图7-24所示工厂加工实例。

图7-22　安保大厦防雷引下线连接实物图

图7-23　工厂柱子内防雷引下线连接做法

设计预埋镀锌扁钢接头处按10倍D双面焊接起来达到贯通。国外也有采用埋设两根铜线作引下线连接起来达到贯通。引下线在室外地面上500mm处设置接地电阻测试盒，测试盒内测试端子与引下线焊接。此处是预制构件时也应在工厂做好预留。

日本装配式建筑采用在柱子中预埋直径10～15mm的铜线作防雷引下线，接头为专用接头，如图7-25所示。

(2) 阳台金属护栏防雷

阳台金属护栏应当与防雷引下线连接，如此，预制阳台应当预埋 25mm × 4mm 镀锌钢带，一端与金属护栏焊接；另一端与其他 PC 构件的引下线系统连接，一般与楼层均压环相贯通，如图 7-26 所示构造。

图 7-24　柱子防雷引下线连接做法实物

防雷引下线
连接头

图 7-25　日本防雷引下铜线及连接头

(3) 铝合金窗和金属百叶窗防雷

距离地面高度 4.5m 以上外墙铝合金窗、金属百叶窗，特别是飘窗铝合金窗的金属窗框和百叶窗应当与防雷引下线连接，如此，预制墙板或飘窗应当预埋 25mm × 4mm 镀锌钢带，一端与铝合金窗、金属百叶窗焊接，另一端与其他 PC 构件的引下线系统连接，一般与楼层均压环相贯通，如图 7-27 所示构造。

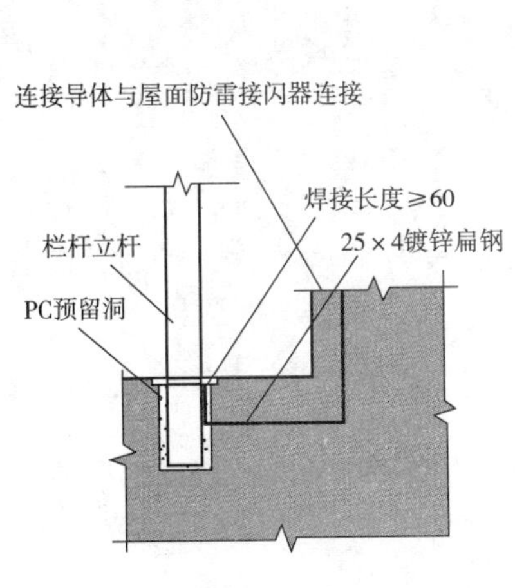

图 7-26　阳台防雷构造（选自图集 15G368—1）

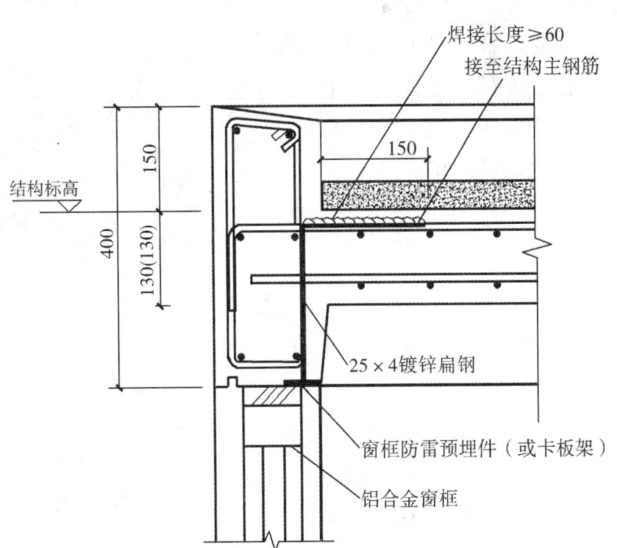

图 7-27　铝合金窗防雷构造（选自图集 15G368—1）

（4）防雷引下线防锈蚀设计

预埋在构件中的防雷引下线和连接接头的可靠性和耐久性涉及人身安全，所以，防雷设计必须给出防锈蚀的详细要求，包括：

1）镀锌扁钢防锈蚀年限应当按照建筑物使用寿命设计，且热镀锌厚度不宜小于 70μm。

2）焊接连接处的防锈蚀必须按照建筑物使用寿命给出详细要求：包括用什么防锈漆、涂刷范围和涂刷层数。

笔者认为，日本采用的铜制防雷引下线和铜制专用接头对确保建筑防雷的安全性和耐久性更为可靠。

149. 如何设计电气接口与配件？

（1）《装标》和《装规》的规定

1）国家标准《装标》关于电气接口与配件设计的规定：宜在预制楼板（梁）内预留吊顶、桥架、管线等安装所需预埋件（8.2.5）。

2）行业标准《装规》关于电气接口与配件设计的规定：预制构件中电气接口及吊挂配件的孔洞、沟槽应根据装修和设备要求预留（5.4.4）。

（2）电气接口与配件设计

电气接口与配件设计的具体内容包括：

1）未实行管线分离情况下，预制墙板内埋设的电气管线与叠合楼板现浇层中敷设的电气管线的接口，交接处需要预留 100mm×150mm 的管线过渡接口，见图 7-19。

2）实行管线分离的情况下，叠合板须预埋吊挂管线的预埋件（见图 7-28）；未实行管线分离情况下，叠合楼板现浇层中敷设的电气管线与灯具、悬挂电气设备（如厨房吸油烟机）的接口。一般在墙面或顶面上埋设接线盒和固定用的埋件及定位图，见图 7-29。

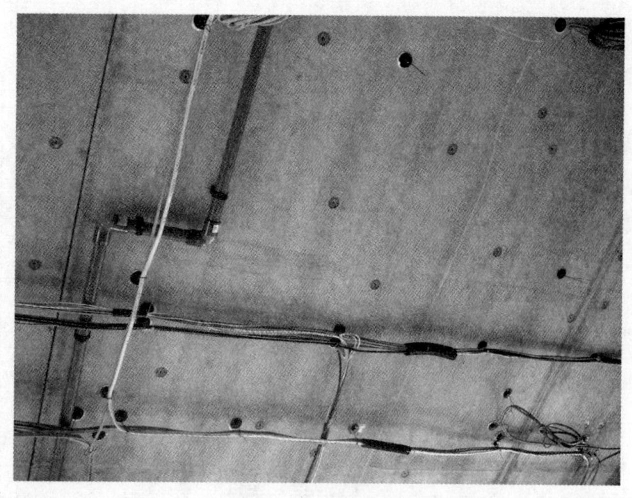

图 7-28　日本工厂在叠合板上管线、设备吊挂配件埋设做法

3）集成式厨房的电气接口设计，一般在墙面或顶棚上埋设接线盒。

4）集成式卫生间的电气接口设计，一般在墙面或顶棚上埋设接线盒。

5）接口与配件设计的要求。

①电气接口与配件设计应选用标准化接口，具有通用性和互换性。

②电气接口与配件的预留接口位置应准确。

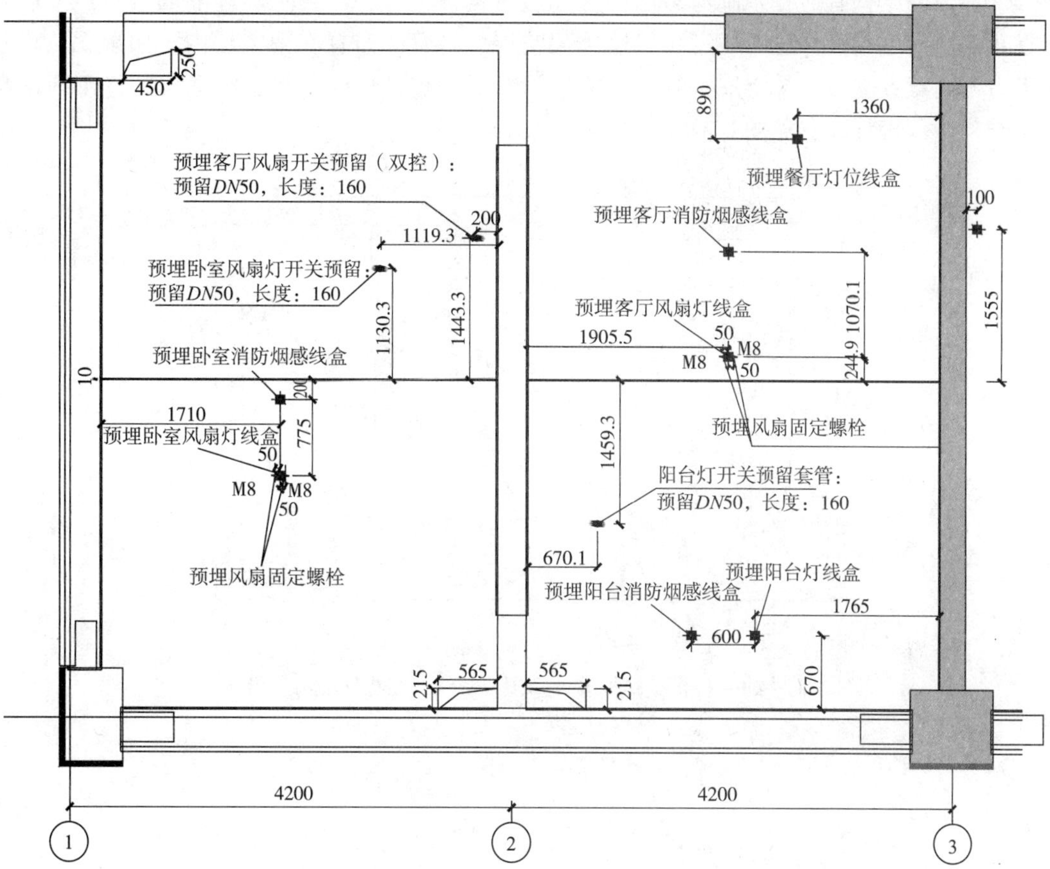

450 250
预埋客厅风扇开关预留（双控）：
预留DN50，长度：160
200
1119.3
预埋卧室风扇灯开关预留：
预留DN50，长度：160
1130.3
1443.3
预埋卧室消防烟感线盒
10
200
1710
预埋卧室风扇灯线盒
775
50
M8
M8
50
预埋风扇固定螺栓
890
1360
预埋餐厅灯位线盒
预埋客厅消防烟感线盒
100
预埋客厅风扇灯线盒
1905.5
50
M8
M8
50
1070.1
244.9
1555
预埋风扇固定螺栓
1459.3
阳台灯开关预留套管：
预留DN50，长度：160
670.1
预埋阳台灯线盒
预埋阳台消防烟感线盒
1765
600
670
215 565
565 215
4200
4200
1
2
3

图7-29　电气平面详图上预留孔洞、吊挂配件、预埋埋件定位设计示意图

 150. 如何布置竖向电气管线？

（1）国家标准和行业标准的有关规定

1）国家标准《装标》7.4.2条规定：电气和智能化系统的竖向主干线应在公共区域的电气竖井内设置。

2）行业标准《装规》5.4.6条规定：竖向电气管线宜统一设置在预制板或装饰墙面内。墙板内竖向电气管线布置应保持安全间距。

（2）竖向电气管线布置设计

1）竖向电气管线的主干管线应布置在竖向管井内。

2）非主干线竖向电气管线。

①框架结构和其他柱梁体系结构布置在轻体隔墙内（见图7-30）。

图7-30　轻质隔墙内竖向电气管线布置实例

②剪力墙结构宜避开预制剪力墙构件和边缘构件区域，布置在轻体隔墙内。当只能布置在预制剪力墙构件部位时，宜设置墙体架空层，将管线布置在架空层内。如果无法设立或甲方不同意设立墙体架空层，管线只能埋设在预制构件中，须将管线埋设的详细要求提供给结构构件设计者，见图7-31、图7-32。

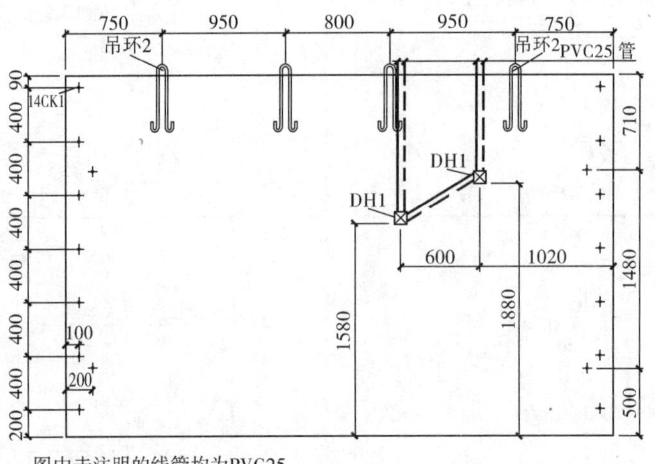

图7-31　提供给结构设计师预留管线标在构件上示意图

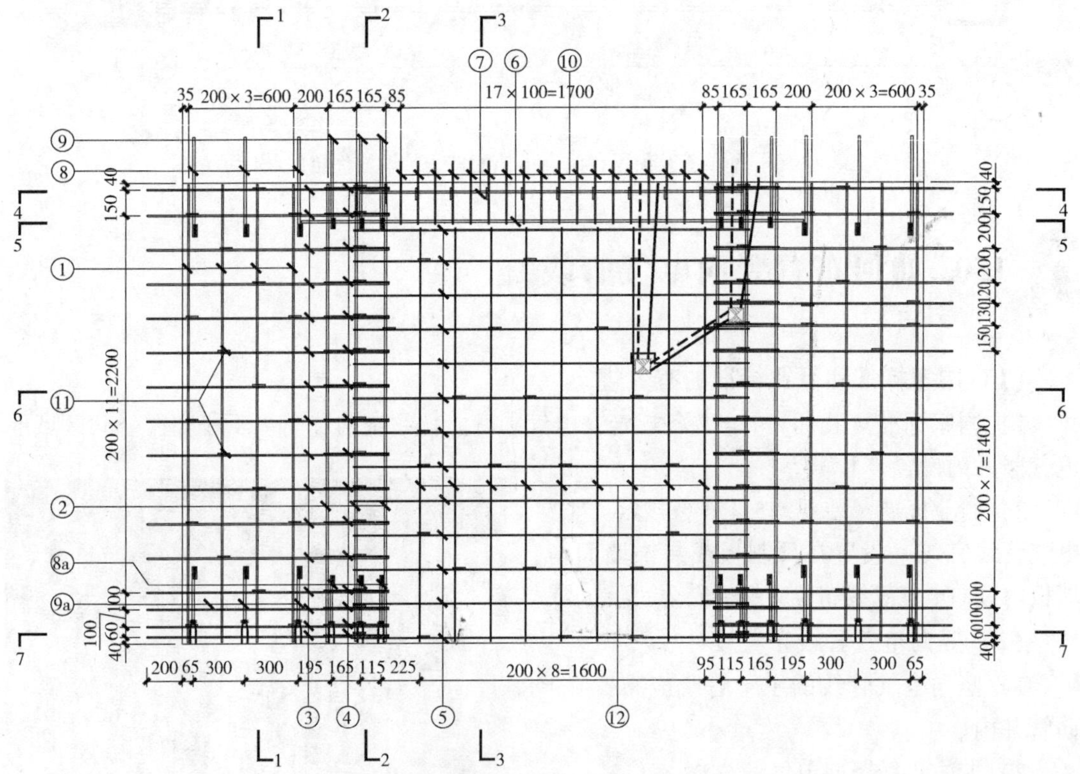

图7-32　为预制构件配筋图中的管线布置设计示意图

3）竖向电气管线敷设须采取有效措施满足隔声、防火要求，埋管应为钢管或阻燃型 PVC 管，见图 7-33。

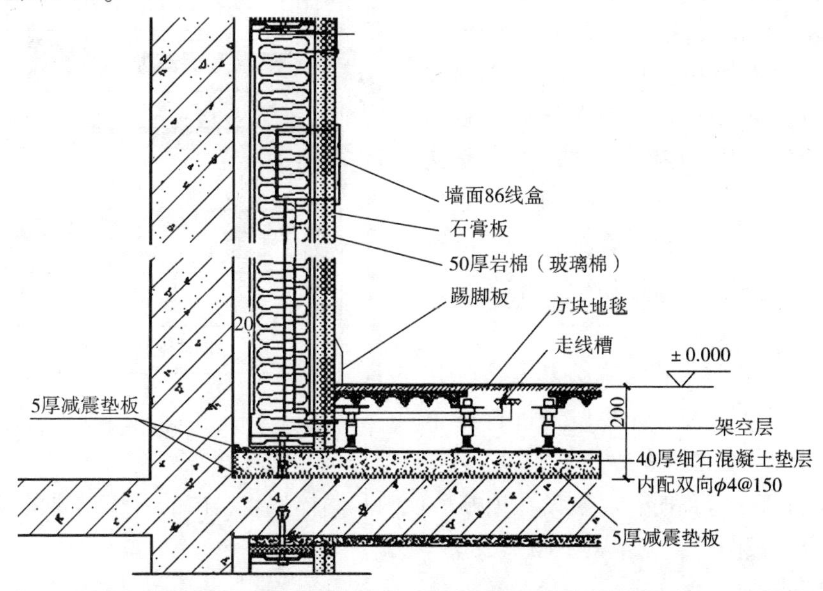

图 7-33　PC 墙内侧架空层内竖向电管布置及隔声、防火设计示意图

4）墙板内竖向强弱电管线和其他管线保持安全间距，间距一般在 200mm。

151. 为什么宜实行管线分离？如何进行管线综合设计？

国家标准《装标》提出“装配式混凝土建筑的设备与管线宜与主体结构相分离。”

（1）为什么宜实行管线分离

国家标准的条文说明提出，目前建筑设计，尤其是住宅建筑的设计，一般均将设备管线埋在楼板现浇混凝土或墙体中，把使用年限不同的主体结构和管线设备混在一起建造。若干年后，大量的建筑虽然主体结构尚可，但装修和设备等早已老化，改造更新困难，甚至不得不拆除重建，缩短了建筑使用寿命。因此提倡采用主体结构构件、内装修部品和设备管线三部分装配化集成技术，实现室内装修、设备管线与主体结构的分离。

（2）如何进行管线分离设计

目前只有电气和弱电管线埋设在混凝土结构中。管线分离设计就是将强电和弱电管线从结构中分离出来，不再在楼板和墙板内埋设管线。

为了实现电气管线分离，顶棚必须吊顶，剪力墙体也需设置架空层。将以前埋设在楼板和墙体中的管线移出来，敷设在吊顶或墙体架空层里，见图 7-34。

吊顶和架空也使电气专业以外的其他管线布置有了更好的选择，或者说有了“藏身”空间。因此，在进行管线分离设计的同时，应进行管线综合设计，以获得集约效益和优化效益。

（3）如何进行管线综合设计

1）设备与管线各专业与建筑、结构、拆分和装修专业进行协同设计。

2）将各专业管线、各集成式部品及其接口进行汇总，列出清单，避免遗漏。

3）将各专业管线设计方案与建筑设计、结构设计、拆分设计和装修方案进行叠图分析，或建立 BIM 模型进行三维分析，判断各个专业的管线是否有“撞车”“拥堵”“交叉过多”“影响室内空间”的问题；判断管线与预制构件的对应关系；做出合理性、可行性判断；如果存在问题，通过调整修改方案解决。

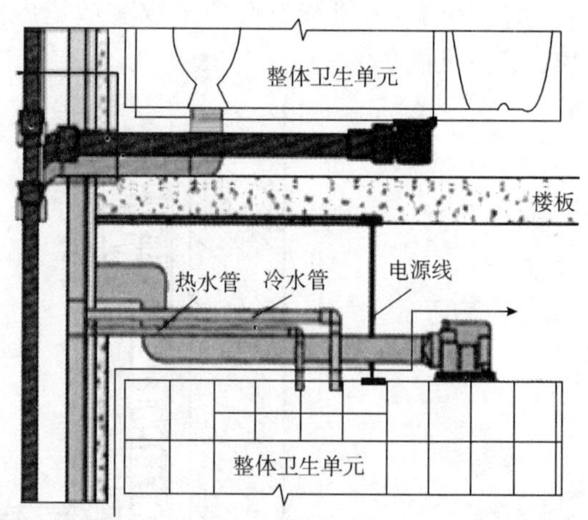

图 7-34　管线与主体结构相分离设计示意图

4）将竖向管线集中布置在公共部位管井内；设计管井，对管井内管线位置进行排布(见图 7-35、图 7-36 和图 7-37)。

5）当实行管线分离时，将敷设在顶棚吊顶内和墙体架空层内的管线需要的预埋螺母设计到预制叠合楼板图中，见本章中图 7-28。

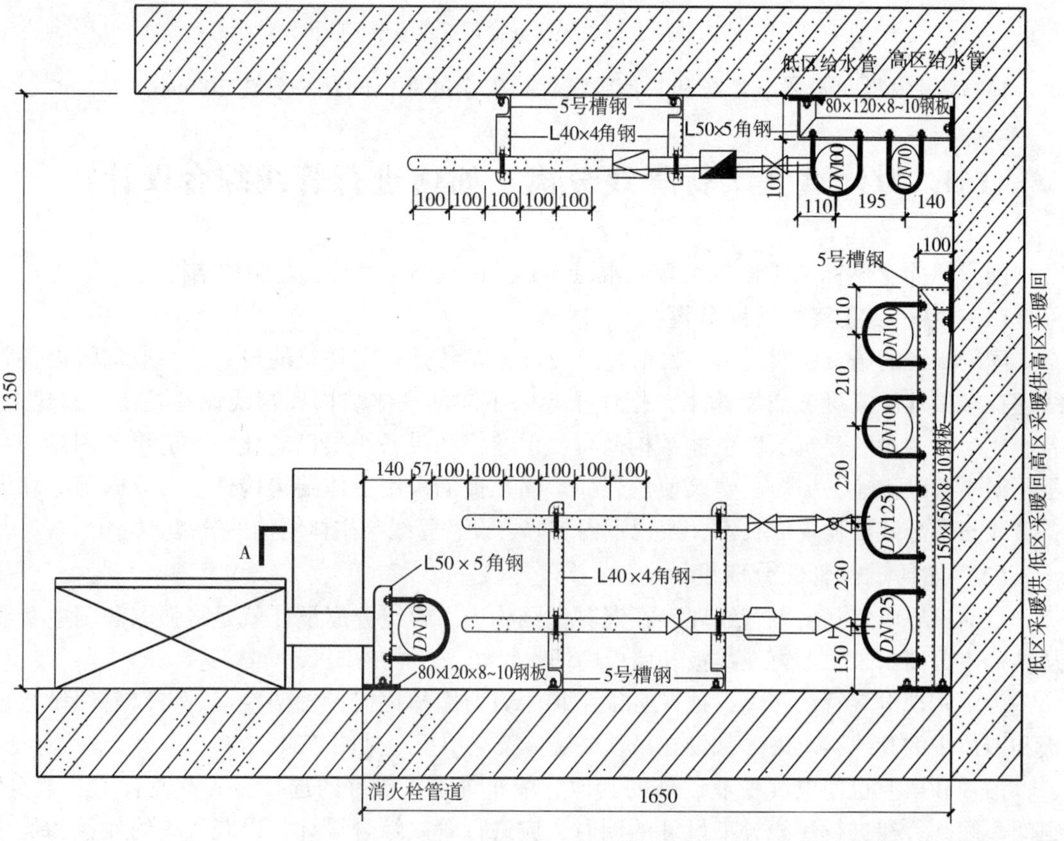

图 7-35　集中设置在管井内水管综合布置示意图

图 7-36　集中设置在管井内水管综合布置示例

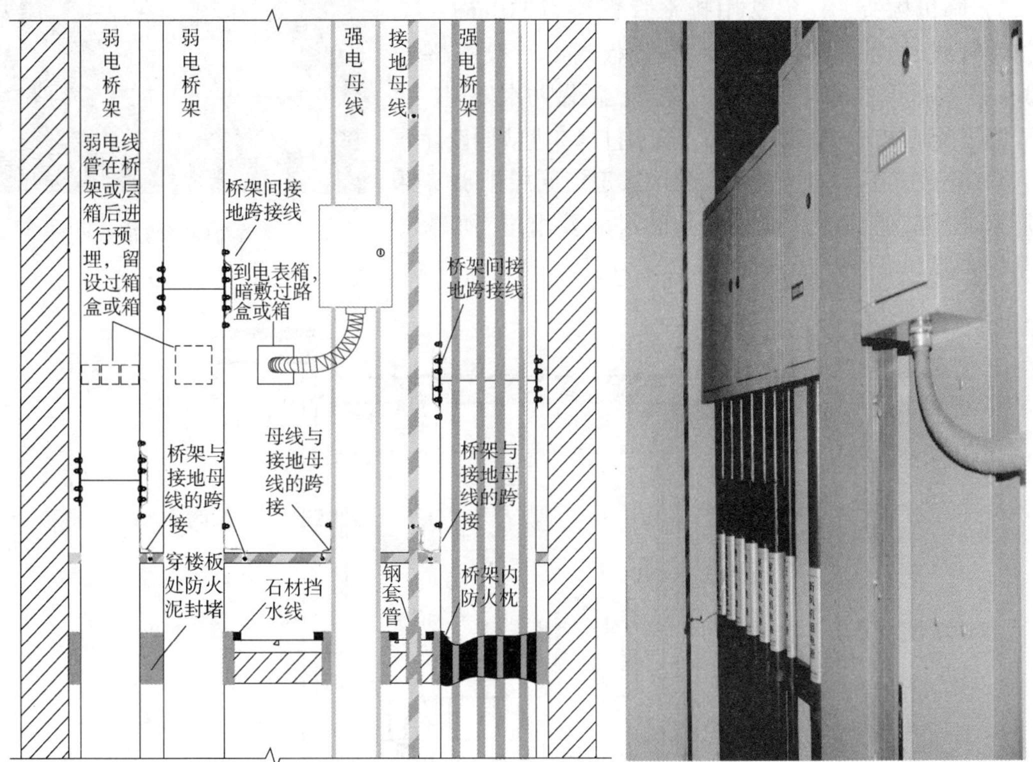

图 7-37　集中设置在管井内电气综合布置示意图及图片

 152. 如何布置同层排水？

同层排水是指“在建筑排水系统中，器具排水管线及排水支管不穿越本层结构楼板到下层空间、与卫生器具同层敷设并接入排水立管的排水方式”（《装标》2. 1. 22）。简单说，就是本层排水在本层解决，安装、检修不影响下一层。当然，排水立管是贯通各层的。

如何进行同层排水设计？

1）排水立管布置。排水立管布置有独立单元和多单元集中两种方式。独立单元式就近设置立管，坡降空间小，但立管多，维修点多，在预制楼板上的穿孔多；多单元集中式可设置集中管道井，检修方便，在预制楼板上穿孔少，但坡降空间大，仅仅靠降板无法满足坡降高度的要求，需要地面架空，由此会增加建筑层高。日本高层住宅较多采用这种方式。

排水立管布置需要给水排水专业与建筑、结构专业协同设计确定。

2）降板方式。同层排水最常用的方式是楼板降板方式，既使地面设置架空层，也往往同时降板。

降板分为局部降板和区域降板两种类型。局部降板是指在卫生间等局部部位降板（见图7-38）；区域降板是指楼层的一个区域整体降板。区域降板在日本应用较多（见图7-39）。

3）降板构造。住宅常用排水管管径为110mm，同层排水管线长度一般不超过5m，降板高度一般不超过300mm。局部降板的楼板多采用现浇，需做防水处理。

降板及其构造须建筑、结构、给水排水专业协同设计。

4）集成式卫浴同层排水。集成式卫浴同层排水需要与厂家进行系统设计，按照部品的尺寸要求进行接口、水平管布置和降板设计。

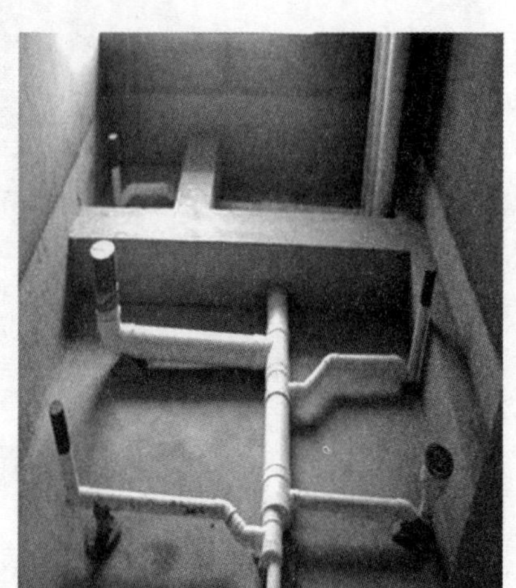

图7-38　降板管线布置实例

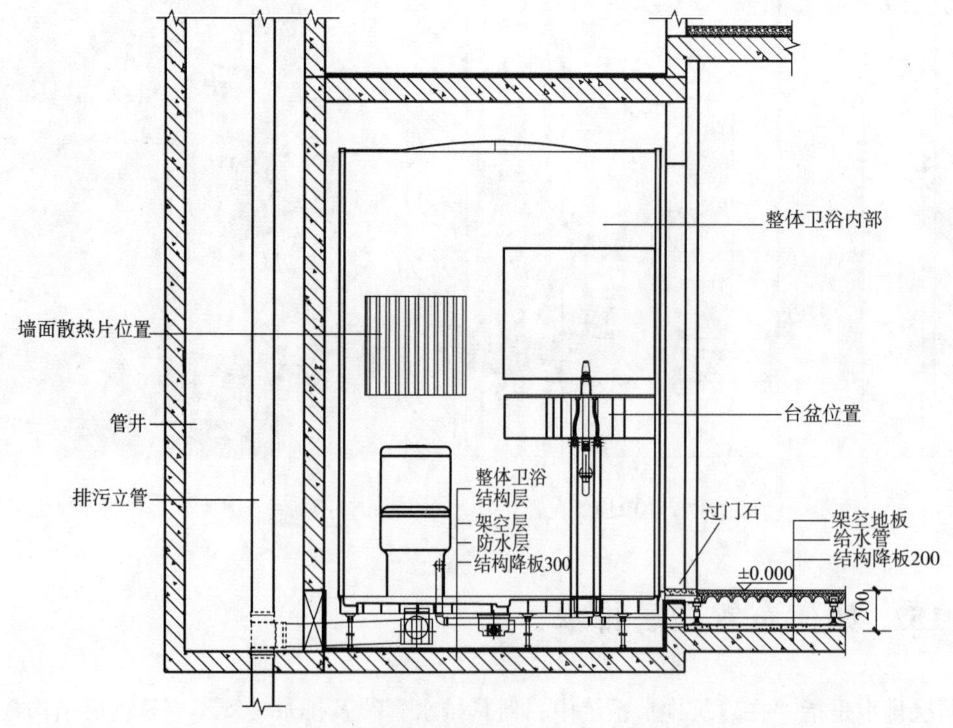

图7-39　整体卫浴降板管线布置设计示意图

153. 竖向管线穿过楼板如何设计？

（1）《装标》的规定

1）装配式混凝土建筑的设备和管线设计应与建筑设计同步进行，预留预埋应满足结构专业相关要求，不得在安装完成后的预制构件上剔凿沟槽、打孔开洞等。穿越楼板管线较多且集中的区域可采用现浇楼板（7.1.4）。

2）公共管线、阀门、检修口、计量仪表、电表箱、配电箱、智能化配线箱等，应统一集中设置在公共区域（7.1.8）。

3）装配式混凝土建筑的设备与管线穿越楼板和墙体时，应采取防水、防火、隔声、密封等措施，防火封堵应符合现行国家标准《建筑设计防火规范》GB 50016 的有关规定（7.1.9）。

4）《装标》7.4.2 条 1 款电气和智能化系统的竖向主干线应在公共区域的电气竖井内设置。

（2）竖向管线穿过楼板的设计

1）装配式混凝土建筑设备管线需穿过楼板的竖向管线包括电气干线、电信（网线、电话线、有线电视线、可视门铃线）干线、自来水给水、中水给水、热水给水、雨水立管、消防立管、排水、雨水管、暖气、燃气、通风管道、烟气管道等。

2）竖向管线穿过楼板的设计，根据国家标准《装标》规定，有两种设置方案：一种采用集中布置，设置管井（见图 7-40），另一种采取直接穿过楼板的方案，两种方案在楼板处均需加设套管。

图 7-40　给水、排水管道井综合布置实例图片

PC 建筑中竖向管线穿过楼板要与建筑协同，分清是现浇还是预制构件，都要标注在图上。在《装规》中这样规定：“竖向管线宜集中布置，并应满足维修更换的要求。”一般设置管道井。

竖向管线穿过楼板，需在预制楼板上预留孔洞，圆孔壁宜衬套管，如图 7-41、图 7-42 所示。

图 7-41　预制楼板预留竖向管线孔洞

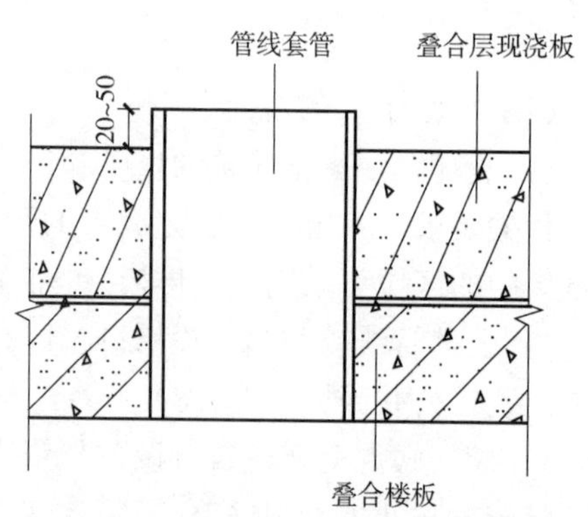

图 7-42　预制楼板埋设套管高度示意图

竖向管线穿过楼板的孔洞位置、直径，防水、防火、隔声的封堵构造设计等，PC 建筑与现浇混凝土结构建筑基本没有区别，需要注意的就是其准确的位置、直径、套管材质、误差要求等，必须经建筑师、结构工程师同意，判断位置的合理性，对结构安全和预制楼板的制作是否有不利影响，是否与预制楼板的受力钢筋或桁架筋“撞车”，如有“撞车”，须进行调整。所有的设计要求必须落到拆分后的构件制作图中。需提醒的是：

1）叠合楼板预制时埋设的套管应考虑混凝土后浇层厚度和按规范要求高出地面的高度，一般为 20mm，卫生间为 50mm。叠合阳台楼板预制时可直埋 PVC 止水节，如图 7-43 所示。

图 7-43　阳台厨卫间预埋式 PVC 止水节

2）设计防火、防水、隔声封堵构造时，（见图 7-44）如果有需要设置在叠合楼板预制层的预埋件，应落到预制叠合楼板的构件图中后统一出图。

图 7-44 排水管 UPVC 管穿过楼板时阻火圈安装板底下用预埋固定螺栓

154. 横向管线穿过结构梁、墙如何设计？

（1）穿过结构梁、墙的管线

在 PC 建筑管线设计中，需要穿过结构梁、墙的横向管线包括：

1）电源线。

2）电信线。

3）给水管线。

4）暖气管线。

5）燃气管线。

6）通风管道。

7）空调管线等。

（2）管线穿过梁墙的设计要点

1）在横向管线穿过结构梁或结构墙体上须设计预留洞孔或套管，如图 7-45 所示，并标明位置、管径大小、定位尺寸、数量。

图 7-45 装配式建筑结构梁预留横向干线孔洞

2）对横向管线穿过结构梁、墙体的孔洞直径、误差要求、套管材质、防火隔声的封堵构造等进行设计。

3）与建筑师、结构工程师协同设计，判断预留孔洞对结构安全和预制构件的制作是否有不利影响，是否与预制构件的受力钢筋“撞车”，如有“撞车”，须进行调整。

4）所有详细的设计要求必须落到拆分后的构件制作图中，如图 7-46 所示。

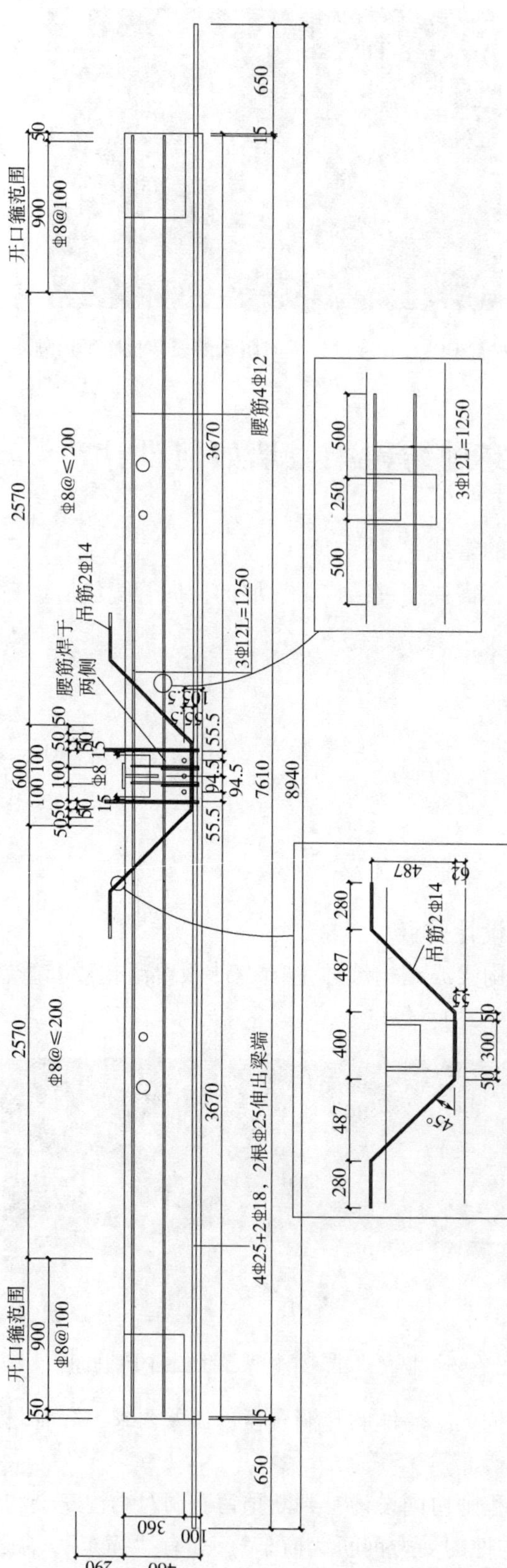

图7-46 结构梁预留孔洞设计详图示例

155. 有吊顶时顶棚如何固定管线与设备？

装配式混凝土建筑顶棚有吊顶时，所有管线都不用埋设在叠合板后浇筑混凝土层中，实现与主体分离。

顶棚有吊顶，需在预制楼板中埋设预埋件，以固定吊顶与楼板之间敷设的管线和设备，吊顶本身也需要预埋件，这些在 PC 建筑设计时要确定，设计时由建筑师牵头进行协同设计，这一点国外很重视。

特别指出，国内目前许多工程在顶棚敷设管线时，不是在预制楼板中埋设预埋件，而是在现场打金属膨胀螺栓或塑料膨胀螺栓，打孔随意性强，有时候碰到钢筋再换位置继续，裸露钢筋也不处理，或者把保护层打裂，最严重的是把钢筋打断，对结构使用非常不安全。

敷设在吊顶上的管线，可能包括电源线、电信线、暖气管线、空调管道、通风管道、给水管线等，还有空调设备、排气扇、吸油烟机、灯具、风扇的固定预埋件（见图 7-47）以及装饰吊顶用的固定预埋件，如图 7-48 所示。

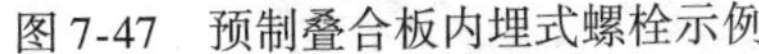

图 7-47　预制叠合板内埋式螺栓示例

图 7-48　吊顶内固定埋件示例

在协同设计中，各专业需提供固定管线和设备的预埋件位置、质量以及设备尺寸等，由建筑师统一布置，由结构设计师设计预埋件或内埋式螺母。结构设计师须确定预埋件或预埋螺栓的材质、规格与埋置构造。预埋件位置不能紧贴钢筋。所有设计须落在拆分后的预制楼板图上。

预埋螺母有金属和塑料之分，按用途不同进行选用（见图 7-49）。固定电源线等可采用预埋塑料螺栓（见图 7-50、图 7-51）。如果悬挂较重设备，宜预埋金属螺栓或钢板预埋件。对于内埋式金属螺栓，使用前应实际进行抗拉强度试验。

楼板上可能敷设不同专业的管线，为日后检修时辨识方便，宜采用有颜色的管线或用明显标记来区分各类管线。图 7-52 为日本吊顶内管线的布置实例。

图 7-49　预埋式金属螺母（金属长螺母）

图 7-50　塑料螺栓的正反面细节图

图 7-51　在转盘上的内埋式塑料螺栓

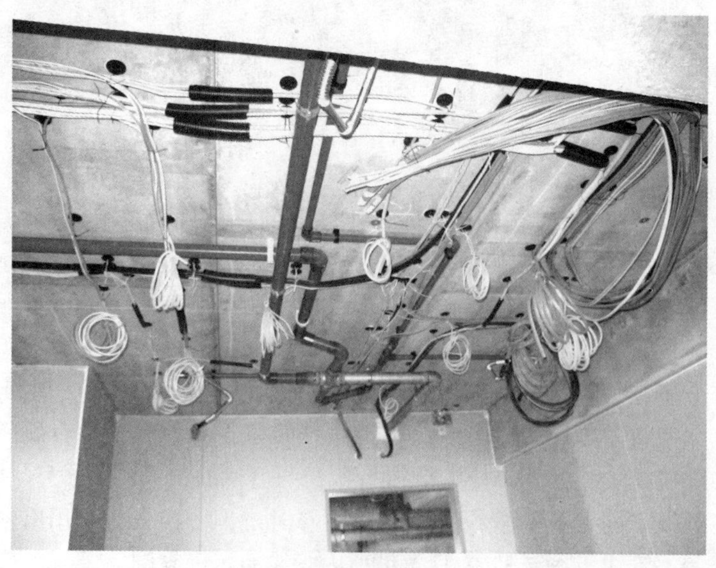

图 7-52　日本吊顶内管线布置与固定实例

156. 无吊顶时叠合楼板如何埋设管线？

给水、排水、暖气、空调、通风的管线不可以埋置在预制构件或叠合板后浇筑混凝土层中，只能明敷。在没有吊顶的情况下，管径不大的电气管线可以埋设于叠合楼板后浇混凝土中，如图 7-53 所示。

预制叠合楼板中还须埋设灯具接线盒和灯具固定等安装预埋件，灯具接线盒要用深盒（见图 7-54），须落到楼板预制构件图上（见图 7-55）。

图 7-53　叠合板后浇筑混凝土中埋电气管线做法

图 7-54　叠合板上埋深接线盒做法

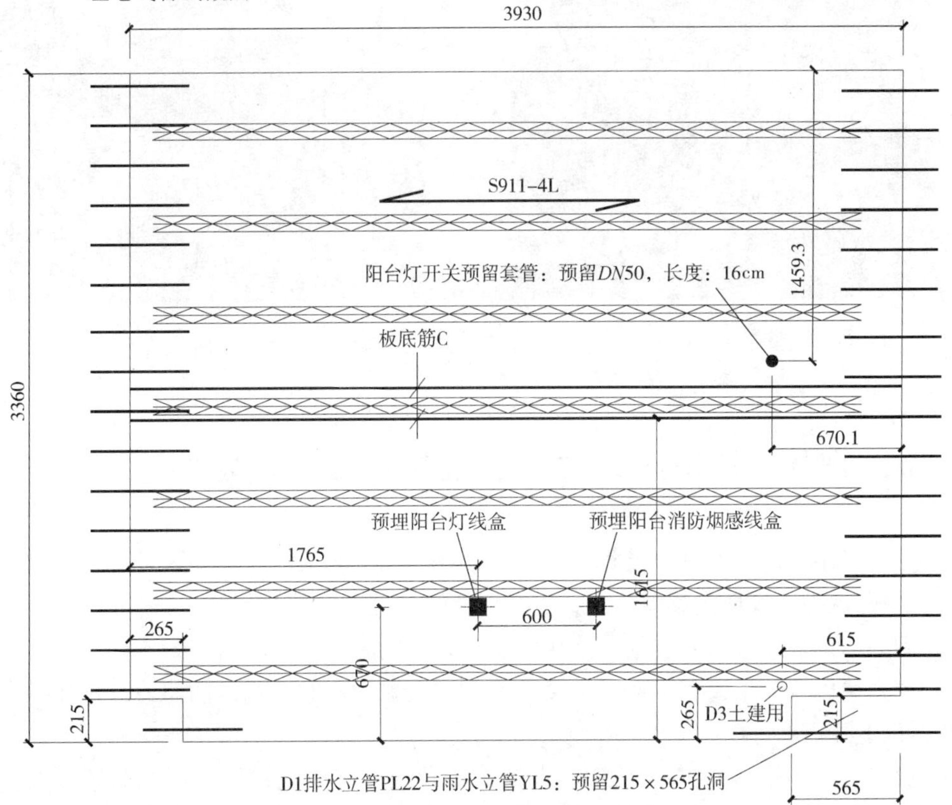

图 7-55　叠合板上电气预留点位定位平面设计图示例

157. 柱梁结构体系墙体管线如何敷设固定？

梁柱体系是指框架结构、框-剪结构和密柱筒体结构。

1）外围护结构墙板不应埋设管线和固定管线、设备的预埋件，因为在外墙 PC 构件中埋设管线易导致渗漏、透寒，甚至透风。

2）如果外墙所在墙面需要设置电源、电视插座或埋设其他管线，应当设置架空层，如图 7-56 所示。电气管线固定在架空层内（见图 7-57），这与《CSI 住宅建设技术导则（试行）》要求一致。如果需要在梁、柱上固定管线或设备，应当在构件预制时埋入内埋式螺母或预埋件，如图 7-58 所示。不能设备管线安装时再在梁、柱上打膨胀螺栓。内埋式螺母或预埋件的位置和构造应设计在构件制作图上。

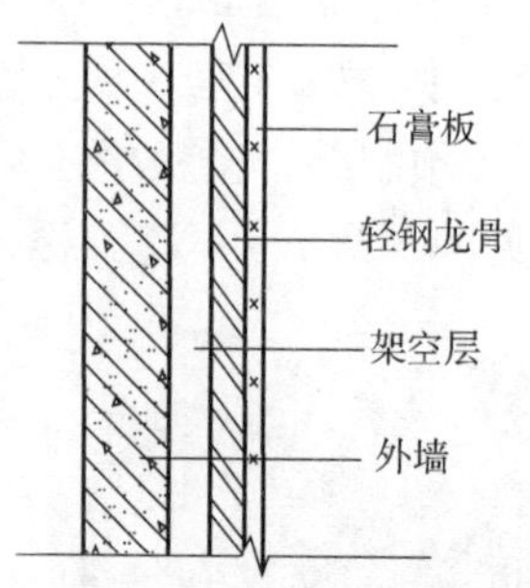

图 7-56　外墙内壁设置架空层示意图

3）柱、梁体系结构内隔墙宜采用便于敷设管线的架空墙、空心墙板或轻质墙板等。

4）预制柱内不应设置电气管线，只能埋设防雷引下镀锌扁钢或铜线。

图 7-57　PC 外墙内壁架空层内电气管线固定做法

图 7-58　梁、柱上固定管线或设备日本的做法

158. 剪力墙结构体系墙体管线如何敷设固定？

1）剪力墙结构外墙不应埋设管线和固定管线、设备的预埋件，如果外墙所在墙面需要设置电源、电视插座或埋设其他管线，应与框架结构外围护结构墙体一样，设置架空层。

2）剪力墙内墙如果有架空层，管线敷设在架空层内。

3）剪力墙内墙如果没有架空层，又需要埋设电源线、电信线、插座或配电箱等，设计中须注意以下几点：

①电源线、照明开关、电源插座、电话线、网线、有线电视线、可视门铃线及其插座和接线盒，可埋设在剪力墙体内或在构件预制时预留沟槽，如图 7-59 所示。不得在现场剔

凿沟槽。

②剪力墙埋设管线和埋设物必须避开套筒、浆锚连接孔等连接区域，高于连接区域 100mm 以上，见图 7-60。

图 7-59　剪力墙埋设冷热水管线沟槽设计

图 7-60　剪力墙埋设管线避让浆锚管做法

③构件预制设计时，管线和埋设物应避开钢筋。

④管线和埋设物的位置、高度、管线在墙体断面中的位置、允许误差等，应设计到预制构件制作图上。

4）如果需要在剪力墙或连梁上固定管线或设备，应当在构件预制时埋入内埋式螺母或预埋件，不能安装时在墙体或连梁上打膨胀螺栓。内埋式螺母或预埋件的位置和构造应设计在拆分后的构件制作图上。

5）剪力墙结构建筑的非剪力墙内隔墙宜采用可方便敷设管线的架空墙或空心墙板。

6）电气以外的其他管线不能埋设在混凝土中，墙体没有架空层的情况下，必须敷设在墙体上的管线应明管敷设，靠装修解决。

159. 有架空层地面管线如何敷设?

1）装配式建筑的地面架空层内可直接敷设给、排水管线（见图 7-61），地面架空层的高度应结合建筑层高、楼板跨度、卫生部品及管道长度、坡度等因素计算后确定高度尺寸，一般高度为 150 ~ 200mm。

2）排水管线可通过专用连接器或采用多分支排水接头连接到公共管井内的排水立管；还可采用排水集水器与各排水点一对一连接；排水集水器汇集后排放。排水集水器设置在便于检查维修地方。

3）架空层内如果敷设电线管线或桥架，应设置在排水管上面。

4）架空层地面内敷设给水管道，接口形式及位置应便于维修更换；设分水器时（见图 7-62），分水器与用水器具的管道应一对一连接，管道中间不得出现接口。管道接口连接应采用标准接口，方便维修拆装。一般分水器主管径为 $DN25$，分支接口宜设置管径为 $DN20$，分水器设置位置应有排水措施，并便于检修；给水管道应考虑防腐蚀、隔声减噪和防结露等措施。

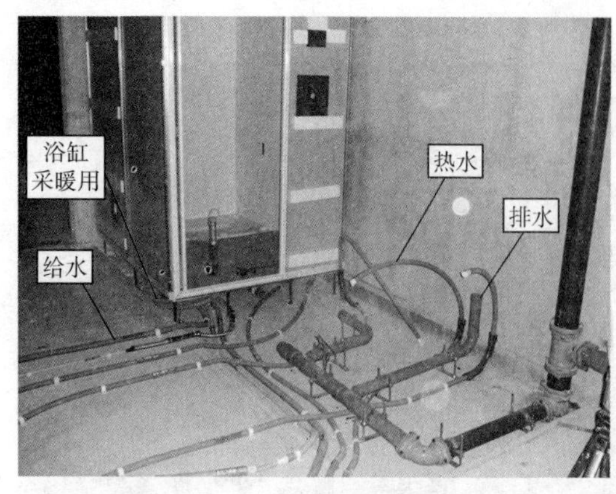

图 7-61　整体卫浴给、排水管线敷设做法

图 7-62　架空层地面内给水分水器做法

①采用不易产生腐蚀的塑料类管材、铜管、不锈钢管，对钢塑复合管等接头处刷防锈漆。

②管道外表采取包橡塑、玻璃棉等消声类材料降噪。

③管道长期在架空层内，对金属类水管做防结霜的保温。

5）室内冷热水供水系统布置在地板架空层内时，给水管、热水管、中水管宜采用不同颜色外套管（如图 7-62 所示）并应做汉字标记或进行特殊标识进行区分，方便日后维修。

6）住宅设有新风时，可利用地面送风，风管也可敷设在架空层内，靠边敷设，防止管线交叉。

7）架空层内还可以采用干法作业施工的电热地暖或低温热水地暖，其地面构造做法如图 7-63，图 7-64 所示。

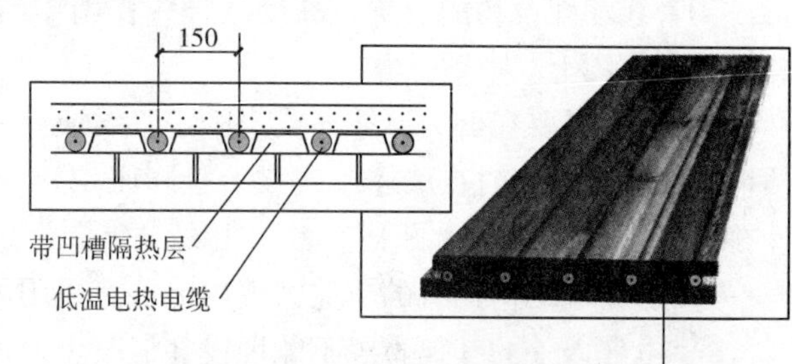

图 7-63　干法施工电热地暖示意图

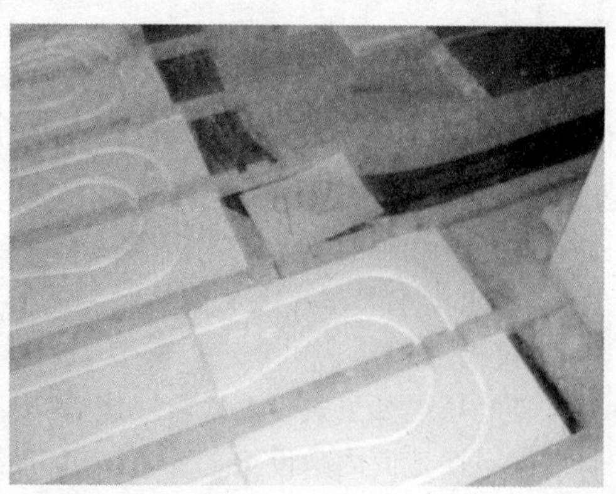

图 7-64　干法施工低温热水地暖安装示意图

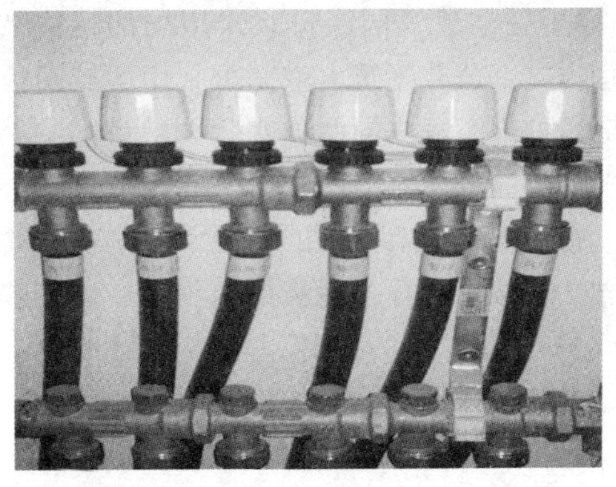

图 7-64　干法施工低温热水地暖安装示意图（续）

160. 无架空层地面管线如何敷设？

在地面不做架空层的情况下，排水系统要实现多户同层排水相对困难，除非两户的卫生间相邻。为实现同层排水，局部楼板应下降一定的深度，管线敷设降板槽内，降板的深度通过管线的长度、坡度、管径大小计算确定。

1）采用局部下沉楼板现浇，降板内应做好防水，按设计标高和坡度沿下沉楼板内敷设排水管道，并用水泥焦渣等轻质材料填实作为垫层，垫层上用水泥砂浆找平后再做防水层和面层。

2）排水管道在建筑结构的降板层内敷设管线，还可通过专用连接器或采用多分支排水接头连接到公共管井内的排水立管；排水集水器汇集后排放，排水集水器宜设置便于检查维修地方。

3）无架空层敷设地暖时，一般采用湿作业施工，找平，铺隔热层、盘管、卵石混凝土，再铺装饰面层（见图 7-65）。干法施工采用电热地暖设计（见图 7-66）。地暖卵石混凝土做法详见图 7-67。可按行业标准《地面辐射供暖技术规程》（JCJ 142—2012）进行设计。

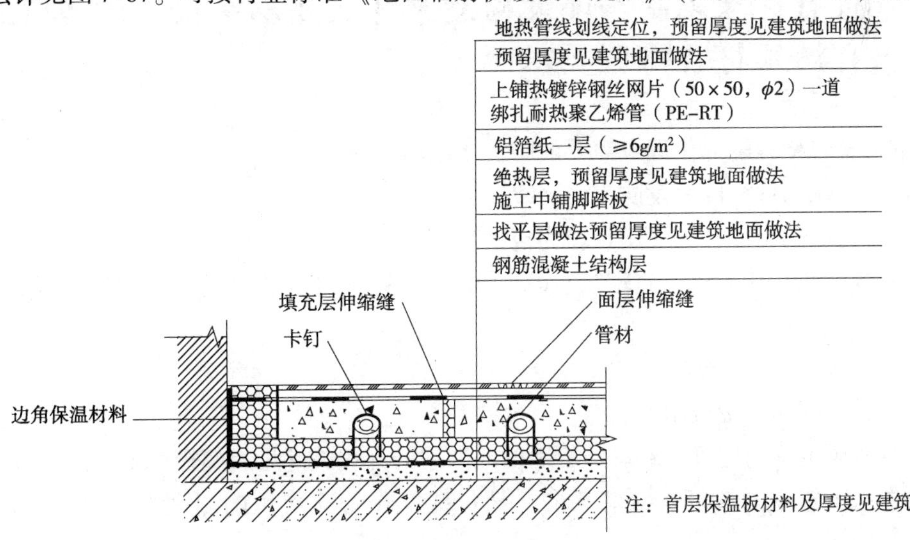

图 7-65　地热管结构剖面示意图

4）住宅建筑同层排水采用局部结构降板处理方式，公共建筑大空间可采用区域降板方式进行处理，解决同层排水管线敷设问题，见图7-68。

在地面不做架空层的情况下，电线管同传统做法，敷设在叠合现浇层内预埋。这些敷设方式的构造节点的设计，均需要与建筑、结构、内装设计师进行协同。

图7-66　地暖隔热层、盘管铺设做法图

图7-67　地暖卵石混凝土做法

图7-68　公共建筑大空间区域降板做法

161. 可在PC构件中埋设哪些管线预埋件和预埋物？埋设位置有什么限制？埋设构造有什么要求？预留设备管线、孔洞须符合哪些要求？

1）可在叠合梁现浇部位埋设需要的防雷接地均压环。

2）可在预制构件柱内埋设防雷引下线。

3）在剪力墙预制部分可埋设预埋物包括：

①电源线、照明开关线、插座线、电话线、网线、有线电视线、可视门铃线的盒、过渡接线盒。

②消防手报盒。

③燃气感知探测器接线用的底盒。

④水暖通风空调固定管线或悬挂管线的托架用的内埋式螺母或螺栓固定件。

⑤电气系统较重的壁灯、沿墙梁的桥架母线及设备支架用的内埋式螺母、螺栓或预埋件。

⑥穿过剪力墙楼板的水平套管等。

4）设备线管的接口埋设位置应避开门窗部位的预制墙、剪力墙构件、梁柱受力较大部位或节点连接区域，预留接口洞内的次钢筋不能割断。埋设物应避开梁、柱、墙的主钢筋或其他构件用的埋件，否则采取加固措施，具体设计的内容必须与结构设计师协同确定。

5）埋设竖向管线应减少交叉或重叠，管径应小于墙厚的 1/2。

162. 可在叠合楼板中埋设哪些管线和预埋物？埋设位置有什么限制？埋设构造有什么要求？

可在叠合层现浇部位埋设需要的各种线管和防雷接地线，在叠合楼板内是不允许埋设线管的；可在叠合楼板内埋设灯盒、各类（电源线、照明开关线、插座线、电话线、网线、有线电视线、可视门铃线）电线管的过渡接线盒、消防用的感知探测器（如烟感）、燃气用的感知探测器接线用的底盒等预埋物；可埋设固定线路或悬挂管线、吊顶吊杆、灯具用的内埋式螺母或螺栓固定件，埋设较重的大型灯具、桥架、母线、设备等（这需经过根据荷载计算确定后，进行预留预埋固定件。）吊架用的内埋式螺母或螺栓固定件的预埋件；以及埋设穿过叠合楼板的套管等，见图 7-69。

图 7-69　叠合楼板内埋设物线盒与套管及洞口

设备管线的接口埋设位置应避开预制构件受力较大部位或节点连接区域。埋设物应避开钢筋或其他构件用的埋件，否则采取加固措施，具体设计的内容必须与结构设计师协同确定。

电气及智能化管线应在预制楼板灯位处预埋深型接线盒（一般深 100mm），见图 7-70，埋设线管应减少交叉；管径应小于等于 25mm 以下的线管，线管敷设不超过两层，见图 7-71；叠合楼板内不允许埋设线管。这里说明一下，常用的叠合楼板为 60mm，叠合层现浇为 80mm，二者加起来为 140mm。

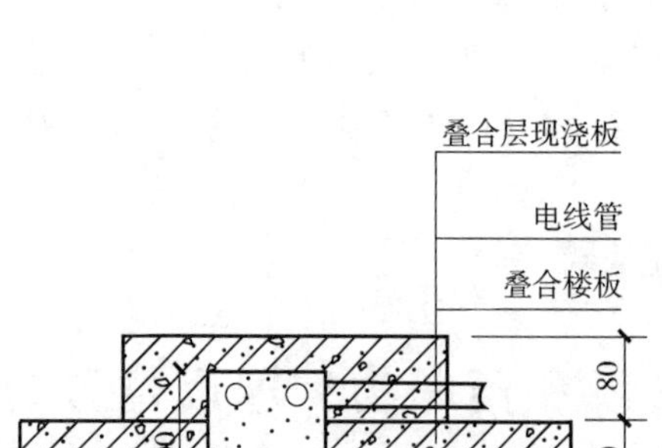

图 7-70　叠合楼板埋设线盒示意图

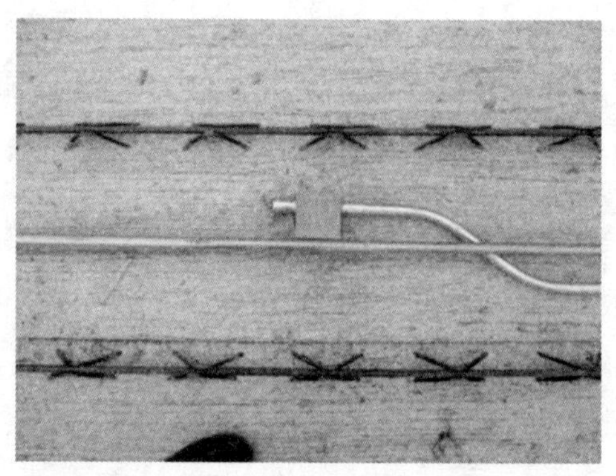
图 7-71　叠合楼板叠合层内敷设线管做法

163. 如何避免设备管线系统在预制构件上的埋设物等“遗漏”或“撞车”?

避免设备管线系统在预制构件上的埋设物“遗漏”或“撞车”，是设备管线系统协同设计重要的内容，下面分别讨论如下。

（1）如何避免设备管线系统在预制构件上的埋设物“遗漏”

设备管线系统在 PC 构件上的埋设物包括埋设的线管、埋设物及埋件等，一旦遗漏，PC 构件到了工地现场无法处理，会造成重大损失和工期延误。

设备管线系统有可能埋设在预制构件上的预埋件、预埋物包括给水排水和通风空调用的孔洞、套管、固定螺丝等，强电、弱电用的孔洞、线管、灯盒、过线盒、开关插座盒、暗装配电箱等电位箱、吊钩，桥架支吊架固定件等。为避免设备管线系统在预制构件上的埋设物“遗漏”，设计时需列出预制构件埋设物一览表。表 7-3 给出一个参考。

表 7-3　预制构件设备管线系统有可能要的埋设物一览表

名称	预留			电气线管	预埋件			预埋物		
	给水排水	电气	空调		给水排水	电气	空调	给水排水	电气	空调
预制叠合楼板构件	孔洞、套管		孔洞、套管		管道吊架固定螺母	桥架母线吊架固定螺母	管道设备吊架固定螺母		线盒、灯盒、探测器底盒	
预制剪力、墙构件	孔洞、套管、墙槽	孔洞、套管、墙槽	孔洞、套管	埋设线管防雷引下线	管道设备支架固定螺母	桥架母线支架固定螺母	管道设备支架固定螺母		线盒、开关盒、插座盒、模块盒、电箱	
预制叠合梁构件	孔洞、套管	孔洞、套管	孔洞、套管		管道支吊架固定螺母	桥架母线支吊架固定螺母	管道设备支吊架固定螺母			

（续）

名称	预留			电气线管	预埋件			预埋物		
	给水排水	电气	空调		给水排水	电气	空调	给水排水	电气	空调
预制柱构件				防雷引下线	管道设备支架固定螺母	桥架母线支架固定螺母	管道设备支架固定螺母		注：一层防雷测试盒，室外离地500mm	
预制阳台构件	孔洞、套管		孔洞、套管	防雷接地引出线	设备支架固定螺母		设备支架固定螺母		灯盒	
预制空调板构件	孔洞、套管		孔洞、套管	防雷接地引出线	设备支架固定螺母		设备支架固定螺母			
预制楼梯构件										
预制飘窗构件				防雷接地引线						

（2）如何避免设备管线系统在预制构件上的埋设物“撞车”

设备管线系统各个专业在预制构件上的埋设物、预埋件可能互相“撞车”；与预制构件的钢筋、套筒、浆锚孔及建筑、装修专业的预埋件也可能“撞车”，避免预制构件本身的钢筋、套筒、浆锚孔及其他专业的预埋件与设埋设物“撞车”和防止过度拥挤导致造成混凝土无法浇筑，影响混凝土质量，是设备管线系统集成设计的一个重要内容。

1）结构拆分设计完成后，各个专业应当把所有预埋件、埋设物与结构拆分设计图对应，落到预制构件制作图上（见图 7-72、图 7-73）。

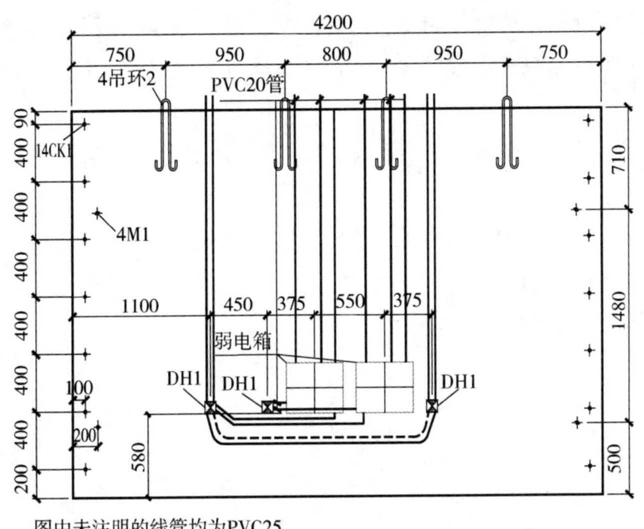

水、电材料表

序号	材料名称及图例	规格		数量
1	方盒DH1	86×86×70		6个
2	扁钢BG	3×25×600		0个
3	等电位盒LEB	110×60×60		0个
4	智能箱	450×230×160		2个
5	线管	PVC20	0.80m	2个
6			1.35m	2个
7			1.66m	4个
8		PVC25	1.66m	2个
9			1.94m	4个
10			2.10m	2个

图 7-72　剪力墙立面埋件布置图

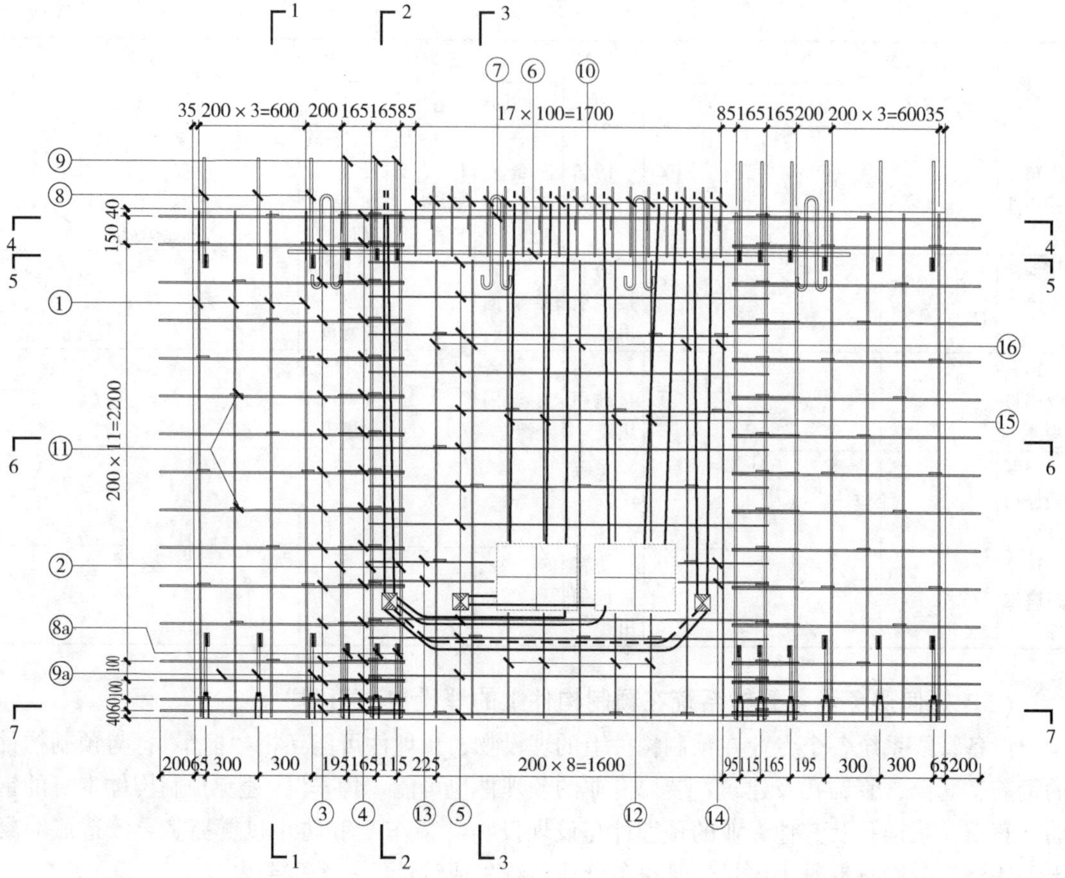

图 7-73　剪力墙立面结构埋件位置图

2）对所有预埋件、埋设物的位置进行分析，判断其与钢筋的距离和互相间的距离，看有没有“撞车”现象，拥挤现象，是否会影响混凝土浇筑。如果有，进行位置调整。调整过程中，应注意相关要素的变化，如相应的接口位置的变化等，对所有相关因素进行连带调整。调整后再重新落到构件制作图上，并进行检查。

3）最有效的办法是运用 BIM 技术进行三维的动态模拟检验和调整，BIM 手段的可视性，自动调整的功能性，可减少劳动力，避免出错。

4）即使是实行了管线分离，设备与管线也要安装在结构主体上，虽然管线和预埋物没有了，但有些预埋件、孔洞穿过结构等还是有的，需要去汇总、分析、调整，这样一个再分析的过程。所以避免“撞车”需要以下五个过程。

①弄清楚什么预制构件。

②构件上埋设物要汇总。

③对撞车分析。

④分析后要调整。

⑤汇总，之后再分析再汇总，直到问题消除为止。

第 8 章　内装系统设计

164. 什么是内装系统？

国家标准《装标》将装配式建筑定义为“由结构系统、外围护系统、设备与管线系统、内装系统的主要部分采用预制部品部件集成的建筑”。内装系统是指由楼地面、墙面、轻质隔墙、吊顶、内门窗、厨房和卫生间等组合而成，满足建筑空间使用要求的整体。

《装标》还要求：装配式建筑应全装修，内装系统应与结构系统、外围护系统、设备与管线系统一体化设计。

国家标准的上述规定，意味着装配式建筑率先告别“毛坯房”，我国住宅建筑将提升到与国际住宅建筑标准和基本做法一致的水平，给消费者带来极大的方便，也会大幅度提高经济效益、环境效益与社会效益。

装配式建筑全装修，住宅建设的设计与毛坯房相比有很大的不同，装修设计被纳入建筑设计大系统内，与建筑、结构、设备管线几个专业设计协同并同步，装修设计由分散化变为集约化。同时，装修工程的许多现场作业转移到工厂进行。

165. PC 建筑内装系统设计有什么规定？设计要点是什么？

（1）国家标准和行业标准的规定

1）国家标准《装标》规定。

《装标》第 8 章都是关于内装系统的规定，一般性规定有如下 6 条，其他具体规定在后面分别介绍。

①装配式混凝土建筑的内装设计应遵循标准化设计和模数协调的原则，宜采用建筑信息模型（BIM）技术与结构系统、外围护系统、设备管线系统进行一体化设计（8. 1. 1）。

②装配式混凝土建筑的内装设计应满足内装部品的连接、检修更换和设备及管线使用年限的要求、宜采用管线分离（8. 1. 2）。

③装配式混凝土建筑宜采用工业化生产的集成化部品进行装配式装修（8. 1. 3）。

④装配式混凝土建筑的内装部品与室内管线应与预制构件的深化设计紧密配合，预留接口位置应准确到位（8. 1. 4）。

⑤装配式混凝土建筑应在内装设计阶段对部品进行统一编号，在生产、安装阶段按编号实施（8. 1. 5）。

⑥装配式混凝土建筑的内装设计应符合国家现行标准《建筑内部装修设计防火规范》GB 50222、《民用建筑工程室内环境污染控制规范》GB 50325、《民用建筑隔声设计规范》GB 50118 和《住宅室内装饰装修设计规范》JGJ 367 等的相关规定（8.1.6）。

国家标准《装标》一般规定条文说明强调两点，第一点，从目前建筑行业的工作模式来说，都是先进行建筑各专业的设计之后再进行内装设计。这种模式使得后期的内装设计经常要对建筑设计的图样进行修改和调整，造成施工时的拆改和浪费，因此，本条强调内装设计应与建筑各专业进行协同设计。第二点，从实现建筑长寿化和可持续发展理念出发，采用内装与主体结构、设备管线分离是为了将长寿命的结构与短寿命的内装、机电管线之间取得协调，避免设备管线和内装的更换维修对长寿命的主体结构造成破坏，影响结构的耐久性。

2）行业标准《装规》规定。

①室内装修宜减少施工现场的湿作业（5.4.1）。

②建筑的部件之间、部件与设备之间的连接应采用标准化接口（5.4.2）。

（2）PC 建筑的内装设计要点

PC 建筑内装设计有以下要点。

1）集成设计。装配式建筑内装设计不是家庭装修那种分散性碎片化设计，而是要进行集成设计。不仅内装系统本身进行集成设计，如集成式背景墙、整体收纳柜，还要与其他系统协同进行集成设计，如集成式卫生间、集成式厨房的设计与选用。图 8-1 是日本装配式建筑集成式厨房的照片。

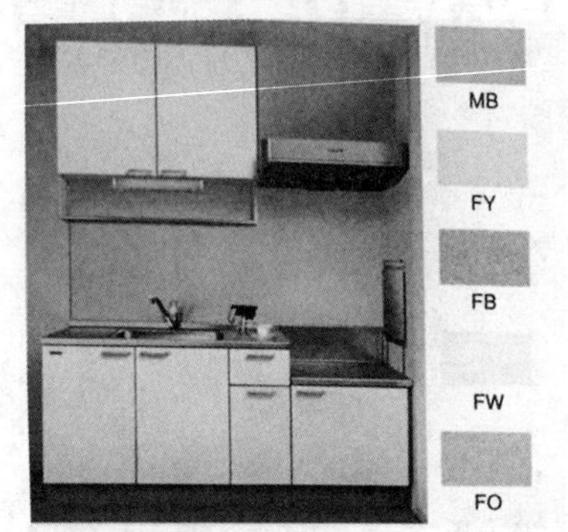

B类型L=1820

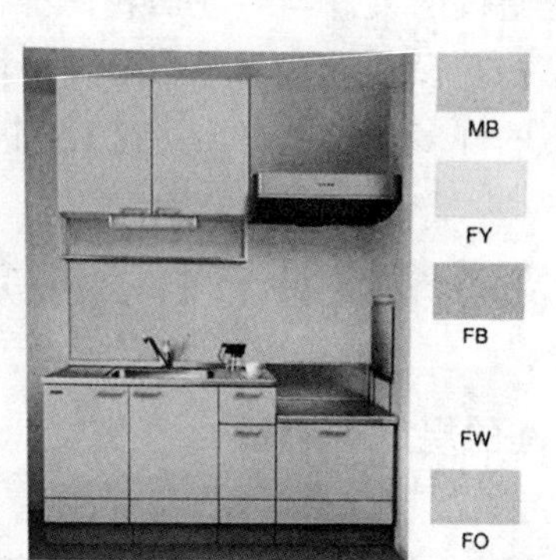

地板收纳型L=1820

D类型L=2100

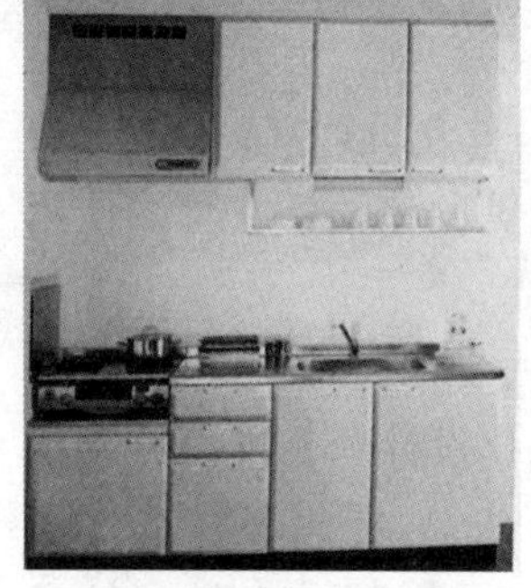

厨房套装L=2120

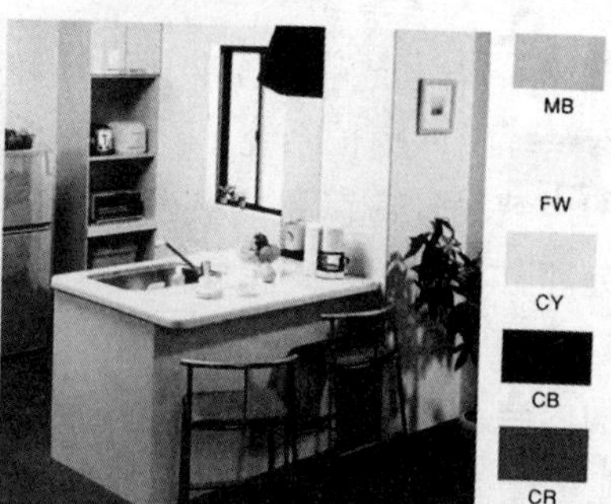

阶梯式开放厨房

开放厨房套装L=1850

图 8-1　日本装配式建筑集成式厨房

2）协同设计。以往装修设计是不需要与其他专业设计进行协同的，都是在其他专业设计之后，甚至是工程完工之后才开始进行装修设计。装修设计不需要其他专业操心，也用不着与其他专业对话。你有管线我给你遮挡了，固定龙骨我打膨胀螺栓。

但是，装配式建筑的装修设计必须与其他专业协同，密切互动。因为：

①装配式建筑集成化部件汇集了各个专业内容，必须由各个专业协同设计，还要与部品工厂协同。

②装配式建筑追求集约化效应，通过协同设计可以提升装修质量、节约空间、降低成本、缩短工期。

③装配式建筑不能砸墙凿洞，也尽可能不用膨胀螺栓，需要固定的预埋件都要事先埋设在预制构件里。这就要求装修设计与结构设计密切协同。笔者在日本装配式建筑装修工地看到了一个细节，他们固定木龙骨不是用膨胀螺栓，而是用胶黏接（见图 8-2），就是保护结构构件不被打孔破坏。内装设计时，所有与装修有关的预埋件、预埋物、预留孔洞（甚至包括安装窗帘的预埋件）等，如果位置在预制构件处，都必须落到 PC 构件制作图上，不能遗漏。

图 8-2　日本用胶粘内装木龙骨，避免后锚固方式破坏结构构件钢筋保护层

3）标准化、模块化设计。装配式建筑装修设计覆盖范围大，一个楼盘几百户甚至几千户装修，标准化、模块化设计有助于提升质量、缩短工期和降低成本。例如，室内门窗、玄关、背景墙、窗帘盒等，采用标准化、模块化设计，就会带来非常大的便利。

4）优选干式作业。顶棚、地面、墙面需要尽可能减少砌筑抹灰等湿作业方式。

166. 如何进行内装协同设计？

协同设计就是在装配式建筑设计中通过建筑、结构、设备、装修等专业相互配合，并运用信息化技术手段满足建筑设计、生产运输、施工安装等要求的一体化设计。内装协同设计可以避免或减少各专业设计对装修的不适宜，避免装修施工时的拆改和浪费。

内装协同设计是装修专业与建筑、结构、设备管线各专业进行一体化设计，内装集成式部品选型与建筑设计同步进行。建筑和结构设计也必须考虑装修需要。装修设计需要与其他专业协同的内容包括：

1）顶棚吊顶或局部吊顶的吊杆预埋件布置。

2）轻质墙体与上下楼板的固定构造。

3）墙体架空层龙骨固定方式，如需要预埋件，则要进行预埋件布置与构造设计。

4）收纳柜固定，吊柜（见图 8-3）悬挂预埋件布置。

5）参与集成式厨房布置与选型。

6）参与集成式卫生间布置与选型（见图8-4）。

7）窗帘盒或窗帘杆固定。

8）设备管线需要装修处理遮挡。

9）为了设备管线检修、维护方便，装修时考虑设置检修口等。

图8-3　起居室吊柜

图8-4　日本节约空间型集成式卫生间（客卫）

167. 什么是装配式装修？

(1) 什么是装配式装修

装配式装修的概念是国家标准《装标》提出的，给出的定义是：采用干式工法，将工厂生产的内装部品在现场进行组合安装的装修方式（2.1.13）。

在《装标》条文说明中，进一步说明：推行装配式装修是推动装配式建筑发展的重要方向。采用装配式装修的设计建造方式具有五个方面优势：

1）部品在工厂制作，现场采用干式作业，可以最大限度保证产品质量和性能。

2）提高劳动生产率，节省大量人工和管理费用，大大缩短建设周期，综合效益明显，从而降低生产成本。

3）节能环保，减少原材料的浪费，施工现场大部分为干式工法，减少噪声、粉尘和建筑垃圾等污染。

4）便于维护，降低了后期运营维护的难度，为部品更换创造了可能。

5）工业化生产的方式有效解决了施工生产的尺寸误差和模数接口的问题。

(2) 装配式装修的要点

装配式装修有两个要点：一个是集成化部品；另一个是干法施工。

(3) 装配式装修主要内容

1）轻质隔墙或墙体架空层（见图8-5）。

2）顶棚吊顶。

3）架空地板。

4）整体收纳（见图8-6）。

5）集成式厨房。

6）集成式卫生间。

7）模块式玄关、背景墙、窗帘盒等。

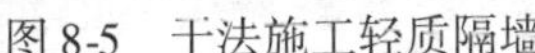

图8-5　干法施工轻质隔墙

图8-6　装配式整体收纳柜图

168. 内装部品包括哪些系统？

国家标准《装标》要求：装配式建筑应在建筑设计阶段对轻质隔墙系统、吊顶系统、楼地面系统、墙面系统、集成式厨房、集成式卫生间、内门窗等进行部品设计选型（8.2.1）。

在条文说明中强调：装配式建筑的内装设计与传统内装设计的区别之一就是部品选型的概念，部品是装配式建筑组成的基本单元，具有标准化、系列化、通用化的特点。装配式建筑更注重对标准化、系列化的内部部品选型来实现内装的功能和效果。

图8-7是日本装配式住宅标准化系列化的盥洗化妆台。图8-8是标准化、系列化整体收纳柜（门口鞋柜）。

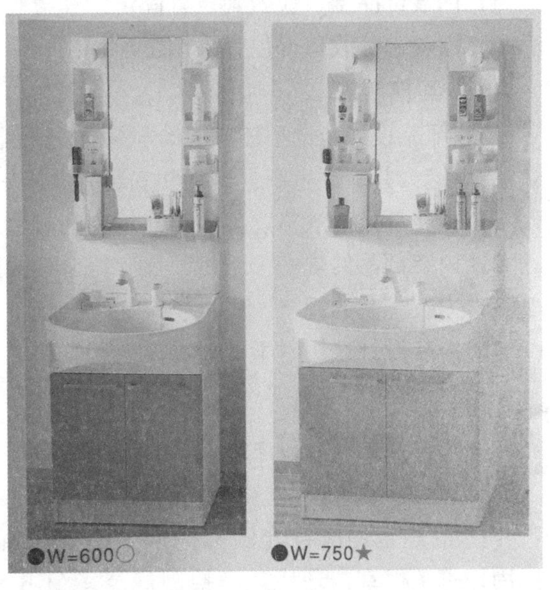

图8-7　日本装配式住宅标准化系列化的盥洗化妆台

图 8-8　日本标准化、系列化门口收纳柜

169. 内装部品设计和选用有哪些要求?

(1) 国家标准的要求

国家标准《装标》对内装部品设计和选用有如下要求，下面分别叙述。

1）装配式混凝土建筑的内装设计应满足内装部品的连接、检修更换和设备及管线使用年限的要求，宜采用管线分离（8.1.2）。

2）装配式混凝土建筑应在建筑设计阶段对轻质隔墙系统、吊顶系统、楼地面系统、墙面系统、集成式厨房、集成式卫生间、内门窗等进行部品设计选型（8.2.1）。

3）内装部品应与室内管线进行集成设计，并应满足干式工法的要求（8.2.2）。

4）内装部品应具有通用性和互换性（8.2.3）。

5）内装部品接口应做到位置固定，连接合理，拆装方便，使用可靠（8.3.2）。

6）门窗部品收口部位宜采用工厂化门窗套（8.3.4）。

(2) 其他要求

内装部品设计与选型还应符合国家现行抗震、防火、防水、防潮、隔声和保温等相关标准的规定，并满足生产、运输和安装等要求。还应当注意以下几个方面：

1）内装部品的规格、尺寸与建筑空间相适应。

2）内装部品的规格、质量、尺寸符合运输限制条件。

3）内装部品的规格、质量、尺寸符合施工现场的吊装能力。

4）内装设计选用时不能只看说明和资料，还应检验实物样品。

170. 如何选用内装材料?

内装材料选用应符合国家标准《建筑内部装修设计防火规范》（GB 50222—1995）、《民用建筑工程室内环境污染控制规范》（GB 50325—2010）、《民用建筑隔声设计规范》（GB 50118—2010）和《住宅室内装饰装修设计规范》（JGJ 367—2015）的要求，并应注意

以下几点：

1）内装材料优先选用以轻钢、木质和其他金属材料为龙骨的架空隔墙板，宜选用不燃型岩棉、矿棉或玻璃丝棉等作为隔声和保温填充材料。

2）隔墙宜选用石膏板、木质人造板、纤维增强硅酸钙板、纤维增强水泥板等；不可以选用含有石棉纤维、未经防腐和防蛀处理的植物纤维装饰材料。

3）墙面板的表面平整光滑，不会产生粉尘，宜选用可直接粘贴瓷砖、墙纸、木饰板的材料。

4）厨房、卫生间等潮湿区域的墙面板，应选用具有良好防水、防潮性能的防水板。

5）地面架空层楼宜选用工业化生产的架空地板和支架（见图 8-9、图 8-10）。

图 8-9　架空地板支架带隔震实样

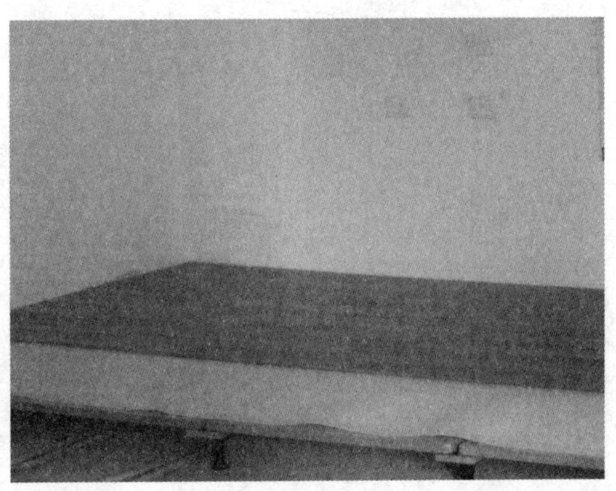

图 8-10　架空地板材料样板

171. PC 建筑轻质隔墙系统设计有哪些规定？

国家标准《装标》8.2.4 条关于轻质隔墙设计有如下规定：

1）宜结合室内管线的敷设进行构造设计，避免管线安装和维修更换对墙体造成破坏。

2）应满足不同功能房间的隔声要求。

3）应在吊挂空调、画框等部位设置加强板或采取其他可靠的加固措施。

对如何执行以上规定，我们将在以下各问中详细讨论。

172. 轻质隔墙有哪些类型？如何设计和选用？

（1）轻质内隔墙类型

轻质内隔墙主要有以下类型：

1）轻钢龙骨石膏板墙，如图 8-11 所示。

2）木龙骨石膏板墙，如图 8-12 所示。

图 8-11　轻钢龙骨石膏板墙　　　　图 8-12　木龙骨石膏板墙

3）轻质混凝土空心墙板，如图 8-13 所示。

4）蒸压加气混凝土墙板（ALC），如图 8-14 所示。

图 8-13　轻质混凝土空心墙板

图 8-14　ALC 板内隔墙图

（2）轻质隔墙的选用

1）凹入式阳台墙体。柱梁结构体系凹入式阳台的墙体属于填充隔墙，可用轻质混凝土空心墙板和 ALC 板。

日本普遍用 ALC 板，包括超高层装配式建筑。图示见第 4 章图 4-36。

2）走廊、楼梯间隔墙。走廊和楼梯间隔墙可用轻质混凝土空心墙板和 ALC 板。

3）分户隔墙。分户隔墙需要较好的隔声、防火性能和心理上的安全性能（即住户觉得结实），分户计量采暖的建筑还需要考虑保温性。

国外装配式建筑分户隔墙较多采用轻钢龙骨板材隔墙的加强型如图 8-15 所示，也有采用双层 ALC 板的，如图 8-16 所示。

国内有采用双层轻质混凝土空心板的，如图 8-17 所示。

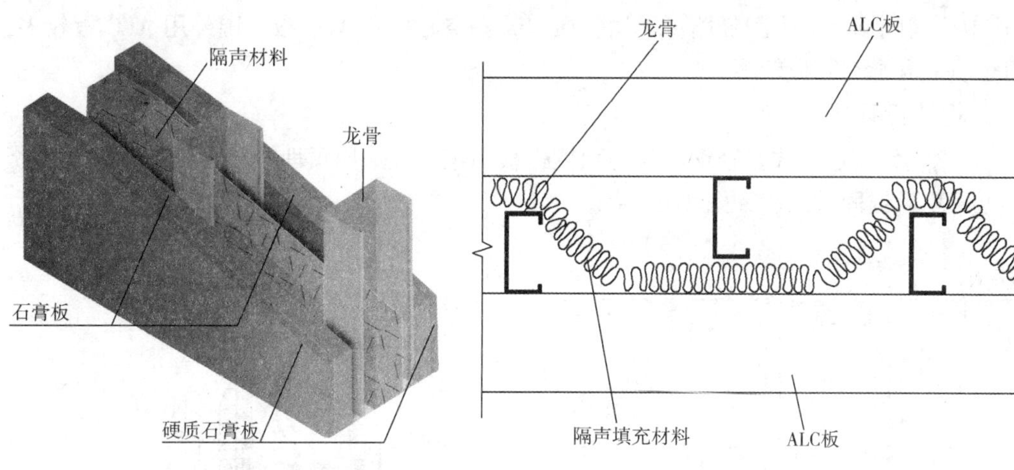

图 8-15　加强型轻钢龙骨石膏板分户墙

图 8-16　双层 ALC 板分户墙

国内较多采用单层轻质混凝土空心墙板，隔声不好。

4）户内隔墙。户内隔墙国外大多数采用轻钢龙骨石膏板墙，也有采用木龙骨石膏板墙。

国内目前较多采用轻质混凝土空心板，也有用轻钢龙骨石膏板的，或者用木质人造板、纤维增强硅酸钙板、纤维增强水泥板代替石膏板。

根据国外的经验看，轻钢龙骨石膏板在隔墙中的应用比例会越来越多。

5）剪力墙架空层。如果实行管线分离，目前埋设在剪力墙内的管线就必须移出，因此，需要设置架空层。架空层可用轻钢龙骨石膏板，如图 8-18 所示。

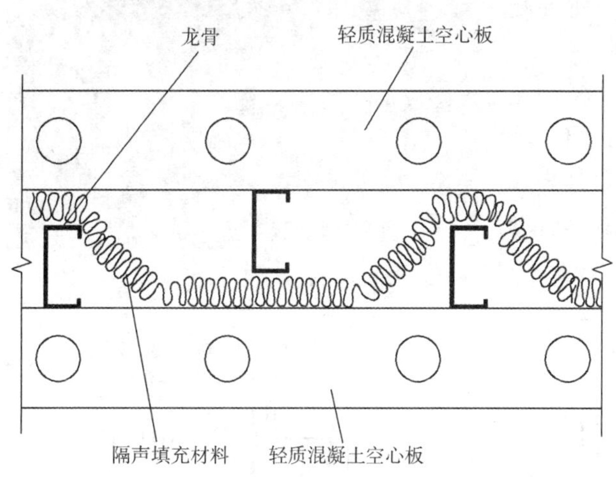

图 8-17　双层轻质混凝土空心板分户墙

图 8-18　外墙内壁架空敷设电气管线实例

这里需要强调，剪力墙结构体系如果山墙或平面凸出部位的侧墙需要敷设电源线、电视线或安装开关插座，即使整个工程不采用管线分离，这个部位也应当附设架空层，而不能将管线埋设在混凝土构件中。因为山墙或平面凸出部位的侧墙是外墙，埋设管线易导致渗漏、透寒、透风。外墙内壁架空层一般也用轻钢龙骨石膏板。

6）卫生间隔墙。卫生间隔墙可采用轻质混凝土空心板和 ALC 板。国外用 ALC 板较多，国内用轻质混凝土空心板较多。

（3）构造设计

1）轻钢龙骨固定方式。轻钢龙骨与顶棚楼板固定，宜采用预埋螺母方式；与地面楼板固定，可采用后锚固方式，如图 8-19 所示。

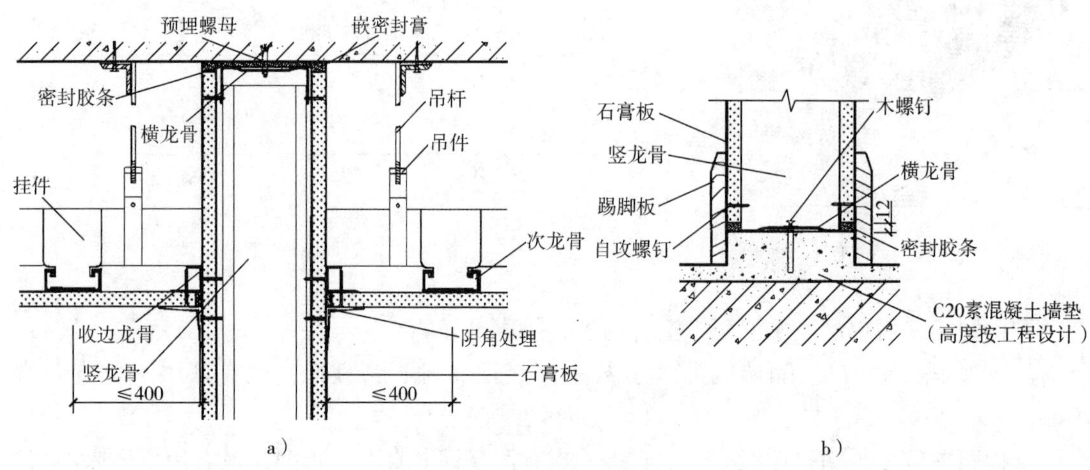

图 8-19　轻钢龙骨固定示意图

a）轻钢龙骨与顶棚楼板固定方式　b）轻钢龙骨与地面楼板固定方式

2）ALC 板安装节点。ALC 板安装节点见第 6 章图 6-48 ~ 图 6-50。

3）轻质混凝土空心板安装节点。轻质混凝土空心板安装节点见图 8-20。

4）轻体墙板悬挂重物的构造。在《轻钢龙骨石膏板隔墙、吊顶》（07CJ03—1）中介绍了轻体墙板悬挂重物的构造做法，图 8-21 选取其中几种做法，可以根据重物重量的不同选择合适的做法。

图 8-20　轻质混凝土空心板安装节点

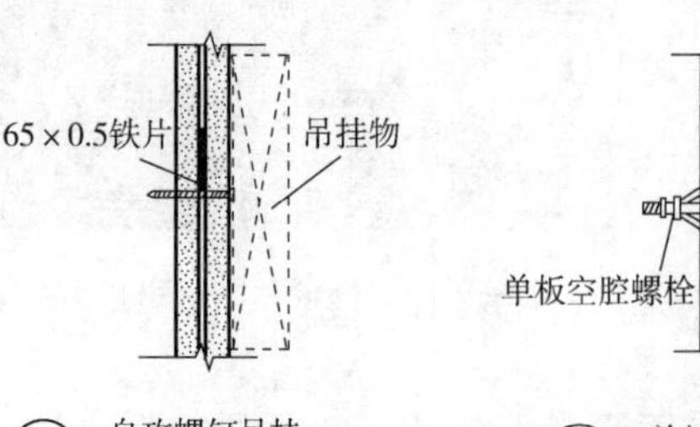

① 自攻螺钉吊挂（吊挂重量≤5kg）

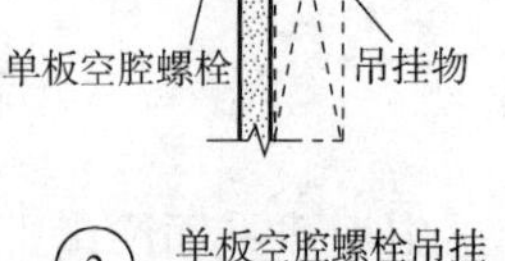

② 单板空腔螺栓吊挂（吊挂重量≤5kg）

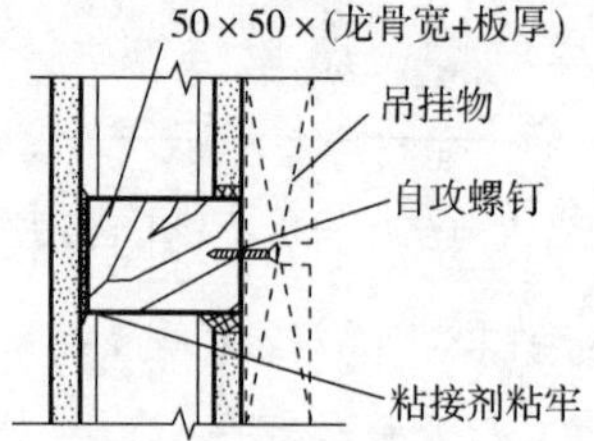

③ 粘结木块吊挂（吊挂重量15~25kg）

图 8-21　轻体墙悬挂重物节点构造图

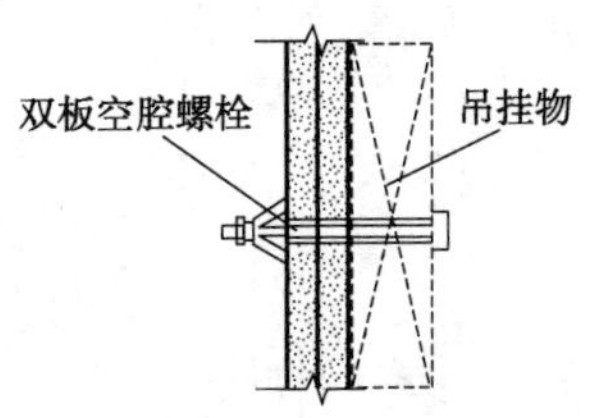

④ 双板空腔螺栓吊挂（吊挂重量15～25kg）

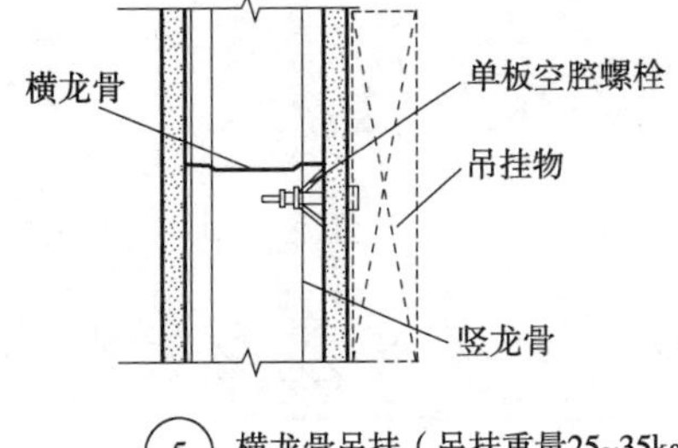

⑤ 横龙骨吊挂（吊挂重量25~35kg）

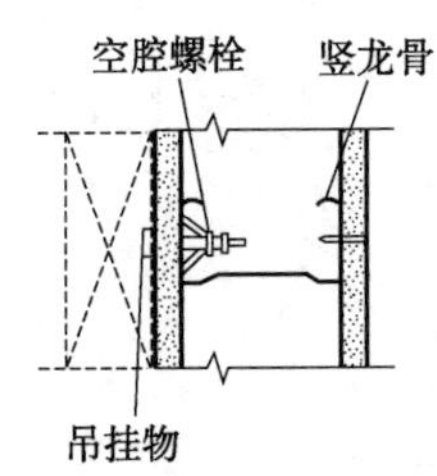

⑥ 竖龙骨吊挂（吊挂重量25~35kg）

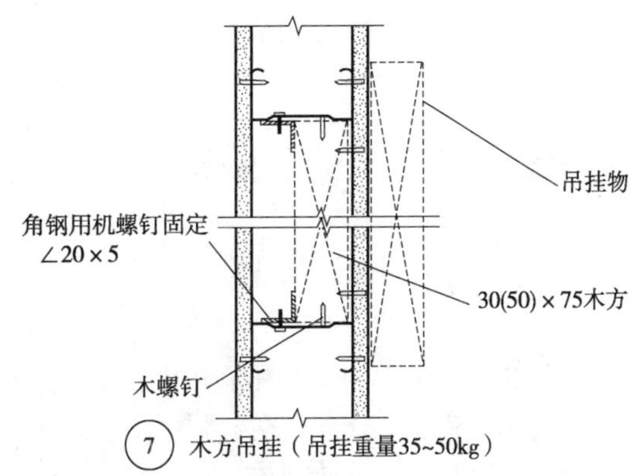

⑦ 木方吊挂（吊挂重量35~50kg）

图 8-21 轻体墙悬挂重物节点构造图（续）

173. 如何设计轻质隔墙连接和接缝构造？

（1）基本要求

1）轻质隔墙系统的墙板接缝处应进行密封处理。

2）隔墙端部与结构系统应有可靠连接；采用龙骨或锚固件连接。

3）墙板接缝处有防水要求的还应进行防水密封处理。

（2）轻钢龙骨石膏板隔墙连接和接缝构造

轻质隔墙轻钢龙骨石膏板隔墙连接和接缝构造参见上海地标《轻钢龙骨石膏板隔墙、吊顶应用技术规程》（DGTJ08—2098—2012），如图 8-22、图 8-23、图 8-24 所示。

图 8-22 轻钢龙骨隔墙与吊顶连接

（3）轻质隔墙的连接和接缝构造设计

1）防潮、防水构造：预制内墙板位于有防水要求的房间时（如卫生间、洗衣间等），应设置混凝土反坎，整体卫浴不设置反坎。

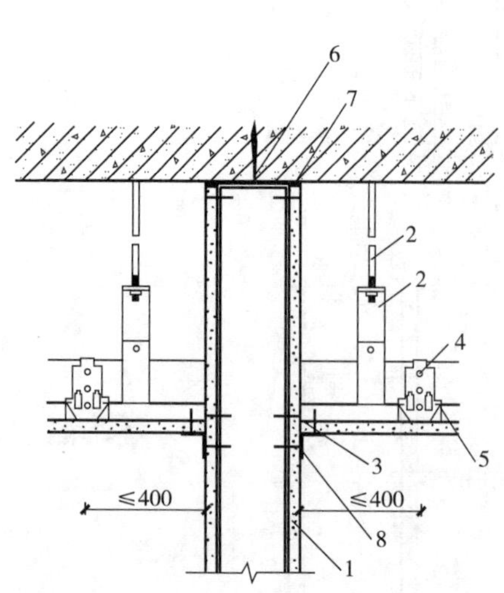

图 8-23 石膏板隔墙与吊顶连接示意图

1—纸面石膏板 2—吊杆 3—边龙骨

4—覆面龙骨挂佳 5—覆面龙骨

6—固定件 7—密封胶 8—接缝纸带加接缝石膏

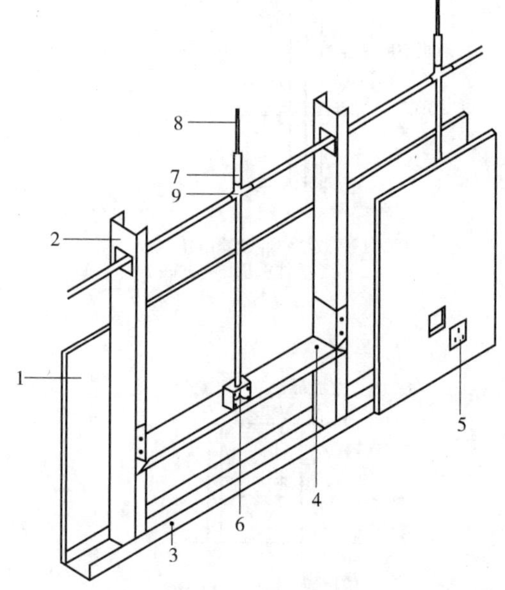

图 8-24 石膏板隔墙开孔示意图

1—纸面石膏板 2—竖龙骨 3—沿地龙骨

4—水平龙骨作横撑 5—电源插孔线盒面板

6—电源插孔线盒 7—PVC 电线管 8—电线 9—管卡

2）抗震构造：预制内墙板起步端、顶端用 U 形钢板卡与预埋的内膨胀螺栓与结构梁（板）固定，如图 8-25 所示。轻质隔墙的竖向接缝和与底部固定，如图 8-26 所示。

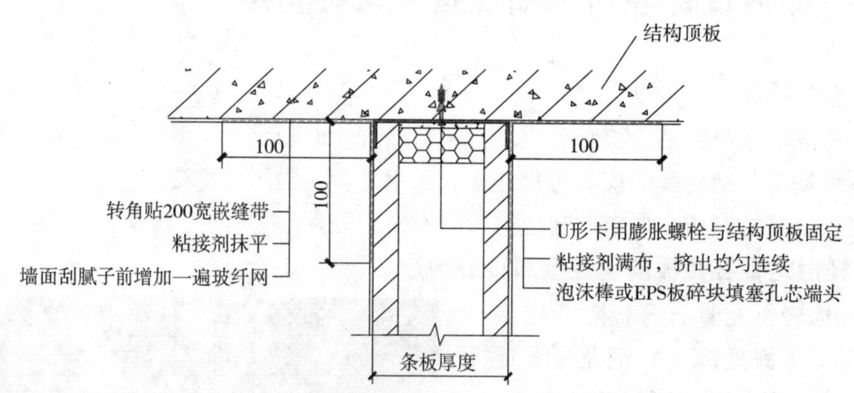

图 8-25 轻体隔墙与结构梁（板）连接示意图

3）抗裂构造：墙板板边榫头、榫槽构造。使用与墙板材料配套的粘结砂浆、嵌缝砂浆、塞缝砂浆、嵌缝带等。在“L 形”、“T 形”等应力集中部位，应采用定制转角板解决。图 8-27 为轻体隔墙连接示意图。

4）轻质预制内墙板设计应结合水电专业的点位及预制内墙板连接构造的需要合理布置排板。绘制出预制内墙板排板图（以下简称“排板图”）。并据此指导预制内墙板生产、安装和机电设备专业施工。

5）图 8-28 为轻体隔墙排版及安装顺序示意图。

6）内装设计需要协同设计，水电专业要结合内装和建筑要求确定位置、甩管的定位尺寸，并标注在施工图中。

7）排板图应包括平面布置图及立面图。图中应标明墙板编号、类别、规格尺寸；门洞口位置和尺寸（见图 8-29）；预埋管线、插座及开关底盒的位置和尺寸；预埋件的位置、数量、规格种类等。转角位置使用异形板（T 形、L 形），烟道等小尺寸位置可不采用异形板。

图 8-26　轻体隔墙 ALC 板连接与接缝构造做法

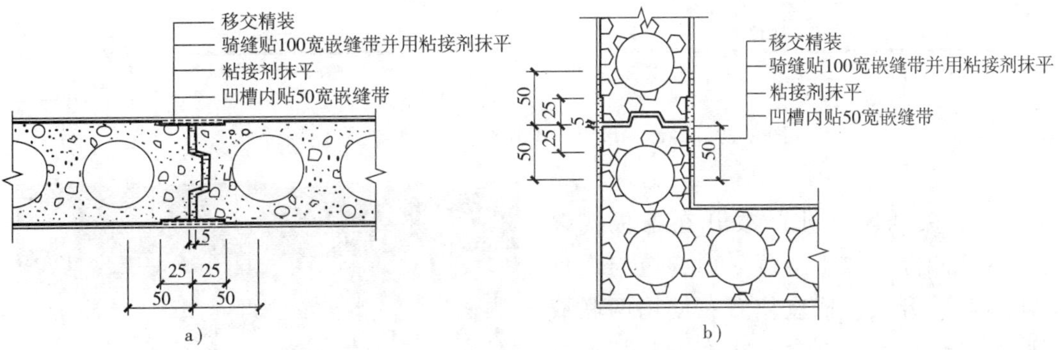

图 8-27　轻体隔墙连接示意图

a）一字形　b）L 形连接示意图

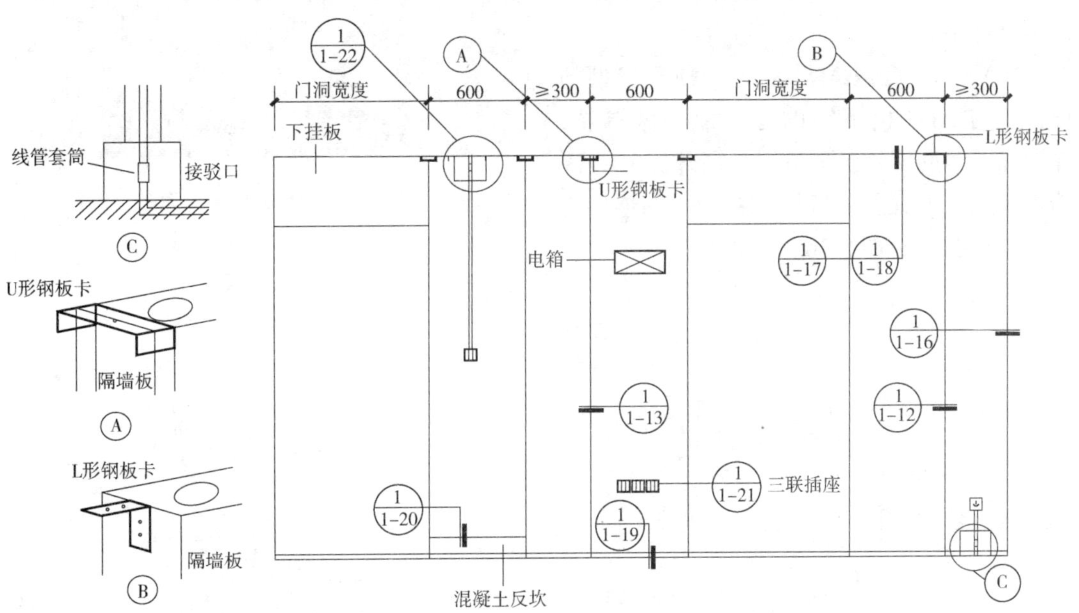

图 8-28　轻体隔墙排版及安装顺序示意图

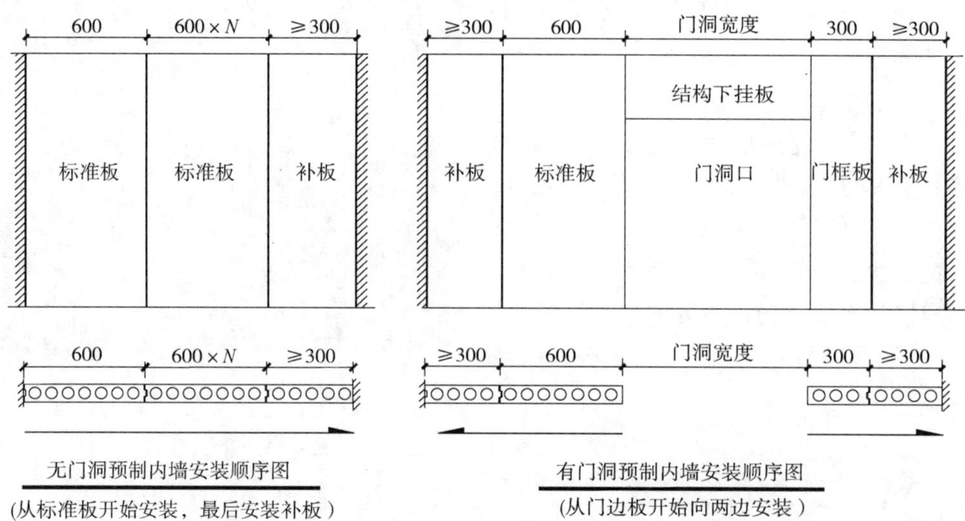

图 8-29　轻体隔墙无门洞和有门洞安装顺序示意图

8）开关插座开孔严禁开在条板接缝处，当设计位置位于接缝处时，应与设计方协商调整开关、插座位置；使用两联或三联开关时，预埋电盒的宽度不应超过板宽的1/2。

9）条板底部与结构留缝不大于30mm，也不宜过小。

10）AAC板是ALC板的一种改造型的板，它与ALC板不同的是，配方做调整，并增加了钢筋网片，更适用于室外。AAC隔墙板（浙江开元新型墙体材料公司）连接与接缝节点图（见图8-30、图8-31）。

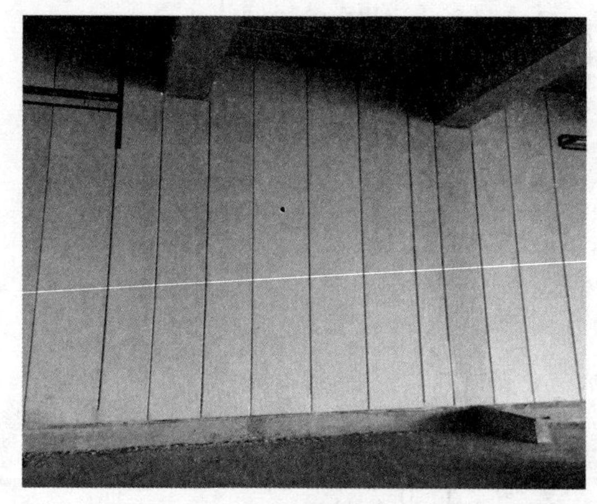

图 8-30　AAC隔墙板安装图

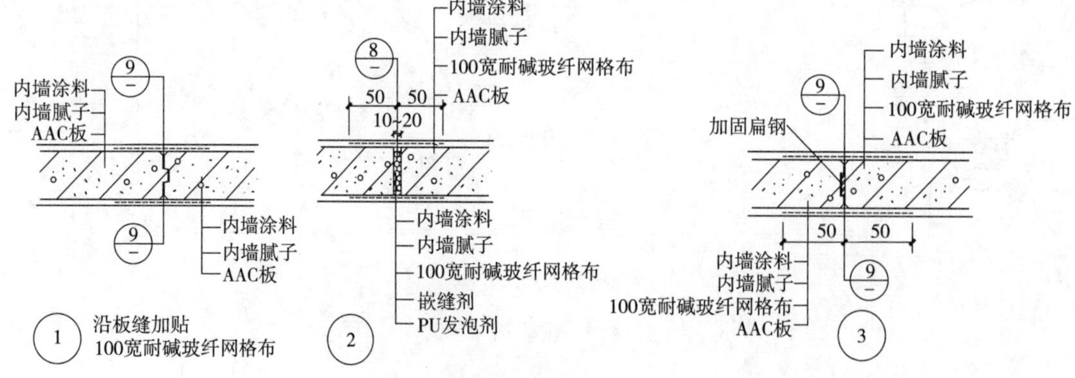

图 8-31　AAC隔墙板连接与接缝节点图

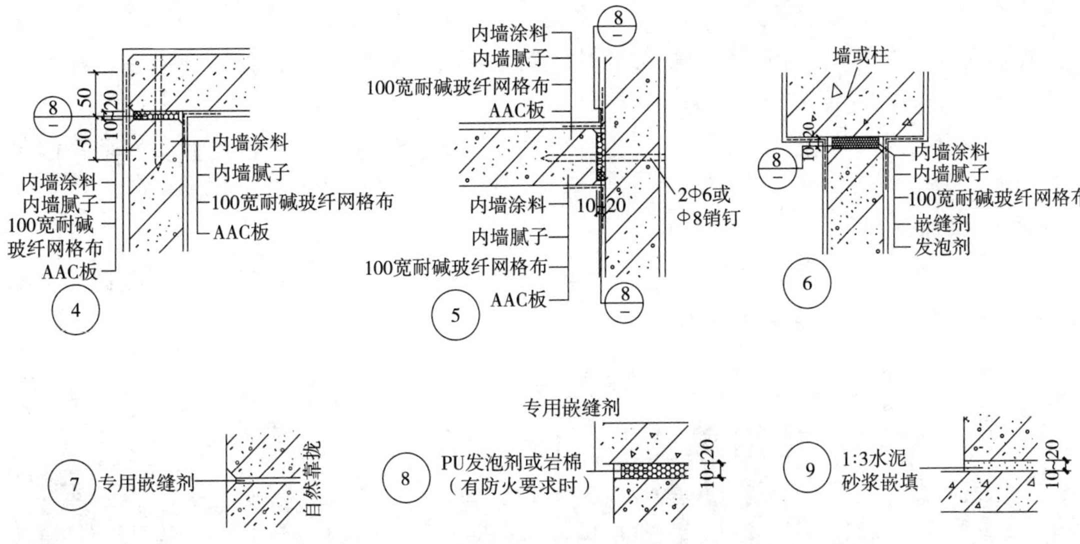

图8-31　AAC隔墙板连接与接缝节点图（续）

174. PC建筑吊顶系统设计有哪些规定？

（1）国家标准《装标》的规定

吊顶系统设计应满足室内净高的需求，并应符合下列规定：

1）宜在预制楼板（梁）内预留吊顶、桥架、管线等安装所需预埋件。

2）应在吊顶内设备管线集中部位设置检修口（8.2.5）。

（2）辽宁地方标准的规定

《装配式建筑全装修技术规程（暂行）》（DB21/T 1893—2011）4.3.2条提出吊顶系统设计应符合下列规定：

1）天棚宜采用全吊顶设计，通风管道、消防管道、强弱电管线等宜与结构楼板分离，敷设在吊顶内，并采用专用吊件固定在结构楼板（梁）上。

2）宜在楼板（梁）内预先设置管线、吊杆安装所需预埋件，不宜在楼板（梁）上钻孔、打眼和射钉。

3）吊杆和龙骨材料的截面尺寸应根据荷载条件进行计算确定。

4）吊顶龙骨可采用轻钢龙骨、铝合金龙骨、木龙骨等。

5）吊顶面板宜采用石膏板、矿棉板、木质人造板、纤维增强硅酸钙板、纤维增强水泥板等符合环保、消防要求的板材。

175. 吊顶系统有哪些类型？如何设计和选用？

（1）吊顶系统的类型

吊顶系统种类繁多，而且淘汰很快。前些年曾经流行过铝合金龙骨塑料扣板、铝合金扣板，但时兴没有几年就淘汰了。

国外住宅建筑普遍吊顶，用得最多的是轻钢龙骨石膏板（见图8-32）和木龙骨石膏板(用于木结构建筑)，而且长年不衰。

我国大规模推动装配式建筑，主要是住宅的装配式，最适宜的吊顶类型应当是轻钢龙骨石膏板。

（2）吊顶设计

1）吊顶有全吊顶和局部吊顶之分。当采用管线分离时，必须全吊顶，以敷设管线。不搞管线分离时，可以做局部吊顶（见图8-33）。

图8-32　轻钢龙骨平吊顶施工中实例

图8-33　顶棚局部吊顶图

2）全吊顶有平顶和高低顶之分。高低顶是周边吊顶面低一些，或为了敷设规格较大的管线设备，或为了遮挡结构梁（见图8-34)，或者就是设计者的喜好。

3）吊顶设计应尽可能避免室内净高减少过多，吊顶高度一般为15cm左右。

4）装配式建筑吊顶不能采取后锚固方式固定吊杆或龙骨，应将预埋螺母埋设在预制楼板里。

5）当吊顶内有管线阀门时，应预留检查口。

图8-34　顶棚高低式吊顶

（3）吊顶的艺术手法

1）井格式吊顶。井格式吊顶是利用井字梁因形利导或为了顶面的造型所制作的假格梁的一种吊顶形式。配合灯具以及单层或多种装饰线条进行装饰，丰富天花的造型或对居室进行合理分区，见图8-35。

2）凹凸式吊顶。通常叫造型顶，是指表面具有凹入或凸出构造处理的一种吊顶形式，这种吊顶造型复杂、富于变化、层次感强，适用于客厅、门厅、餐厅等场所。凹凸式吊顶天花设计节点示意图，如图 8-36、图 8-37、图 8-38、图 8-39 所示。

图 8-35　井格式吊顶

图 8-36　凹凸式吊顶（造型顶）

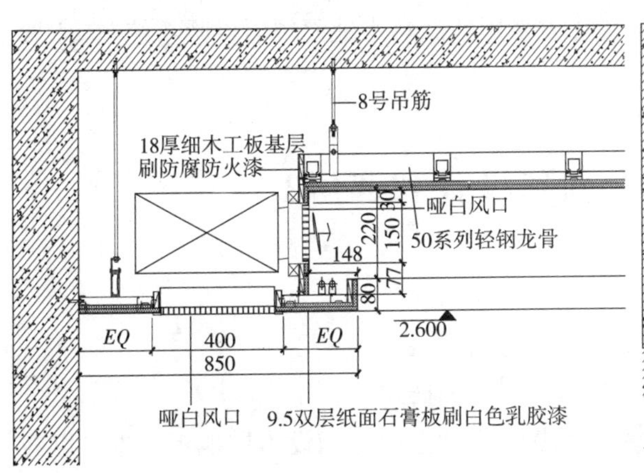

图 8-37　边上有风机盘管设备局部吊顶节点图

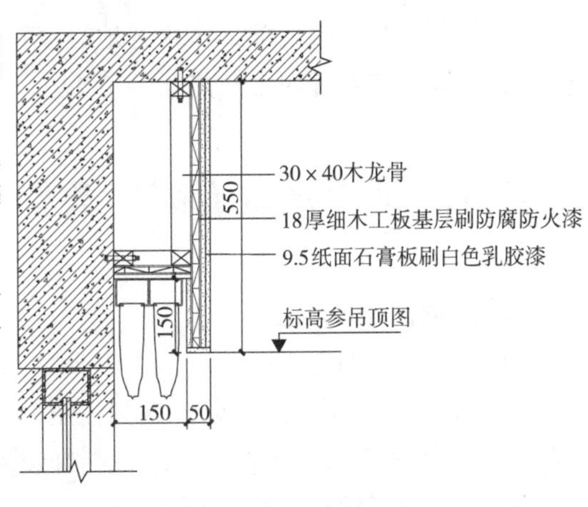

图 8-38　窗帘箱处局部吊顶节点图

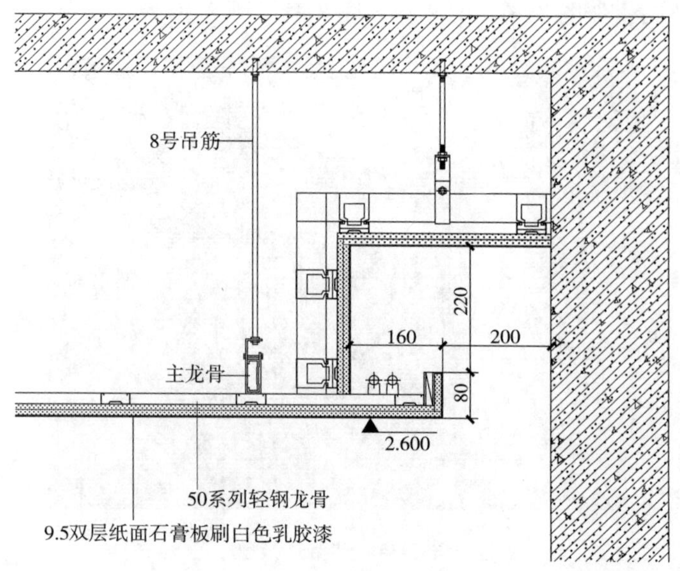

图 8-39　悬挂吊顶、灯槽节点图

176. PC 建筑地面系统设计有哪些规定？

(1) 国家标准《装标》的规定

楼地面系统宜选用集成化部品系统，并符合下列规定：

1）楼地面系统的承载力应满足房间使用要求。

2）架空地板系统宜设置减振构造。

3）架空地板系统的架空高度应根据管径尺寸、敷设路径、设置坡度等确定，并应设置检修口（8.2.6）。

(2) 地方标准规定

辽宁省和北京市装配式建筑的地方规定“优先采用低温热水地面辐射供暖系统”，主要基于外墙板不宜设置固定散热器的考虑。

177. 地面系统有哪些类型？如何设计和选用？

(1) 地面系统类型

室内地面系统有两种类型，以作业方式区分：湿式和干式。

1）湿作业类型。湿作业类型包括用砂浆黏接石材、面砖等。

2）干作业类型。干作业类型包括铺设木质地板、在架空层上铺设木质地板，也可以在架空层上铺设石材和面砖。

(2) 地面系统设计

国外住宅地面系统大多采用架空方式。一方面是隔声好，舒适度高；另一方面是有利于管线系统分离和同层排水，建筑使用寿命长。

笔者考察发达国家建筑，绝大多数住宅的地面都是架空的。

但是，地面架空会影响室内空间的净高，或保持净高就需要增加层高。所以，是否选用架空系统不是设计师设计就行了，而是取决于开发商的产品定位和决策。

架空地板多采用点式支撑，板包括衬板和面板，图8-40为架空地板做法实例。衬板可采用经过阻燃处理的刨花板、细木工板等。架空地板系统宜设置减振构造，图8-41为架空地板支架减振构造样品。在管线较多的地方需设检修口，如图8-42所示。

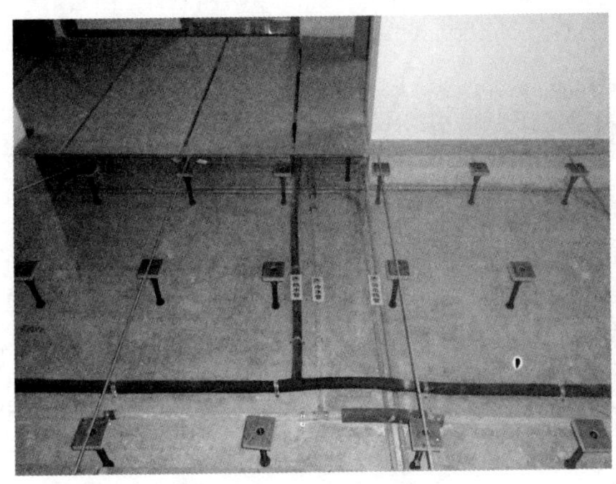

图8-40　架空地板做法实例

图8-41　架空地板支架减振构造样品

架空地板的地热系统见图8-43，包括地暖系统、蓄热板和装饰层地面板。蓄热板宜采用热惰性好的板材。

图8-42　架空地板检查口实例

图8-43　低温热水地面辐射供暖干法施工实例

地暖系统或采用干式施工-低温热水地面辐射供暖系统；或采用干式施工电热地面辐射采暖系统，如图8-44a、b所示。

图 8-44a　电热地面辐射供暖实例

图 8-44b　电热地面辐射供暖样品

178. PC 建筑墙面系统设计有哪些规定?

国家标准《装标》8.2.7 条规定：墙面系统宜选用具有高差调平作用的部品，并应与室内管线进行集成设计。

具有高差调平作用，轻钢龙骨石膏板最有优势。国外内隔墙用得最多的也是轻钢龙骨石膏板。其次是木结构建筑中的木龙骨石膏板。

但是，我国住宅消费者对轻钢龙骨石膏板墙体不是很喜欢，总觉得不安全，不像个墙。

179. 墙面系统有哪些类型? 如何设计和选用?

(1) 墙面类型

这里所说的墙面系统是指室内墙面表皮，包括：涂料、壁纸、壁布、木材、面砖、石材、装饰面板、陶板、ALC 板等。较新的环保墙面是“能呼吸的装饰陶板”，越来越时尚的墙面系统是清水混凝土。

国外装配式住宅墙面系统最常见的是轻钢龙骨石膏板 + 壁纸、轻钢龙骨石膏板 + 涂料，多用于起居室和卧室。图 8-45 为装饰墙面效果，图 8-46 为装配式建筑墙面实例。

图 8-45　装饰墙面效果

图 8-46　装配式建筑墙面实例

集成式卫生间的墙面是树脂的，光滑洁净。非集成式卫生间墙面大多用面砖和防水乳胶漆。住宅里使用石材和木材墙面的较少。

日本装配式建筑凹入式阳台的墙板、楼梯间墙板和公共走廊墙板较多采用 ALC 板，表面不加处理，效果也很不错。

笔者曾经在美国洛杉矶比弗利山庄看到一座时尚的豪宅，室内墙面系统是清水混凝土。

（2）如何选用墙面

国外装配式建筑的墙面选择有两种方式：一是购房者自己选择；二是设计师根据目标客户市场的定位进行选择。

装配式别墅多数购房者自己选择。购房者在购房时有一个“菜单”——内装墙面的色彩和质感谱系。签订购房合同时，购房者就把根据自己的喜好所选择的墙面材质、质感与颜色写到了合同里。

高层建筑多数购房者也是自己选择墙面系统。由于装配式建筑湿作业少，装修作业可以紧紧跟随结构进度。当结构施工到第 5 层时，第二层装修工程也完成了。如此，购房者可以较早看到装修好的住宅的情况，下单时可以提出自己的要求。

少数购房者是在房屋装饰好后才下单买房，自己没有选择余地，装饰设计师设计什么样就算什么样了。

180. PC 建筑集成式厨房设计有哪些规定？

国家标准《装标》8.2.8 条要求集成式厨房设计应符合下列规定：

1）应合理设置洗涤池、灶具、操作台、排油烟机等设施，并预留厨房电气设施的位置和接口。

2）应预留燃气热水器及排烟管道的安装及留孔条件。

3）给水排水、燃气管线等应集中设置、合理定位，并在连接处设置检修口。

181. 集成式厨房有哪些类型？如何设计和选用？

（1）集成式厨房类型

集成式厨房是由工厂生产的楼地面、吊顶、墙面、橱柜和厨房设备及管线等集成并主要采用干式工法装配而成的厨房。

《装标》4.2.6 条条文说明中根据厨房家具的布置形式将集成式厨房分为单排型、双排型、L 形、U 形和壁柜型五大类型，其厨房净宽度（短边）、净长度（长边）尺寸应符合标准化的要求。见第 4 章表 4-2，给出了集成式厨房宽度、长度的限值。

（2）集成式厨房设计和选用

1）功能选择。集成式厨房的设计或选型首先要着眼于功能，首要选择不是好看，而是功能齐全或适宜，使用方便。

集成式厨房应具有良好的储藏、洗涤、加工、烹饪功能，基本设施包括洗涤池、案台、灶台、燃气灶具、抽油烟机、橱柜、冰箱、微波炉等。进一步的设施包括洗碗机、消毒柜、电烤箱等。发达国家的厨房洗涤池排水口设有厨余垃圾粉碎器。

集成式厨房的设计和选型需根据项目定位的目标客户的需求与偏好进行，应在市场调研的基础上进行设计，而不是设计者根据自己的喜好和判断决定。

2）空间布置或选型。按空间布置方式，集成式厨房分为适用于小户型的单排型，如图 8-47 所示，适用于中户型的 L 形，如图 8-48 所示，适用于较大户型的双排型，如图 8-49 所示，适用于大户型的 U 形，如图 8-50 所示。

图 8-47　单排型厨房

图 8-48　L 形厨房

图 8-49　双排型厨房

图 8-50　U 形厨房

3）其他要素。集成式厨房设计或选型需要考虑的要素还包括：

①厨房与窗户的关系。

②易清洁材料的选用。

③防滑地面的选用。

④与整体装饰风格的一致性。

⑤收口的重要性等。

182. 集成式厨房如何接口？

集成式厨房是模块组合型的，其与建筑、装修的接口包括两个方面：一是设备管线系统的接口，在第 7 章已经介绍了；另一个是建筑、结构和内装方面的接口。

这里主要讨论集成式厨房与内装的接口。

（1）悬挂模块固定

集成式厨房的悬挂模块包括吸油烟机和悬挂收纳柜，需要安装固定在墙体或顶棚上。如果悬挂式模块相邻的墙体是结构墙体，需要在结构构件上设置安装节点；如果是轻质隔墙，则需要装修环节给出固定方式与构造设计。关于轻质隔墙固定重物的构造见本章 172 问。

（2）装饰对应

集成式厨房既是装修的一个部分，也是装修衔接的对象。如图 8-51 所示，集成式厨房选用时，需要对其风格、色彩等艺术元素进行选择，使其与总体装饰风格协调。对模块之间需要装修的区域进行精细设计。例如，对橱柜，炉灶之间的地面铺砌石材、灶台与悬挂模块之间的墙面采用瓷砖贴面时，都需要进行精细的排砖设计。

图 8-51　集成式厨房

（3）与墙面、地面和顶棚的收口

装修的品质在于收口。集成式厨房模块与墙面、地面和顶棚的交接收口是装修设计的关键点，应做到风格协调、衔接顺畅、收口精细。

183. PC 建筑集成式卫生间设计选用有哪些规定？

1）国家标准《装标》中集成式卫生间定义为“由工厂生产的楼地面、墙面（板）、吊顶和洁具设备及管线等集成并主要采用干式工法装配而成的卫生间。”

2）《装标》8.2.9 条，集成式卫生间设计应符合下列规定：

①宜采用干湿分离的布置方式。

②应综合考虑洗衣机、排气扇（管）、暖风机等的设置。

③应在给水排水、电气管线等系统连接处设置检修口。

④应做等电位连接。

184. 集成式卫生间有哪些类型？如何设计和选用？

（1）集成式卫生间的类型

行业标准《住宅整体卫浴间》（JG/T 183—2011）中 4. 1. 1 条将整体卫浴（集成式卫生间）按功能分成三种型式、12 种类型，见表 8-1 和图 8-52。

表 8-1　住宅整体卫浴间类型

型式	整体卫浴间的类型	代号	功能
单一功能	便溺类型，参见图 A. 1	01	供排便用
	盥洗类型，参见图 A. 2	02	供盥洗用
	淋浴类型，参见图 A. 3	03	供淋浴用
	盆浴类型，参见图 A. 4	04	供盆浴用
双功能组合式	便溺、盥洗类型，参见图 A. 5	05	供排便、盥洗用
	便溺、淋浴类型，参见图 A. 6	06	供排便、淋浴用
	便溺、盆浴类型，参见图 A. 7	07	供排便、盆浴用
	盆浴、盥洗类型，参见图 A. 8	08	供盆浴、盥洗用
	淋浴、盥洗类型，参见图 A. 9	09	供淋浴、盥洗用
多功能组合式	便溺、盥洗、盆浴类型，参见图 A. 10	10	供排便、盥洗、盆浴用
	便溺、盥洗、淋浴类型，参见图 A. 11	11	供排便、盥洗、淋浴用
	便溺、盥洗、盆浴、淋浴类型，参见图 A. 12	12	供排便、盥洗、盆浴、淋浴用

图A.1　便溺类型

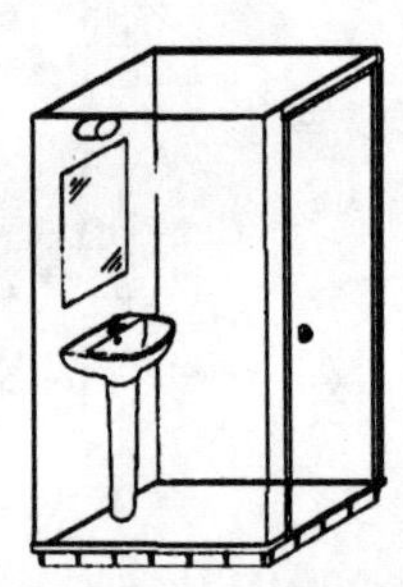

图A.2　盥洗类型

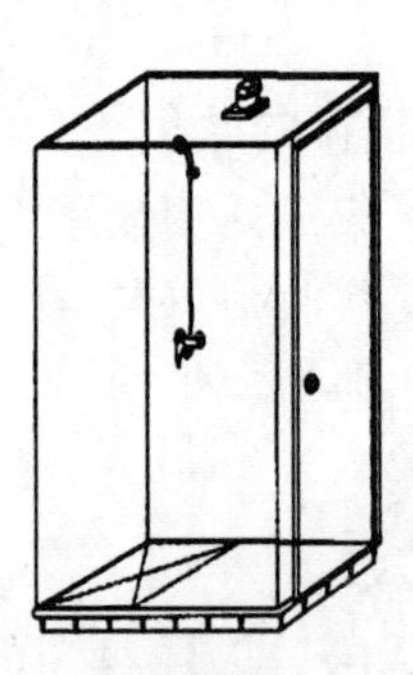

图A.3　淋浴类型

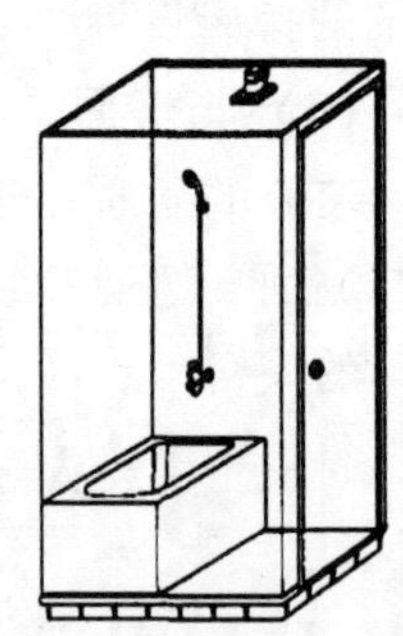

图A.4　盆浴类型

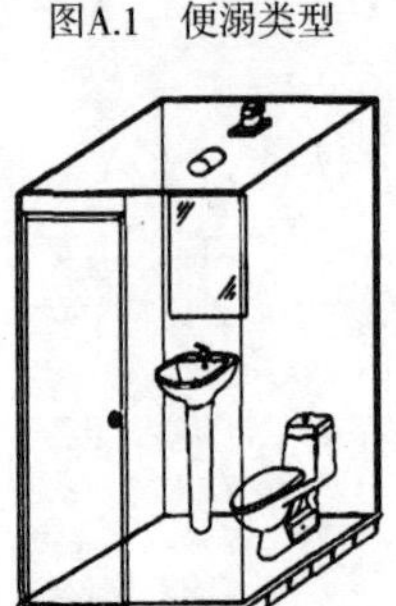

图A.5　便溺、盥洗类型

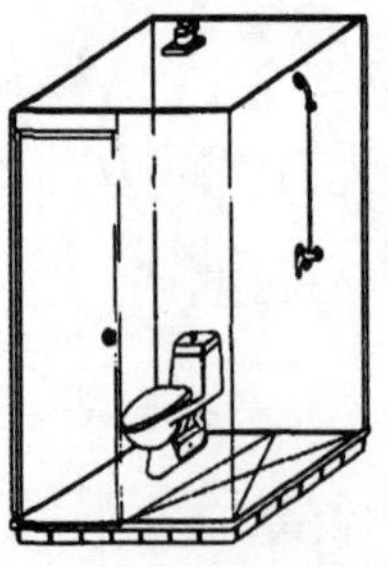

图A.6　便溺、沐浴类型

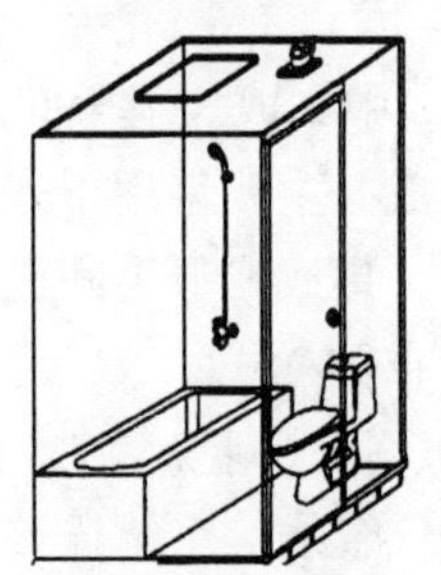

图A.7　便溺、盆浴类型

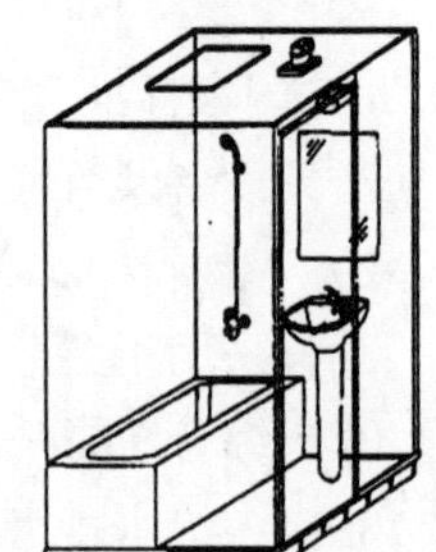

图A.8　盆浴、盥洗类型

图 8-52　住宅整体卫浴间类型图

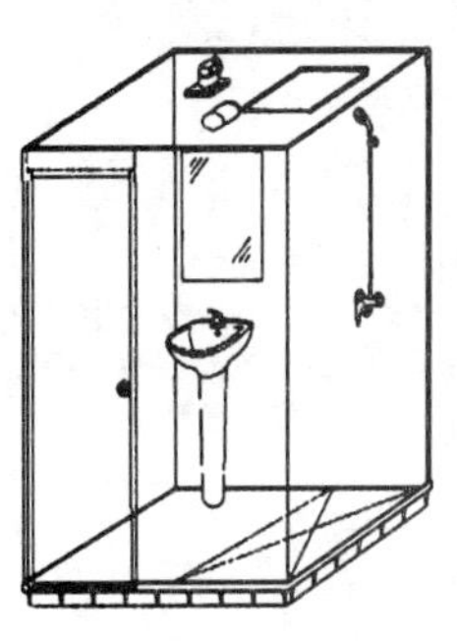
图A.9　淋浴、盥洗类型

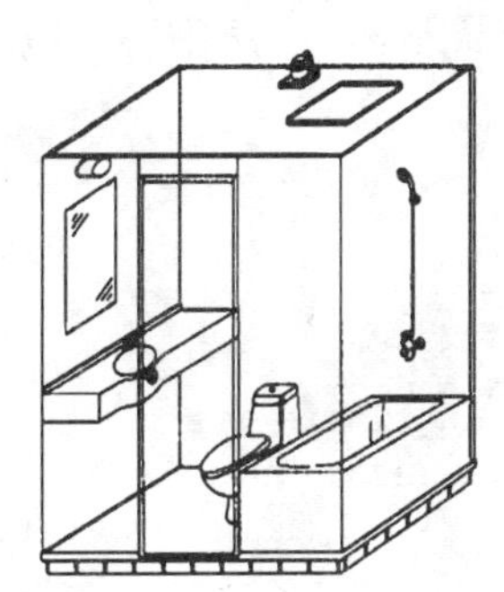
图A.10　便溺、盥洗、盆浴类型

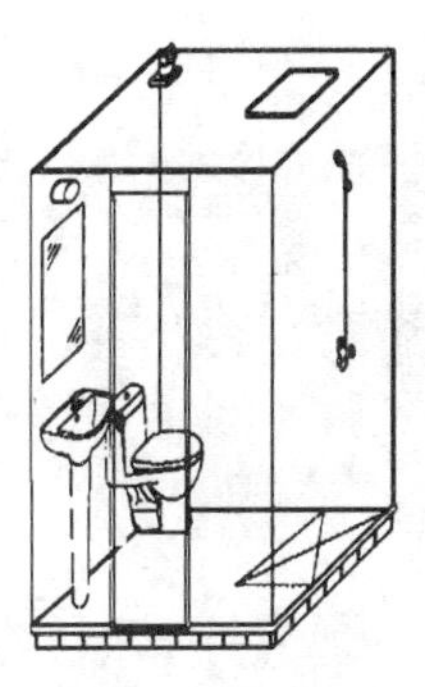
图A.11　便溺、盥洗、淋浴类型

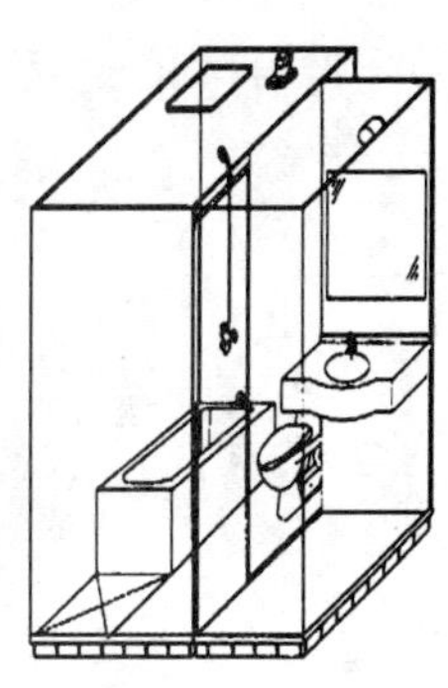
图A.12　便溺、盥洗、盆浴、淋浴类型

图 8-52　住宅整体卫浴间类型图（续）

(2) 集成式卫生间的设计和选用

集成式卫生间设计有 5 个基本要素。

第一是功能合理，考虑周到，让用户使用起来非常方便；这一点日本的集成式卫生间设计得非常合理、精细。举一个例子，集成式卫生间的浴盆和坐便旁设计有扶手，对老年人就非常便利，如图 8-53 所示；再举个例子，日本有的集成式卫生间还附带干燥器详见图 7-14。

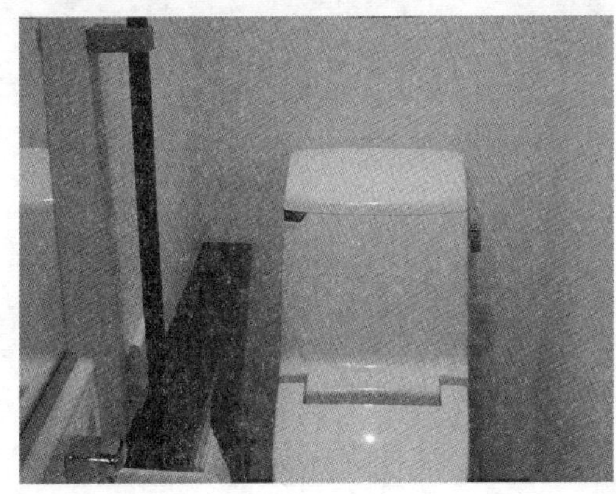

图 8-53　日本集成式卫生间的细节——把手

第二是空间布置合理，既紧凑，又有舒适感。对此，日本集成式卫生间的设计特别关注人体活动对空间的要求。

第三是美观，符合消费者的偏好。

第四是节约，节约用水。

第五是尺寸、质量符合运输和安装的条件。

《住宅整体卫浴间》（JG/T 183—2011）给出了整体卫浴间的标准尺寸系列，见表 8-2。

表 8-2　整体卫浴间尺寸

方向		尺寸系列/mm
水平	长边	900、1200、1300、1400、1500、1600、1700、1800、2000、2100、2400、2700、3000
	短边	800、900、1000、1100、1200、1300、1400、1500、1600、1700、1800、2000、2100、2400
垂直	高度	2100、2200、2300

干湿分离集成卫浴如图 8-54 所示，两种形式整体卫浴如图 8-55 所示。

图 8-54　干湿分离集成卫浴（国家标准图集 15J939—1）

图 8-55　两种形式整体卫浴

 185. 集成式卫生间如何接口？

集成式卫生间接口包括两个方面：一个是水电设备管线的接口，在第 7 章已经介绍，还有一个是集成式卫生间与墙体、顶棚和地面的关系，其边界与建筑物之间的收口。需要考虑以下因素：

1）地面在同一标高，为此，集成式卫生间部位的楼板需要降板，其地面标高与室内地面装修后的标高一致。

2）集成式卫生间门口与周围墙体的收口要做到与室内装修风格浑然一体，精致、精细，为此，需要装修设计师与工厂进行协同设计。

186. 整体收纳如何设计选用？有哪些类型？如何设计和选用？

关于整体收纳，国家标准《装标》的定义是：“由工厂生产、现场装配、满足储藏需求的模块化部品。”

条文说明中又做了进一步的说明：整体收纳是工厂生产、现场装配、模块化集成收纳产品的统称，为装配式住宅建筑内装系统中的一部分，属于模块化部品。配置的门扇、五金件和隔板等，通常设置在入户门厅、起居室、卧室、厨房、卫生间和阳台等功能空间部位。

辽宁省《装配式建筑全装修技术规程（暂行）》（DB21/T 1893—2011）4.3.4 条给出了整体收纳的各个系统和具体内容：储藏收纳系统包含独立玄关收纳、入墙式柜体收纳、步入式衣帽间收纳、台盆柜收纳、镜柜收纳等；储藏收纳系统设计应布局合理、方便使用，宜采用步入式设计，墙面材料宜采用防霉、防潮材料，收纳柜门宜设置通风百叶。

整体收纳就是人为地进行一下划分，让零乱的东西隐藏起来。按不同布置分为五大收纳系统：玄关柜、衣柜、储藏柜、橱柜、洁柜镜箱。

也可按位置功能分为：玄关整合收纳、厨房收纳、卫生间收纳、阳台收纳、书房收纳及多功能储藏室。

按家居收纳储藏系统分为日常型、私密型、稳定型三大类，并结合使用习惯对每类收纳系统进行精细化设计。一般在日常型收纳系统中，每户设置玄关收纳，用来储藏鞋、包等常用物品以及雨伞、球拍等稍大物件。

在日本，装配式建筑整体收纳的范围非常广，设计也非常精细合理。下面给出一些实例照片。

图 8-56 是玄关收纳实例，图 8-57 是餐厅内收纳实例，图 8-58 是卫浴内收纳实例，图 8-59 是居室内收纳实例。

图 8-56　玄关收纳

图 8-57　餐厅内收纳

图 8-58　卫浴内收纳

在日本，出入口玄关处设计衣柜、鞋柜存放常用物品（包括雨伞）非常普遍，用起来也非常方便。见图 8-59 出入口玄关处收纳。

日本对厨房、餐厅整体收纳也很认真，柜门一打开，自动将存放货物架伸出，取物非常方便，见图 8-60 厨房、餐厅整体收纳。其实在日本，这种精细的考虑、周到的思维方式随处可见，希望我们的读者也能从中获得一些启发和收益。

图 8-59　出入口玄关处收纳

图 8-60　厨房、餐厅整体收纳

187. PC 建筑内装部品如何接口与连接？

装配式混凝土建筑的内装部品，应具有通用性和互换性，采用标准化接口，可有效避免出现不同内装部品系列接口的非兼容性；在内装部品的设计上，应严格遵守标准化、模数化的相关要求，保证部品之间接口与连接的兼容性。

(1)《装标》规定

关于装配式建筑内装部品的接口，国家标准《装标》有如下要求。

1）装配式混凝土建筑的内装部品、室内设备管线与主体结构的连接应符合下列要求：

①在设计阶段宜明确主体结构的开洞尺寸及准确定位。

②宜采用预留预埋的安装方式；当采用其他安装固定方法时，不应影响预制构件的完整性与结构安全（8.3.1）。

2）内装部品接口应做到位置固定，连接合理，拆装方便，使用可靠（8.3.2）。

3）轻质隔墙系统的墙板接缝处应进行密封处理；隔墙端部与结构系统应有可靠连接（8.3.3）。

4）门窗部品收口部位宜采用工厂化门窗套（8.3.4）。

5）集成式卫生间采用防水底盘时，防水底盘的固定安装不应破坏结构防水层；防水底盘与壁板、壁板与壁板之间应有可靠连接设计，并保证水密性（8.3.5）。

(2) 接口连接例图

图 8-61、图 8-62 和图 8-63 给出了集成式部品定位、连接节点和水密性节点的范例。

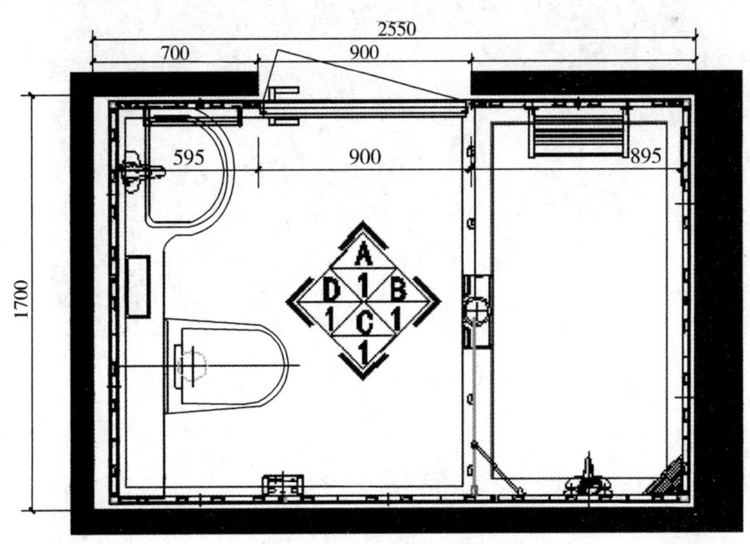

图 8-61　集成式卫生间定位图

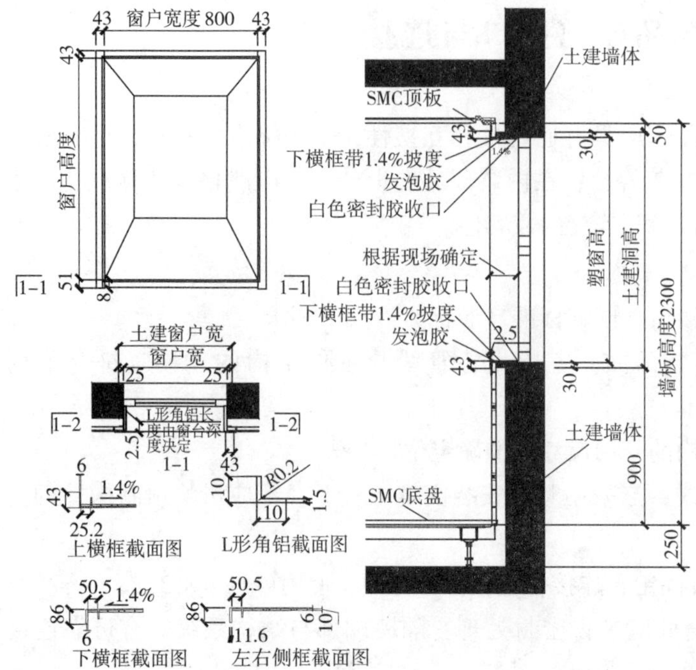

说明：

1. 上、下横框及左、右竖框均采用SMC窗套拼接安装而成。
2. 窗套进深根据整体浴室墙板内部距离窗台的进深大小来加工制作，窗套的长宽具体大小根据现场抹灰后窗户大小来加工制作，从而满足不同规格的窗户尺寸。

图8-62　集成式卫生间节点图

图8-63　集成式卫生间防水底盘与壁板水密性安装

 188. 内装与设备管线如何协同？

装配式混凝土建筑的内装与设备管线系统协同设计的内容包括：

1）内装设计全面了解设备管线系统与内装系统的关系，特别是设备管线系统对隔墙、吊顶、地板、集成式部品、整体收纳的要求与影响。例如，开关或配电箱布置不当会影响整体收纳柜的布置。

图 8-64 和图 8-65 为运用 BIM 进行内装与设备管线协同设计的三维例图。

图 8-64　协同设计管线设备分离 BIM 实例（南京长江都市建筑设计院）

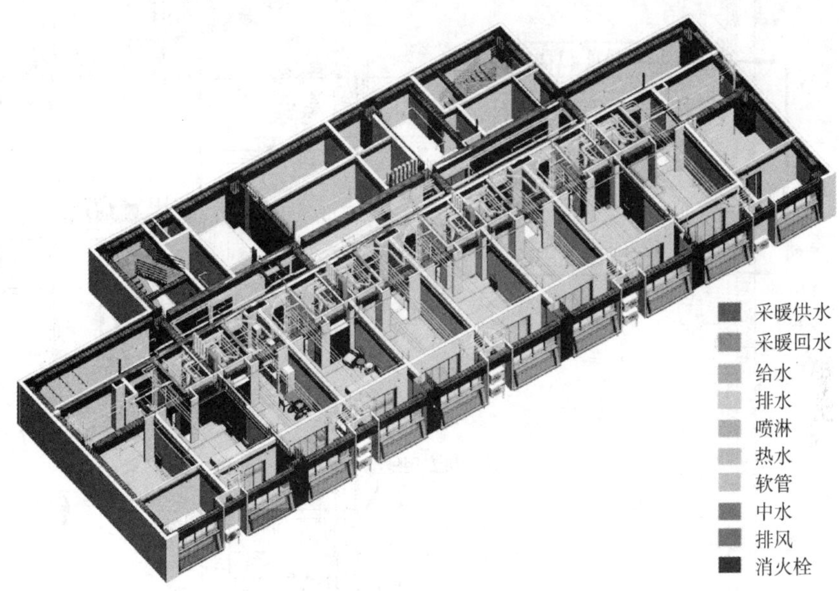

图 8-65　协同设计管线设备管井、吊顶、架空层龙信老年公寓 BIM 实例

2）协同设计设备管线在装修系统内的敷设、固定和装修遮挡。

3）协同设计设备管线系统的检查维修口。

4）对集成式部品边界收口进行装饰处理。

189. 内装与给水排水系统如何协同？

内装与给水排水专业设计协同的主要内容：

1）确定建筑和内装的做法，弄清楚给水排水主管管线应考虑设置公共部分管井的位置、尺寸及共用的可能性，并方便日常检修维修。支管线能否设在内装隔墙、地面架空层内或吊顶内（见图 8-64）。就一般住宅建筑而言，装配式建筑竖向管线宜相对集中设置，水平管线的排布应减少交叉。

2）了解给水排水的管线与点位（见图 8-66），确定与内装设计有关的事项。

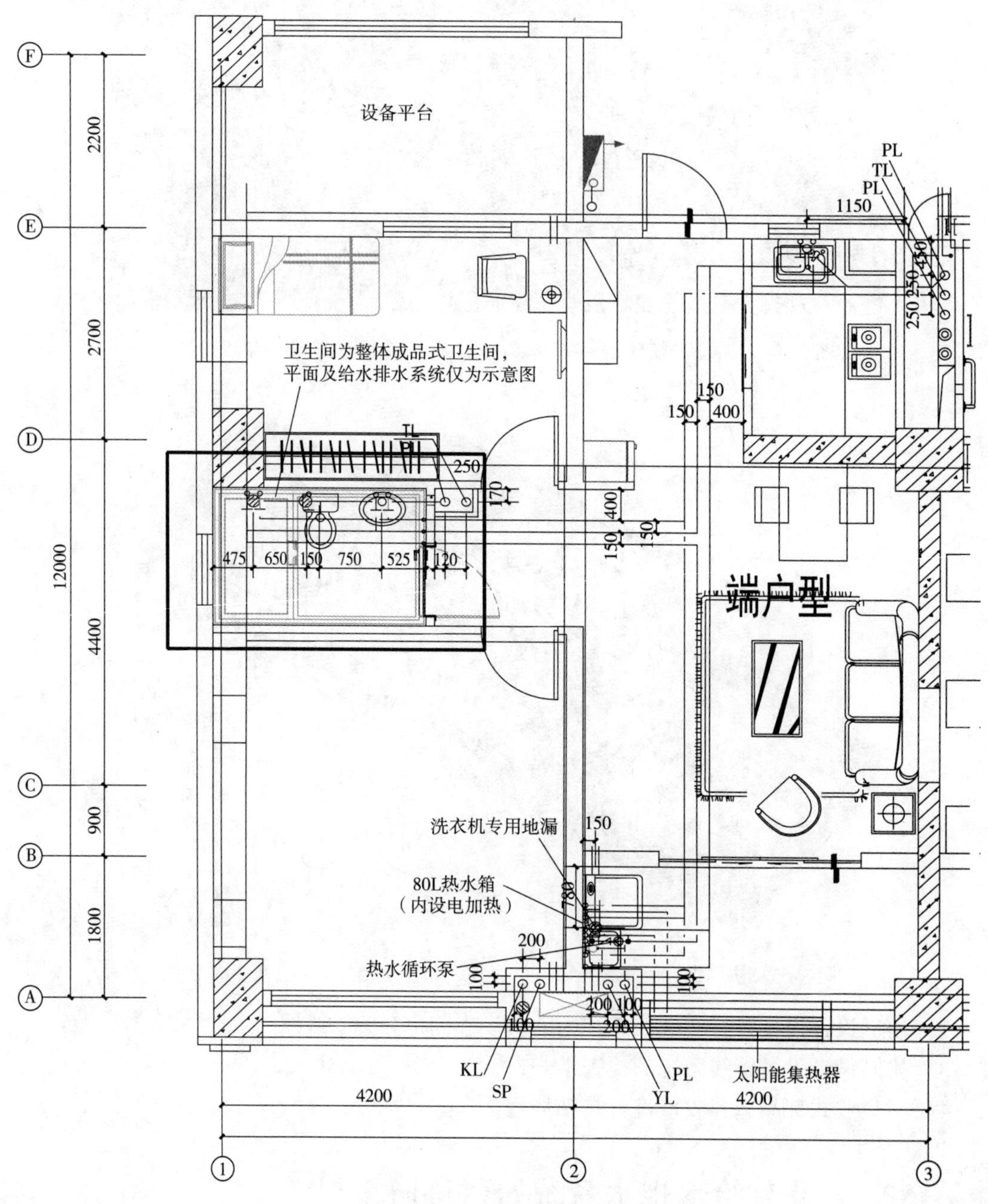

图 8-66 给水点预留孔洞

3）确定管线敷设在隔墙内的位置、数量，设计固定构造。

4）采用集成式卫生间、集成式厨房时，内装、给水排水、建筑和结构设计师应与厂家对接、协同，确认集成式部品的净尺寸，确定接口方式、接口准确位置和相关要求等。水表位置是否符合内装设计要求，是否便于计量和维修。

5）太阳能热水系统集热器、储水罐的选型、位置设计与建筑、结构协同，预制构件埋设预埋件；内装设计对热水器、冷热水管线的遮挡物。

下面给出集成式卫生间参考图，包括整体卫浴定位图（见图 8-67）、给水节点图（见图 8-68）、排水节点图（见图 8-69）、门洞节点图（见图 8-70）（苏州科逸住宅设备股份有限公司提供）。

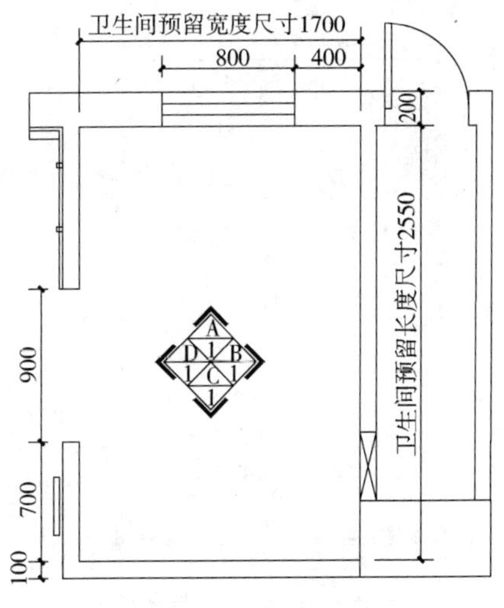

图 8-67　整体卫浴定位图

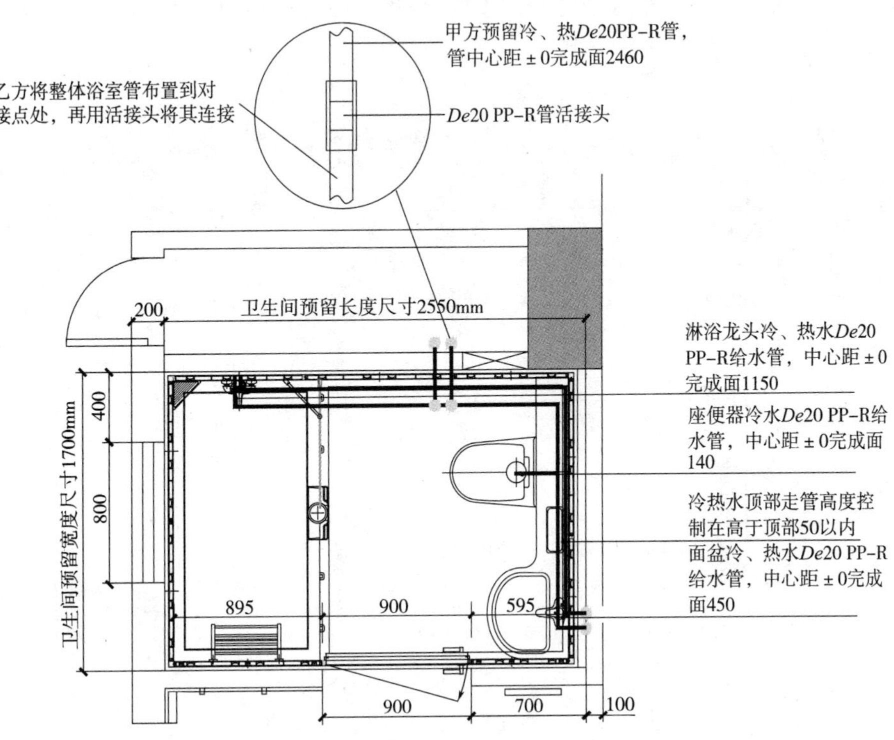

图 8-68　整体卫浴给水节点图

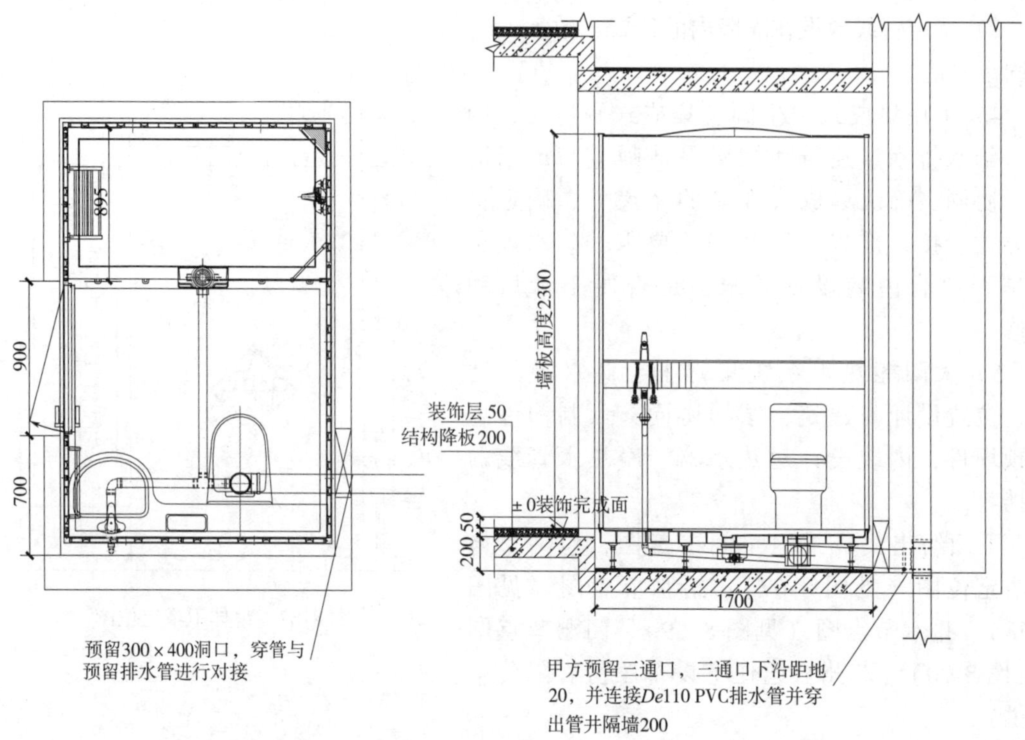

图 8-69　整体卫浴排水节点图

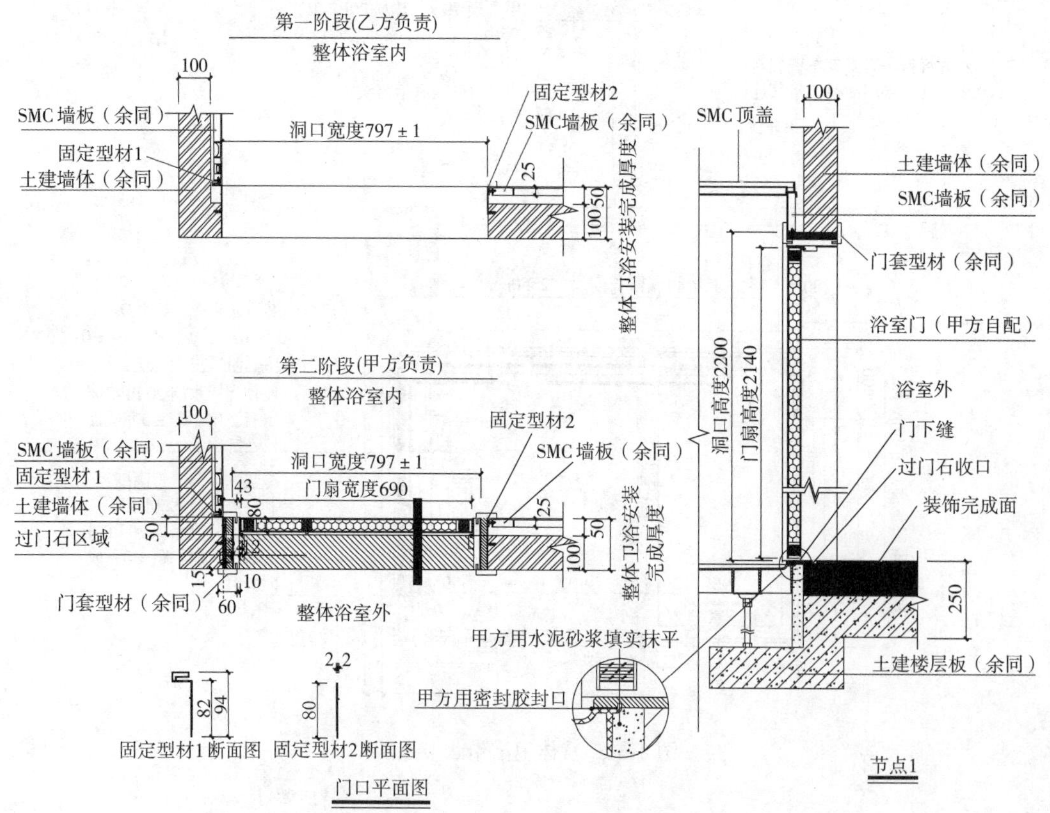

图 8-70　整体卫浴与内装门洞节点图

190. 内装与采暖通风空调系统如何协同?

内装与暖通专业协同设计的主要内容:

1）确定建筑和内装的做法，暖通管线及设备设置的位置，高度是否满足内装室内净空要求。

2）明确供暖系统管线和阀门的布置。就一般住宅建筑而言，供暖系统的主立管及分户控制阀门等部件应设置在公共空间竖向管井内，户内供暖管线设置为独立环路。

3）采用低温热水地面辐射供暖系统时，宜用干法施工，分、集水器设置的位置应符合内装的要求。采用散热器供暖系统时，合理布置散热器位置、采暖管线的走向是在吊顶内还是设在架空地板内，散热器固定在内隔墙上时，隔墙上固定点需加固补强措施。

4）采用分体式空调机时，满足卧室、起居室预留空调设施的安装位置和预留预埋条件。当采用集中新风系统时，应确定设备及风道的位置和走向，通风管线设置在吊顶内(如图 8-71 所示)，同时考虑室内高度，考虑外墙上进风口的位置并预留孔洞，正确位置尺寸，这些都应当在建筑结构图上反映出来。

图 8-71　通风管线在吊顶内做法

5）公共建筑的防排烟设计应确定设备及风道的位置和走向。

6）住宅厨房及卫生间应确定排气道的位置及尺寸。燃气表的设置应安全可靠、便于计量和维修。

7）内装设计和暖通设计都应采用符合安全和防火要求的材料。居住建筑设计选用集成式厨房、集成式卫生间时，内装设计协同暖通及建筑、结构专业的设计师，明确相互间接口连接要求和做法，同时还要考虑好设置通风、排油烟等管道以及套内的接口标准、位置、规格、数量等（见图 8-72，图 8-73），这些均需要内装与暖通等专业设计协同。

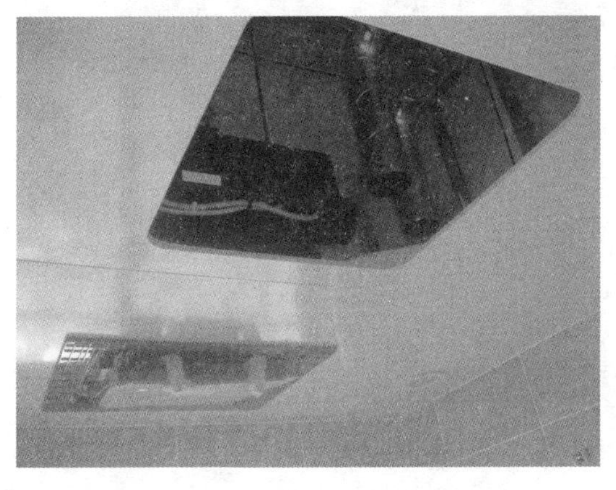

图 8-72　整体卫浴顶棚上通风接口图

图 8-73　整体卫浴顶棚上通风管线图

191. 内装与电气智能化系统如何协同？

内装与电气强电弱电专业协同的主要内容：

1）确定建筑和内装的做法，电气管线设备能否设在隔墙、吊顶、架空层内。明确哪些在吊顶内和架空地板内、内隔墙内敷设，电气开关、插座、接线盒预留预埋的具体做法和内装面上的安装要求。图 8-74 为电气开关、插座安装实例。

图 8-74　电气开关、插座安装实例

2）确定建筑配电箱、弱电箱的位置。隔墙两侧暗装电气设备不应连通设置。图 8-75 为隔墙电箱安装实例，图 8-76 为隔墙电箱明装实例。

图 8-75　隔墙电箱安装实例

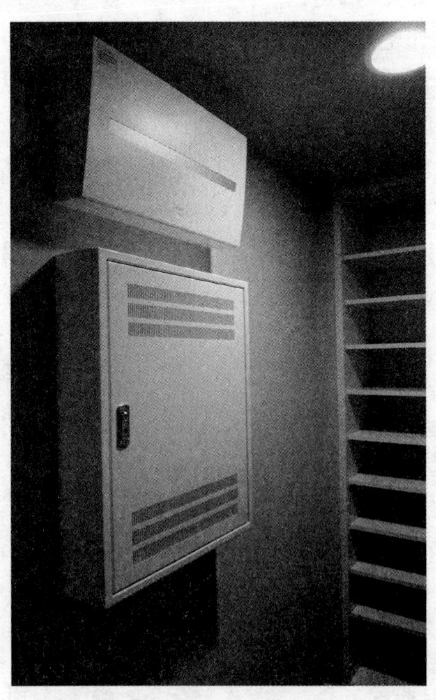

图 8-76　隔墙电箱明装实例

3）内装设计应考虑部品和电气设计的要求，确定插座、灯具位置以及网络接口、电话接口、有线电视接口等位置并确定线路位置与配置。图 8-77 为棚面灯位点位定位图。

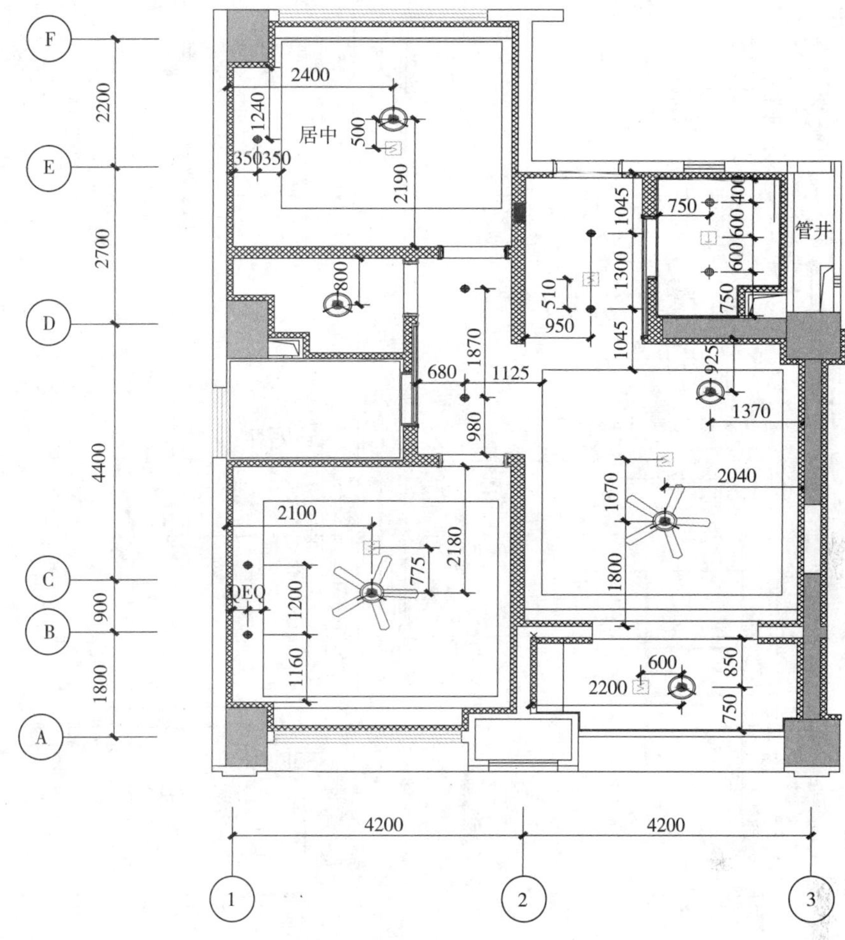

图 8-77　棚面灯位点位定位图

4）内装设计应与电气沟通，是否在预制墙体内、叠合板内有预埋件、预埋物和孔洞等，如需要定位管线和线盒，叠合层内暗敷设电线管及直埋深线盒。图 8-78 为墙面插座点位定位图并标明离地高度。

5）智能化综合信息箱的集中设置，有线电视、通信网络、安全监控等线路的布线，明确智能系统终端的位置和数量。

6）协调住宅的电表设置的位置，设置的位置应安全可靠、便于计量和维修。预留便于扩展和可能增加的线路、信息点。电气线路和内装装饰采用符合安全和防火要求的材料和做法。

7）居住建筑厨房、卫生间设计是集成还是采用标准化、通用化的整体卫浴和整体厨房，并设置好强弱电管线以及套内的接口标准、位置、规格、数量等，这些均需要内装与电气设计协同。

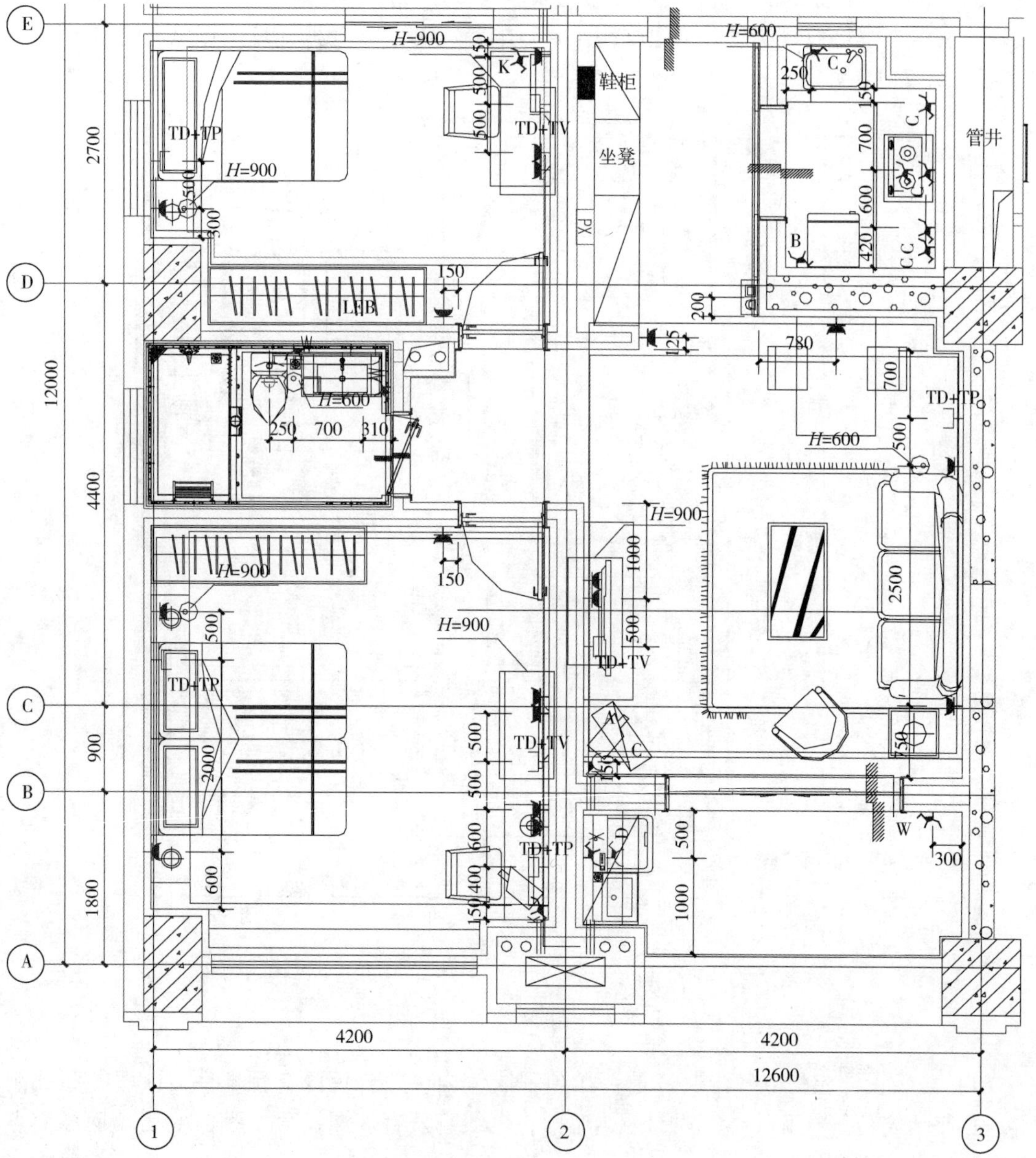

图 8-78　墙面插座点位定位图并标明离地高度

第 9 章　如何应用 BIM

192. 什么是 BIM？

B（Building）代表建筑相关行业及领域。

I（Information）代表信息，建筑行业所包含的信息、项目信息、功能、空间、材料、成本、质量、进度等。

M（Model/Modeling）代表模型/模型化，模型几何构件实体或者模型化数据。

BIM 真正的含义并非仅指三维模型，也并非仅指建筑信息。BIM 是以模型/模型化的方式为载体集成建筑行业全周期、全产业链的相关信息的全新管理模式。

通过 BIM 技术可完成各种建筑工程勘察、设计、招采、施工、运维、更新、拆除等阶段各项数据信息的整合，可进行项目建设过程中涉及的各种数据的分析，从而完成整个建筑工程项目信息的全生命周期管理和应用。

193. BIM 有什么特点？

BIM 技术的全信息集成特性带来以下五大特点：

1）可视性：BIM 技术的基础是三维模型，最大的特点是可视性比较强。通过在模型中集成所有建筑构件的几何尺寸、材质、颜色等物理信息，达到建筑工程全流程所见即所得的优点，降低了读图技术门槛，提高了沟通理解效率。

2）协调性：通过 BIM 技术的集成特点，可以把所有工程项目信息全部集成在一个模型中，所有相关各方统一标准，同步协调，极大地改善了传统工程管理模式下出现的信息不同步情况，工程各参与方之间的冲突。

3）模拟性：BIM 技术使整个建筑工程的信息变成模型化数据并进行集成，非常便于计算机的读取、分析和传递，可以利用计算机软件的强大分析能力，对工程中的各种类型、各个部分以及各个步骤进行模拟。

4）可优化性：优化则需要在各方完成设计后集成在一起进行整体优化，集成能力以及分析能力直接决定了优化手段的效率和效果。BIM 技术模型化的特性可以充分发挥计算机的读取、存储以及分析能力，最大限度地辅助工程项目人员对项目进行全方位的优化。

5）可出图性：BIM 模型包含了完整的几何信息和非几何信息（项目信息、功能、空间、材料、成本、质量、进度等），可以根据需求利用一定的技术手段随机、高效地输出二维图样用以指导工程项目实施。

194. BIM 会给 PC 建筑管理、设计、制作和施工带来什么？

装配式建筑工程的构件大部分由工厂预制加工再到现场进行连接和拼装，不仅产业链较普通建筑工程加长，而且对工程各环节的精细度要求非常高，因此使得装配式建筑对管理信息的复杂度和精准度均有较高的要求。通过 BIM 技术对建筑工程数据的集成化管理以及信息化传递，并结合可视性、协调性、模拟性、可优化性以及可出图性这五大特点，使装配式建筑工程实现协同化管理、可视化设计、数字化生产以及精细化施工，进而解决装配式建筑整个开发建设过程中的全周期管理问题。

1）协同化管理：利用 BIM 管理平台对整个建筑工程所有参与方、所有管理阶段的全部数据进行集成管理，使各方掌握的数据实时协同更新并全部追溯，实现数据全协同、管理可追溯的协同化管理模式。

2）可视化设计：利用 BIM 技术的可视性进行三维设计以及展示，使设计推敲及沟通清晰、直观；利用 BIM 技术的协调性进行协同设计，减少设计中的错漏碰缺；利用 BIM 技术的模拟性进行模拟分析，提高设计的舒适性以及安全性；利用 BIM 技术的可优化性进行全专业、全子项设计优化，提高设计的集成度和合理度；利用 BIM 技术的可出图性进行全方位精准图样表达，提高工程图表达的全面性和精准性。

3）数字化生产：利用 BIM 技术的可视性进行生产指导和生产设备及模板设计，提高生产的准确性并减少加工制作的错误率；利用 BIM 技术的协调性实现设计模型与数控加工模型的协调统一，实现构件自动化生产加工；利用 BIM 技术的模拟性进行生产过程模拟，前置解决生产过程中可能遇到的问题；利用 BIM 技术的可优化性进行生产组织工艺、工序及计划优化，提高设备、人工及原材料的利用率并提高生产效率；利用 BIM 技术的可出图性可根据生产制作需要不限位置、不限数量的导出构件工程图，尽可能清晰明确地表达构件信息。

4）精细化施工：利用 BIM 技术的可视性进行施工现场指导以及施工方案设计，减少施工现场的错误并提高施工方案沟通和评审的效率；利用 BIM 技术的协调性实现施工过程各方协同管理，提高施工管理效率和各方的协调统一性；利用 BIM 技术的模拟性进行施工模拟，前置解决施工过程中可能遇到的问题；利用 BIM 技术的可优化性进行施工组织工艺、工序及计划优化，提高设备、人工及原材料的利用率并提高施工效率；利用 BIM 技术的可出图性可根据生产制作需要不限位置、不限数量的导出工程图，尽可能清晰明确地表达所有施工过程需要的信息。

195. BIM 在装配式建筑各个环节中如何具体应用？

（1）设计阶段

1）三维设计。利用 BIM 设计软件的优势，可以对装配式建筑进行三维设计并进行全专业（建筑、结构、水、暖、电、智能化、内装、部品、幕墙、采光顶、夜景照明等）集成优化从而实现精细化设计。

2）构件拆分。在装配式建筑中要做好预制部分的构件设计，俗称“构件拆分”。传统方式下大多是在施工图完成以后，再由构件厂进行“构件拆分”。利用 BIM 技术的三维模型和信息化集成优势，对预制构件的几何属性进行可视化分析，可以对预制构件的类型进行优化，减少预制构件的类型数量。可以做到前期策划阶段就专业介入，确定好装配式建筑的技术路线和产业化目标，在方案设计阶段根据既定目标依据构件拆分原则进行方案创作，这样才能避免整体方案不合理导致后期技术经济性缺陷。

3）协同设计。PC 建筑的 BIM 模型不仅要集成所有设计信息，而且要根据装配式模块化的特点，整合构件的生产加工、施工工艺要求等信息，统一协调，达到所有相关方在同一 BIM 模型上进行管理的要求，使所有参与方以及所有参与专业在技术和管理上达到统一标准。BIM 设计模型包含了设计信息、生产加工、施工工艺设备要求等信息，可以进行同步碰撞检查以及数据分析，从而使各专业达到更高层次的协同设计。

（2）工厂加工阶段

1）构件加工图设计。不同于常规的二维构件加工图设计，BIM 技术可以利用三维模型进行预制构件的设计，可以完全避免构件间的错漏碰缺，并且达到各专业间以及与工厂加工工艺人员的同步协调。构件设计完成后再根据 BIM 模型直接导出相应的二维图，二维图结合 BIM 模型不仅能清楚地传达传统图样的平、立、剖尺寸，而且对于复杂的空间组合关系也可以清楚表达，更好地保证构件加工信息的完善设计以及完整传递。

2）构件生产指导。BIM 建模是对建筑的真实反映，在生产加工过程中，BIM 信息化技术可以直观地表达出配筋的空间关系和各种参数情况，能自动生成构件下料单、派工单、模具规格参数等生产表单，并且能通过可视化的直观表达帮助工人更好地理解设计意图，可以形成 BIM 生产模拟动画、流程图、说明图等辅助培训的材料，有助于提高工人生产的准确性和质量效率。

3）通过 CAM 实现预制构件的数字化制造。借助工厂化、机械化的生产方式，采用集中、大型的生产设备，只需要将 BIM 信息数据输入设备，就可以实现机械的自动化生产，这种数字化建造的方式可以大大提高工作效率和生产质量。

（3）施工阶段

1）施工现场组织及工序模拟。将施工进度计划写入 BIM 信息模型，将空间信息与时间信息整合在一个可视的 4D 模型中，就可以直观、精确地反映整个建筑的施工过程，提前预知本项目主要施工的控制方法、施工安排是否均衡，总体计划、场地布置是否合理，工序是否正确，并可以进行及时优化。

2）施工安装培训。通过虚拟建造，安装和施工管理人员可以非常清晰地获知装配式建筑的组装构成，避免二维图造成的理解偏差，保证项目的如期进行。并且通过施工模拟对复杂部位和关键施工节点进行提前预演，增加工人对施工环境和施工措施的熟悉度，提高施工效率。

3）施工模拟碰撞检测。通过碰撞检测分析，可以对传统二维模式下不易察觉的“错漏碰缺”进行收集、更正。如预制构件内部各组成部分的碰撞检测，地暖管与电器管线潜在的交错碰撞问题。

4）成本算量。成本算量的主要原则是做到“准量、估算”，按照工业化建筑的组成及计价原则分为预制构件部分和现浇构件部分。结合工业化住宅的特点自主开发了装配式设计插件，通过该插件可以将预制构件与现浇构件进行分类统计。

通过分类统计可以快速地对设计方案进行工程量分析，从而进行方案比选，再由确定的工程量结合地区的定额计算出本项目的工程量清单，实现在方案策划阶段对成本的初步控制。

5）装配式建筑质量管理可追溯。实现在同一 BIM 模型上的建筑信息集成，BIM 服务贯穿整个工程全生命周期过程。一方面，可以实现住宅产业信息化；另一方面，可以将生产、施工及运维阶段的实际需求及技术整合到设计阶段，在虚拟环境中预演现实，真正实现 BIM 信息化应用的信息集成优势。通过在预制构件中预埋芯片等数字化标签，在生产、运输、施工、管理的各个重要环节记录相应的质量管理信息，可以实现建筑质量的责任归属，从而提高建筑质量。

196. 如何启动 BIM 的应用？

无论是企业级还是项目级的 BIM 应用启动均需要 3 项必备工作——团队建设、标准制定、项目试点。

（1）团队建设

1）组织架构（包括人员管理层级以及各岗位职责等）应在第一时间明确。必需的角色是 BIM 总协调人、BIM 项目经理、BIM 技术总负责人、各专业 BIM 负责人、BIM 建模人员、BIM 信息管理专员。

2）能力培养。通过学习和培训来完成初期团队 BIM 能力的培养。

（2）标准制定

1）制定 BIM 实施策略。BIM 技术实施方案多种多样，并且不同的实施方案对人员配置和建模标准均有不同的要求，因此，需提前制定企业自身或者特定项目的 BIM 应用目标，设定好应用的阶段以及应用点，并以此来制定相应的 BIM 实施策略。

2）统一 BIM 建模标准。应根据项目积累以及经验借鉴制定适合企业自身的 BIM 建模标准，其中宜包含建模标准、构件标准、应用标准等。建模标准包含模型拆分、命名规范、视图样板、模型精度、信息精度等内容。构件标准应包含构件精度、参数设置、图例表达等内容。应用标准应根据企业需求制定不同应用阶段及应用点的技术规范，例如，成本算量、质量检查、进度控制等标准。

3）制定标准工作流程。应根据企业需求及应用点制定标准的工作流程，例如，先确定项目组织架构，再制定项目 BIM 实施策划及 BIM 标准等内容。

（3）项目试点

1）开展项目试点。在初步完成团队组建和标准制定后，寻找一个合适的项目开展试点工作，从开始的项目策划、项目实施直至项目结束进行全程跟踪，积累 BIM 经验。

2）项目经验复盘。在项目完全结束后对项目整个过程中的经验和教训进行总结归纳，以优化后续的项目实施以及企业的 BIM 标准。

197. 装配式建筑领域 BIM 应用现状如何？

1）BIM 技术在装配式建筑工程中的应用已开展多年，在从管理、设计、制作、施工等开发建设全过程中均有应用，并为装配式建筑带来诸多的综合效益。

设计上通过三维设计、构件拆分及协同设计，大大减少了错漏碰缺和项目实施过程中的设计变更，并极大地提高了设计及出图效率。

生产上通过构件加工图设计、构件生产可视化指导及数字化加工制造，减少生产误差，提高生产效率。

施工上通过施工现场组织及工序模拟、施工安装培训、施工模拟碰撞检测、成本算量以及质量管理可追溯等手段确保工程预算不超标、提高工程质量、加快施工进度。

2）虽然 BIM 技术在装配式建筑工程中已推广到所有参与方（包括业主、设计、施工、监理等）并应用到开发建设所有阶段（包括设计、招标、构件加工、施工等），给装配式建筑工程带来了不同程度的综合效益。但是，仍然存在各方相对独立、各阶段模型无法传递等问题，制约着 BIM 模型成为集成所有信息并贯穿工程始终的管理手段。如此，各参与方需在不同阶段和不同应用点上分别建立 BIM 模型，不仅带来资源的多重浪费，而且会使不同 BIM 模型集成的信息无法同步关联，达不到协同管理的需求。

带来以上问题主要有以下两个原因：

①标准体系不健全。

A. BIM 目前并未形成一个完善的国家、地方、行业、企业多级分层的标准体系，各方（业主、设计、施工、监理、软件公司等）在项目过程中无明确标准参照。每个项目单独形成一套完善的标准体系，工作量与时间消耗较大，无法满足项目实施的成本与进度。

B. 目前，国内 BIM 行业已从国外借鉴加上多年工程项目总结了大量的模型类标准，但缺乏数据标准、人力标准、管理标准等配套标准，无法形成体系，致使完善的 BIM 生态圈无法成形。

②基础资源匮乏问题。

A. 模型及构件类基础资源库不完善，致使应用者在建模过程中要建立大量的基础构件，难以满足项目实施进度，即使各企业相继建立各自的企业构件库，但资源消耗巨大。

B. 目前的 BIM 应用过多地把精力放在模型搭建上，忽略业务信息数据的管理和传递，致使完善的社会和企业基础数据库匮乏，阻碍了 BIM 作为一个全流程管理工具的应用。

归根结底，BIM 仅是建筑信息化技术手段以及管理工具，无法孤立地解决建筑工程的管理问题。只有明确管理目标以及管理流程后，让核心的管理人员利用 BIM 技术进行项目管理，才能真正发挥 BIM 技术的作用。

目前，国内很多企业的 BIM 应用仅停留在为了 BIM 而 BIM 的状态，本末倒置不仅浪费资源而且无法提升管理效益。企业的核心管理模式是“1”，BIM 以及其他新技术都是“0”，没有前面的“1”，无论有几个“0”都不会产生任何价值。

第 10 章 设计质量要点

198. PC 建筑设计容易出现什么质量问题？

PC 装配式建筑各个环节容易出现的质量问题、危害、原因和预防措施见表 10-1。

表 10-1 PC 建筑设计质量问题一览表

序号	问 题	危 害	原 因	检 查	预防与处理措施
1	套筒保护层不够	影响结构耐久性	先按现浇设计再按照装配式拆分时没有考虑保护层问题	设计人 设计负责人	1. 装配式设计从项目设计开始就同步进行 2. 设计单位对装配式结构建筑的设计负全责，不能交由拆分设计单位或工厂承担设计责任
2	各专业预埋件、埋设物等没有设计到构件制作图中	现场后锚固或凿混凝土，影响结构安全	各专业设计协同不好	设计人 设计负责人	1. 建立以建筑设计师牵头的设计协同体系 2. PC 制作图有关专业会审 3. 应用 BIM 系统
3	预制构件与现浇部分连接节点不匹配	后期安装出现问题	设计协同不好，节点设计不明确	设计负责人	1. 建立以建筑设计师牵头的设计协同体系 2. PC 制作图有关专业会审 3. 应用 BIM 系统
4	PC 构件局部地方钢筋、预埋件、预埋物太密，导致混凝土无法浇筑	局部混凝土质量受到影响；预埋件锚固不牢，影响结构安全	设计协同不好	设计人 设计负责人	1. 建立以建筑设计师牵头的设计协同体系 2. PC 制作图有关专业会审 3. 应用 BIM 系统
5	拆分不合理	或结构不合理；或规格太多影响成本；或不便于安装	拆分设计人员没有经验，与工厂安装企业沟通不够	设计人 设计负责人	1. 有经验的拆分人员在结构设计师的指导下拆分 2. 拆分设计时与工厂和安装企业沟通

（续）

序号	问　题	危　害	原　因	检　查	预防与处理措施
6	没有给出构件堆放、安装后支撑的要求	因支承不合理导致构件裂缝或损坏	设计师认为此项工作是工厂的责任，未予考虑	设计负责人	构件堆放和安装后临时支撑作为构件制作图设计的不可遗漏的部分
7	外挂墙板没有设计活动节点	主体结构发生较大层间位移时，墙板被拉裂	对外挂墙板的连接原理与原则不清楚	设计负责人	墙板连接设计时必须考虑对主体结构变形的适应性
8	PC 墙板竖运时，高度超高	导致无法运输，或者运输效率降低，或者出现违规将构件出筋弯折	对运输条件及要求不熟悉	设计人 设计负责人	1. 在设计阶段，设计与制作及运输单位要充分沟通协同 2. 加强对设计人员的相关培训 3. 采用标准化设计统一措施进行管控
9	外墙金属窗框、栏杆、百叶等防雷接地遗漏	导致建筑防侧击雷不满足要求，埋下安全隐患	不了解装配式项目的异同，专业间协同配合不到位	设计人 设计负责人	1. 建立各专业间协同机制，明确协同内容，进行有效确认和落实 2. 加强对设计人员培训 3. 采用标准化设计统一措施进行管控
10	吊点与出筋位置或混凝土翻口冲突	导致吊装时安装吊具困难，需要弯折钢筋或敲除局部混凝土，埋下安全隐患	对吊具、吊装要求不熟悉	设计人 设计负责人	1. 在设计阶段，设计与施工安装单位要充分沟通协同，并明确要求 2. 加强对设计人员培训 3. 采用标准化设计统一措施进行管控
11	开口型或局部薄弱构件未设置临时加固措施	导致脱模、运输、吊装过程中应力集中，构件断裂	薄弱构件未经全工况内力分析，未采取有效临时加固措施	设计人 设计负责人	1. 在构件设计阶段，应按构件全生命周期进行各工况的包络设计 2. 采用标准化设计统一措施进行管控
12	预埋的临时支撑埋件位置现场支撑设置困难	导致 PC 墙板无法临时支撑、固定、调节就位	未考虑现场的支撑设置条件，对安装作业要求不熟悉	设计人 设计负责人	1. 充分考虑现场支撑设置的可实施性，加强设计与施工单位沟通协调，安装用埋件进行及时确认 2. 采用标准化设计统一措施进行管控
13	脚手架拉结件或挑架预留洞未留设或留洞偏位	导致脚手架设计出现问题，在 PC 外墙板上凿洞处理，给 PC 外墙板埋下安全隐患	未考虑脚手架等在 PC 外墙板上的预埋预留内容或者考虑不充分	设计人 设计负责人	1. 充分考虑现场的脚手架方案对 PC 外墙板的预埋预留需求，对施工单位相关预留预埋要求提前进行及时反馈和确认 2. 采用标准化设计统一措施进行管控

（续）

序号	问题	危害	原因	检查	预防与处理措施
14	现浇层与PC层过渡层的竖向PC构件预埋插筋偏位或遗漏	导致竖向PC构件连接不能满足主体结构设计要求，结构留下安全隐患	未对竖向PC构件连接钢筋数量、位置全面复核确认，设计校审不认真	设计人 设计负责人	1. 对主体结构设计要求要充分地消化理解，对设计连接要求进行复核确认 2. 采用标准化设计统一措施进行管控
15	脱模吊点与吊装吊点共用	脱模吊点处混凝土产生初始裂缝及吊点埋件微滑移，给吊装时留下安全隐患	未对规范要求的基本原则进行有效控制	设计人 设计负责人	1. 对相关的设计要点、规范要求等进行有效落实 2. 采用标准化设计统一措施进行管控
16	未标明构件的安装方向	给现场安装带来困难或导致安装错误	未有效落实PC构件相关设计要点，标识遗漏	设计人 设计负责人	1. 对相关的设计要点、规范要求等进行有效落实 2. 采用标准化设计统一措施进行管控
17	现场PC墙板竖直堆放架未进行抗倾覆验算，未考虑堆放架防连续倒塌措施要求	导致PC堆场在强风雨恶劣天气下可能出现倾覆或连续倾覆	未对不同堆放条件下除构件本身以外的受力情况进行全面分析验算	设计负责人 施工单位技术负责人	1. 对PC构件的堆放、运输等不同条件下可能会带来的安全隐患进行全面分析验算，确保无意外发生 2. 采用标准化设计统一措施进行管控
18	水平PC构件，如：叠合楼板、楼梯、阳台、空调板等设计未给出支撑要求，未给出拆除支撑的条件要求	有可能会导致水平构件在施工阶段不满足承载的情况，尤其是悬挑阳台，空调板等有可能会出现倾覆	未把设计意图有效传递给施工安装单位，未对施工单位进行有效的设计交底	设计负责人 施工单位技术负责人	1. 水平构件是免支撑设计的，需要把设计意图落实在设计文件中，在设计交底环节进行有效的设计交底 2. 采用标准化设计统一措施进行管控
19	外侧叠合梁等局部现浇叠合层未留设后浇区模板安装预埋件	现浇区模板安装困难或无法安装，采用后植方式，给原结构构件带来损伤，费时费力	未全面复核模板安装用预埋件，施工单位未对设计图进行确认	设计人 设计负责人	1. 有效落实相关的设计要点 2. 和施工安装单位进行书面沟通确认 3. 采用标准化设计统一措施进行管控
20	预制叠合梁端接缝的受剪承载力不满足《装标》第5.4.2条的规定，主体结构施工图和预制构件深化图均未采取有效的措施	受剪承载力不满足规范要求，给结构留下永久的安全隐患	对装配式结构与现浇结构差异不熟悉，深化设计按主体结构施工图深化时容易忽视，而主体结构施工图内也没有相应的处理措施。处于两不管地带	设计人 设计负责人	1. 需要在现浇叠合区附加抗剪水平钢筋来满足接缝受剪承载要求 2. 对规范的相关规定进行培训学习、积累经验，对设计要点进行严格把控并落实 3. 采用标准化设计统一措施进行管控

199. PC 建筑设计质量管理要点是什么?

PC 建筑的设计涉及结构方式的重大变化和各个专业各个环节的高度契合，对设计深度和精细程度要求高，一旦设计出现问题，到施工时才发现，许多构件已经制成，往往会造成很大的损失，也会延误工期。PC 建筑不能像现浇建筑那样在现场临时修改或是砸掉返工。因此必须保证设计精度、细度、深度、完整性，必须保证不出错，必须保证设计质量。

保证设计质量的要点包括：

1）设计开始就建立统一协调的设计机制，由富有经验的建筑师和结构设计师负责协调、衔接各个专业。

2）列出与装配式有关的设计和衔接清单，避免漏洞。

3）列出与装配式有关的设计关键点清单。

4）制定装配式设计流程。

5）对不熟悉装配式设计的人员进行培训。

6）与装配式有关的各个专业应当参与拆分后的构件制作图校审。

7）落实设计责任。

8）合理利用 BIM 管理体系。

200. PC 建筑与集成设计的协同工作有哪些?

PC 建筑与集成设计的协同工作的清单如下：

1）通过甲方与构件制作、运输及施工企业对接，协同参与设计。

2）组织该项目需要的所有专业人员协同设计，尤其是以往设计阶段不介入的专业，例如，内装设计师等参与设计。

3）建立图样信息汇集分析，共同审查的协调体系。

4）设计人员利用 BIM 技术创建设计模型，并与各业务人员协同工作完成模型的创建、调试及应用。

5）在构件图设计阶段，应该制作工厂和施工厂家协同参与，说明制作和施工环节对设计的要求和约束条件。

附录 PC有关国家、行业或地方标准、图集目录

序号	标准或图集名称	标准或图集编号	区域
1	《装配式建筑工程消耗量定额》	征求意见稿2016	国家
2	《装配式混凝土建筑技术标准》	GB/T 51231—2016	国家
3	《绝热模塑聚苯乙烯泡沫塑料》	GB/T 10801.2—2002	国家
4	《钢筋混凝土用余热处理钢筋》	GB 13014—2013	国家
5	《冷轧带肋钢筋》	GB 13788—2008	国家
6	《钢筋混凝土用钢 第1部分：热轧光圆钢筋》	GB 1499.1—2008	国家
7	《钢筋混凝土用钢 第2部分：热轧带肋钢筋》	GB 1499.2—2007	国家
8	《通用硅酸盐水泥》	GB 175—2007	国家
9	《建筑结构荷载规范（2015版）》	GB 50009—2012	国家
10	《混凝土结构设计规范》	GB 50010—2010	国家
11	《建筑抗震设计规范（2016版）》	GB 50011—2010	国家
12	《钢结构设计规范》	GB 50017—2003	国家
13	《建筑物防雷设计规范》	GB 50057—2010	国家
14	《混凝土外加剂应用技术规范》	GB 50119—2013	国家
15	《混凝土质量控制标准》	GB 50164—2011	国家
16	《混凝土结构工程施工质量验收规范》	GB 50204—2015	国家
17	《钢结构工程施工质量验收规范》	GB 50205—2001	国家
18	《建筑装饰装修工程质量验收规范》	GB 50210—2001	国家
19	《建筑给水排水及采暖工程施工质量验收规范》	GB 50242—2002	国家
20	《通风与空调工程施工质量验收规范》	GB 50243—2016	国家
21	《建筑工程施工质量验收统一标准》	GB 50300—2013	国家
22	《建筑电气工程施工质量验收规范》	GB 50303—2015	国家
23	《智能建筑工程质量验收规范》	GB 50339—2013	国家
24	《建筑节能工程施工质量验收规范》	GB 50411—2007	国家
25	《建筑物防雷工程施工与质量验收规范》	GB 50601—2010	国家
26	《钢结构焊接规范》	GB 50661—2011	国家
27	《混凝土结构工程施工规范》	GB 50666—2011	国家
28	《碳素结构钢冷轧钢带》	GB 716—1991	国家
29	《混凝土外加剂》	GB 8076—2008	国家

（续）

序号	标准或图集名称	标准或图集编号	区域
30	《水泥细度检验方法 筛析法》	GB/T 1345—2005	国家
31	《水泥标准稠度用水量、凝结时间、安定性检验方法》	GB/T 1346—2011	国家
32	《硅酮建筑密封胶》	GB/T 14683—2003	国家
33	《建设用砂 》	GB/T 14684—2011	国家
34	《建设用卵石、碎石》	GB/T 14685—2011	国家
35	《钢筋混凝土用钢 第3部分：钢筋焊接网》	GB/T 1499.3—2010	国家
36	《建筑幕墙气密、水密、抗风压性能检测方法》	GB/T 15227—2007	国家
37	《水泥胶砂强度检验方法（ISO法）》	GB/T 17671—1999	国家
38	《用于水泥和混凝土中的粒化高炉矿渣粉》	GB/T 18046—2008	国家
39	《一般用途钢丝绳》	GB/T 20118—2006	国家
40	《白色硅酸盐水泥》	GB/T 2015—2005	国家
41	《建筑用轻质隔墙条板》	GB/T 23451—2009	国家
42	《连续热镀锌钢板及钢带》	GB/T 2518—2008	国家
43	《砂浆和混凝土用硅灰》	GB/T 27690—2011	国家
44	《变形铝及铝合金化学成分》	GB/T 3190—2008	国家
45	《建筑模数协调标准》	GB/T 50002—2013	国家
46	《普通混凝土拌合物性能试验方法标准》	GB/T 50080—2016	国家
47	《普通混凝土力学性能试验方法标准》	GB/T 50081—2002	国家
48	《混凝土强度检验评定标准》	GB/T 50107—2010	国家
49	《粉煤灰混凝土应用技术规范》	GB/T 50146—2014	国家
50	《建设工程文件归档规范》	GB/T 50328—2014	国家
51	《水泥基灌浆材料应用技术规范》	GB/T 50448—2015	国家
52	《工业化建筑评价标准》	GB/T 51129—2015	国家
53	《预应力混凝土用钢绞线》	GB/T 5224—2014	国家
54	《铝合金建筑型材》	GB/T 5237—2008	国家
55	《一般工业用铝及铝合金挤压型材》	GB/T 6892—2015	国家
56	《混凝土外加剂匀质性试验方法》	GB/T 8077—2012	国家
57	《钢筋混凝土升板结构技术规范》	GBJ 130—1990	国家
58	《CSI住宅建设技术导则（试行）》	无（2010）	国家
59	《装配式混凝土结构表示方法及示例（剪力墙结构）》	15G107—1	国家
60	《装配式混凝土结构连接节点构造（楼盖结构和楼梯）》	15G310—1	国家
61	《装配式混凝土结构连接节点构造（剪力墙结构）》	15G310—2	国家
62	《预制混凝土剪力墙外墙板》	15G365—1	国家
63	《预制混凝土剪力墙内墙板》	15G365—2	国家
64	《桁架钢筋混凝土叠合板（60mm厚底板）》	15G366—1	国家

（续）

序号	标准或图集名称	标准或图集编号	区域
65	《预制钢筋混凝土板式楼梯》	15G367—1	国家
66	《预制钢筋混凝土阳台板、空调板及女儿墙》	15G368—1	国家
67	《装配式混凝土结构住宅建筑设计示例（剪力墙结构）》	15J939—1	国家
68	《混凝土结构施工图平面整体表示方法制图规则和构造详图（现浇混凝土框架、剪力墙、梁、板）》	16G101—1	国家
69	《混凝土结构施工图平面整体表示方法制图规则和构造详图（现浇混凝土板式楼梯）》	16G101—2	国家
70	《混凝土结构施工图平面整体表示方法制图规则和构造详图（独立基础、条形基础、筏形基础及桩基础）》	16G101—3	国家
71	《装配式混凝土剪力墙结构住宅施工工艺图解》	16G906	国家
72	《钢筋混凝土结构预埋件》	16G362	行业
73	《钢筋混凝土装配整体式框架节点与连接设计规程》	CECS 43—1992	行业
74	《整体预应力装配式板柱结构技术规程》	CECS 52—2010	行业
75	《聚氨酯建筑密封胶》	JC/T 482—2003	行业
76	《聚硫建筑密封胶》	JC/T 483—2006	行业
77	《混凝土和砂浆用颜料及其试验方法》	JC/T 539—1994	行业
78	《混凝土建筑接缝用密封胶》	JC/T 881—2001	行业
79	《混凝土制品用脱模剂》	JC/T 949—2005	行业
80	《预应力混凝土用金属波纹管》	JG 225—2007	行业
81	《钢筋连接用灌浆套筒》	JG/T 398—2012	行业
82	《钢筋连接用套筒灌浆料》	JG/T 408—2013	行业
83	《钢筋机械连接技术规程》	JGJ 107—2016	行业
84	《钢筋焊接网混凝土结构技术规程》	JGJ 114—2014	行业
85	《装配式混凝土结构技术规程》	JGJ 1—2014	行业
86	《外墙饰面砖工程施工及验收规程》	JGJ 126—2015	行业
87	《金属与石材幕墙工程技术规范》	JGJ 133—2001	行业
88	《外墙外保温工程技术规程》	JGJ 144—2004	行业
89	《钢筋焊接及验收规程》	JGJ 18—2012	行业
90	《预制预应力混凝土装配整体式框架结构技术规程》	JGJ 224—2010	行业
91	《钢筋锚固板应用技术规程》	JGJ 256—2011	行业
92	《高层建筑混凝土结构技术规程》	JGJ 3—2010	行业
93	《点挂外墙板装饰工程技术规程》	JGJ 321—2014	行业
94	《建筑机械使用安全技术规程》	JGJ 33—2012	行业
95	《非结构构件抗震设计规范》	JGJ 339—2015	行业
96	《钢筋套筒灌浆连接应用技术规程》	JGJ 355—2015	行业

（续）

序号	标准或图集名称	标准或图集编号	区域
97	《普通混凝土用砂、石质量及检验方法标准》	JGJ 52—2006	行业
98	《普通混凝土配合比设计规程》	JGJ 55—2011	行业
99	《混凝土用水标准》	JGJ 63—2006	行业
100	《钢结构高强度螺栓连接技术规程》	JGJ 82—2011	行业
101	《混凝土结构用钢筋间隔件应用技术规程》	JGJ/T 219—2010	行业
102	《高强混凝土应用技术规程》	JGJ/T 281—2012	行业
103	《陶瓷模用石膏粉》	QB/T 1639—2014	行业
104	《建筑用光伏构件》	DB34/T 2460—2015	安徽
105	《建筑用光伏构件系统工程技术规程》	DB34/T 2461—2015	安徽
106	《装配整体式建筑预制混凝土构件制作与验收规程》	DB34/T 5033—2015	安徽
107	《装配整体式混凝土结构工程施工及验收规程》	DB34/T 5043—2016	安徽
108	《装配式剪力墙结构设计规程》	DB11/T 1003—2013	北京
109	《预制混凝土构件质量检验标准》	DB11/T 968—2013	北京
110	《装配式混凝土结构工程施工与质量验收规程》	DB11/T 1030—2013	北京
111	《装配式剪力墙住宅建筑设计规程》	DB11/T 970—2013	北京
112	《预制装配式混凝土结构技术规程》	DBJ13—216—2015	福建
113	《装配整体式结构设计导则》	无（2015）	福建
114	《装配整体式结构施工图审查要点》	无（2015）	福建
115	《预制带肋底板混凝土叠合楼板图集》	DBJT25—125—2011	甘肃
116	《横孔连锁混凝土空心砌块填充墙图集》	DBJT25—126—2011	甘肃
117	《装配式混凝土建筑结构技术规程》	DBJ15—107—2016	广东
118	《装配整体式混凝土剪力墙结构设计规程》	DB13（J）/T 179—2015	河北
119	《装配式混凝土剪力墙结构建筑与设备设计规程》	DB13（J）/T 180—2015	河北
120	《装配式混凝土构件制作与验收标准》	DB13（J）/T 181—2015	河北
121	《装配式混凝土剪力墙结构施工及质量验收规程》	DB13（J）/T 182—2015	河北
122	《装配整体式混合框架结构技术规程》	DB13（J）/T 184—2015	河北
123	《装配整体式混凝土结构技术规程》	DBJ41/T 154—2016	河南
124	《装配式混凝土构件制作与验收技术规程》	DBJ41/T 155—2016	河南
125	《装配式住宅整体卫浴间应用技术规程》	DBJ41/T 158—2016	河南
126	《装配式住宅建筑设备技术规程》	DBJ41/T 159—2016	河南
127	《装配整体式混凝土剪力墙结构技术规程》	DB42/T 1044—2015	湖北

（续）

序号	标准或图集名称	标准或图集编号	区域
128	《预制装配式混凝土构件生产和质量检验规程》	待定（2016）	湖北
129	《预制装配式混凝土结构施工与验收规程》	待定（2016）	湖北
130	《装配式钢结构集成部品撑柱》	DB43/T 1009—2015	湖南
131	《装配式钢结构集成部品主板》	DB43/T 995—2015	湖南
132	《混凝土叠合楼盖装配整体式建筑技术规程》	DBJ43/T 301—2013	湖南
133	《混凝土装配-现浇式剪力墙结构技术规程》	DBJ43/T 301—2015	湖南
134	《装配式斜支撑节点钢结构技术规程》	DBJ43/T 311—2015	湖南
135	《装配式混凝土结构建筑质量管理技术导则（试行）》	无（2016）	湖南
136	《装配式混凝土建筑结构工程施工质量监督管理工作导则》	无（2016）	湖南
137	《灌芯装配式混凝土剪力墙结构技术规程》	DB22/JT 161—2016	吉林
138	《施工现场装配式轻钢结构活动板房技术规程》	DGJ32/J 54—2016	江苏
139	《装配整体式混凝土剪力墙结构技术规程》	DGJ32/TJ 125—2016	江苏
140	《预制预应力混凝土装配整体式结构技术规程》	DGJ32/TJ 199—2016	江苏
141	《预制装配式住宅楼梯设计图集》	G26—2015	江苏
142	《预制预应力混凝土装配整体式框架（世构体系）技术规程》	JG/T 006—2005	江苏
143	《预制混凝土装配整体式框架（润泰体系）技术规程》	JG/T 034—2009	江苏
144	《江苏省工业化建筑技术导则（装配整体式混凝土建筑）》	无（2015）	江苏
145	《装配式建筑（混凝土结构）施工图审查导则（试行）》	无（2016）	江苏
146	《装配式建筑（混凝土结构）项目招标投标活动的暂行意见》	无（2016）	江苏
147	《装配式建筑全装修技术规程（暂行）》	DB21/T 1893—2011	辽宁
148	《装配整体式混凝土结构技术规程（暂行）》	DB21/T 1924—2011	辽宁
149	《装配整体式建筑设备与电气技术规程（暂行）》	DB21/T 1925—2011	辽宁
150	《装配整体式剪力墙结构设计规程（暂行）》	DB21/T 2000—2012	辽宁
151	《装配式混凝土结构构件制作、施工与验收规程》	DB21/T 2568—2016	辽宁
152	《装配式混凝土结构设计规程》	DB21/T 2572—2016	辽宁
153	《装配式钢筋混凝土板式住宅楼梯》	DBJT05—272	辽宁
154	《装配式钢筋混凝土叠合板》	DBJT05—273	辽宁
155	《装配式预应力混凝土叠合板》	DBJT05—275	辽宁
156	《装配式预制混凝土剪力墙板》	DBJT05—333	辽宁
157	《装配整体式混凝土结构设计规程》	DB37/T 5018—2014	山东
158	《装配整体式混凝土结构工程施工与质量验收规程》	DB37/T 5019—2014	山东
159	《装配整体式混凝土结构工程预制构件制作与验收规程》	DB37/T 5020—2014	山东
160	《装配整体式混凝土住宅构造节点图集》	DBJT08—116—2013	上海
161	《装配整体式混凝土构件图集》	DBJT08—121—2016	上海
162	《工业化住宅建筑评价标准》	DG/TJ08—2198—2016	上海
163	《装配整体式混凝土公共建筑设计规程》	DGJ08—2154—2014	上海

（续）

序号	标准或图集名称	标准或图集编号	区域
164	《预制装配整体式钢筋混凝土结构技术规范》	SJG18—2009	深圳
165	《预制装配钢筋混凝土外墙技术规程》	SJG24—2012	深圳
166	《四川省装配整体式住宅建筑设计规程》	DBJ51/T038—2015	四川
167	《装配式混凝土结构工程施工与质量验收规程》	DBJ51/T054—2015	四川
168	《叠合板式混凝土剪力墙结构技术规程》	DB33/T1120—2016	浙江
169	《装配整体式混凝土结构工程施工质量验收规范》	DB33/T1123—2016	浙江
170	《装配式住宅建筑设备技术规程》	DBJ50/T 186—2014	重庆
171	《装配式混凝土住宅构件生产与验收技术规程》	DBJ50/T 190—2014	重庆
172	《装配式住宅构件生产和安装信息化技术导则》	DBJ50/T 191—2014	重庆
173	《装配式混凝土住宅结构施工及质量验收规程》	DBJ50/T 192—2014	重庆
174	《装配式混凝土住宅建筑结构设计规程》	DBJ50/T 193—2014	重庆
175	《装配式住宅部品标准》	DBJ50/T 217—2015	重庆
176	《塔式起重机装配式预应力混凝土基础技术规程》	DBJ50/T 223—2015	重庆